从文化区到民族生境：
中国生态人类学的发展之路

何治民　著

东南大学出版社
SOUTHEAST UNIVERSITY PRESS
·南京·

内 容 提 要

本书以"物我二分""物我兼利""物我合一"三个代表性观点，将西方生态人类学理论的发展划分为三个不同阶段，即文化与自然环境二元对立阶段、文化与自然环境之间有联系的阶段、人类文化与所处自然环境合二为一的阶段。

生态人类学被引入中国后，经过几代学者的努力，逐渐形成了有中国特色的人类学理论与方法体系。无论是在"经济文化类型"的划定方面，还是在地方性生态知识的挖掘整理方面，乃至在当前生态文明建设方面，都取得了丰硕的综合性或专题性的研究成果。"民族生境"概念的提出，将民族文化、自然环境与社会环境三者有机结合起来，是对西方生态人类学理论的发展，在建构生态人类学中国话语体系中起到了积极作用。

图书在版编目(CIP)数据

从文化区到民族生境:中国生态人类学的发展之路 /
何治民著. —南京：东南大学出版社，2024.3
　ISBN 978-7-5766-1092-5

　Ⅰ.①从…　Ⅱ.①何…　Ⅲ.①人类生态学—研究—中
国　Ⅳ.①Q988

中国国家版本馆 CIP 数据核字(2024)第 001616 号

责任编辑:陈 跃　**责任校对:**周 菊　**封面设计:**顾晓阳　**责任印制:**周荣虎

从文化区到民族生境:中国生态人类学的发展之路
Cong Wenhuaqu Dao Minzu Shengjing: Zhongguo Shengtai Renleixue De Fazhan Zhi Lu

著　　者:	何治民
出版发行:	东南大学出版社
出 版 人:	白云飞
社　　址:	南京四牌楼 2 号　**邮　　编:**210096　**电　　话:**025-83793330
网　　址:	http://www.seupress.com
电子邮件:	press@seupress.com
经　　销:	全国各地新华书店
印　　刷:	南京迅驰彩色印刷有限公司
开　　本:	700mm×1000mm　1/16
印　　张:	14.5
字　　数:	249 千字
版　　次:	2024 年 3 月第 1 版
印　　次:	2024 年 3 月第 1 次印刷
书　　号:	ISBN 978-7-5766-1092-5
定　　价:	106.00 元

本社图书若有印装质量问题，请直接与营销部调换。电话(传真):025-83791830

序　言

人类在地球出现伊始,就摆脱不了与自然之间相互依存与制约的对立统一关系。人类认识自然、利用自然是一个不断探索和深化的历程。在此历程中,人类对人与自然关系问题产生了认识,并在理解上逐渐出现分歧:一种观点认为人与自然是二元对立的,另一种观点认为人与自然是统一的。事实上,人是自然生态系统的一部分,人类所能认识、利用和改造的自然是包括人在内的自然生态系统,即次生生态系统,包含人类活动和文化于其中。人类既有生物性,又有社会性。人类凭借其二重性获得了超越自然的能力:既能能动地认知世界和创造文化,又成为文化的载体。

在从人类学、民族学角度研究文化概念时,还需要确立人与生态关系的价值观理论,而基于这一理论发展起来的学科就是生态人类学。生态人类学将人类和人类社会作为一个整体放入生态系统中加以研究,也就无法割裂人类与环境的关系,必然要关注环境与文化的关联性。在研究视角上,从西方的人与自然的二元对立论到中国的天人合一论,从人类中心主义到生态整体主义,在研究话语权、理论架构、研究方法上都存在差异,形成不同的理论派别。梳理西方人类学关于生态与文化关系的研究,能更好地把握生态与文化的关系问题,有助于摆脱人与自然二元对立的命题,将其还原为一元论的文化整体观,探讨生态人类学的本源。

研究环境与人类生物性的关系通常属于生态学的范畴。生态学是把人类作为一个生物种属,置于地球生态系统的生态位展开研究,这便是人类生态学的研究范式。但是即使在同质的地球生态系统中，利用相同或相似资源生存的人类，也并非没有差别的人类群体。以生活于草原中的人群为例，既有以捕猎野牛为生的人群，也有以牧牛为生的人群，还有依靠多种牲畜匹配放牧为生的人群。他们之间既有文化类型差异，又有文化样式差异，这些差异一般不会引起生态学研究的兴趣，但却是人类学家的关注点，这便成为生态人类学研究的范畴，由此产生人类生态学与生态人类学的不同研究领域与研究范式。

从文化与生态的合一整体观出发，中国生态人类学发展还需要克服两个倾向。其一，是要直面过于注重文化与自然二元对立的弊端。我国的生态人类学应当摆脱西方人类学仍然注重文化与自然二元对立的主流思维模式。西方关于文化与自然的二元对立的主流思维方式，较大地干扰了文化与生态的"合一整体观"的思维，从而使生态人类学失去了整合力，也在一定程度上缺少从整体上把握人类与环境相互作用的方法。其二，是要克服长期以来人们总是在文化、族群、种族之间难以摆脱民族中心主义（或人类中心主义）立场，并将这种引起争议的立场介入人类与环境之间的关系，从而使环境比人类次要的想法占据优势地位的观念。每个族群应当将上述观念仅仅视为在生态系统循环过程中直接或间接地连接地球生命体系整个系统中的一个环节。如果不排斥民族中心主义，就可能摧毁人类社会；如果不克服人类中心主义，就容易破坏生态系统的平衡与稳定，给地球生命体系带来灾难。

因此，只有彻底摆脱人类与环境的二元论，克服民族中心主义与人类中心主义，才可能使我们获得环境与人类协调发展的美好未来。尽管人类学研究发现了人类的问题，也积极寻找到了解决问题的部分答案，但由于研究的核心仍然限定在人类之中，所以生活在当代社会的"人类"仍然无法摆脱此局限性。不过，生态人类学毕竟在地球生命体系的各种环境中提出了人类的生存问题，其研究的目标、方法和成果必然会为未来人类提供充满智慧的生存策略。

习近平总书记的"两山"理念，从"宁要绿水青山不要金山银山"到"既要绿水青山又要金山银山"，最后到"绿水青山就是金山银山"，其中不但蕴含中国古代圣贤的天人合一、道法自然等智慧，而且与中国生态人类学的"生境论"等思想有异曲同工之妙。中国拥有丰富的生态类型和多彩的民族文化，所以中国发展进程中的绿水青山是多元多样的形态。不同生态固然会对人类传统生计、民族文化等各方面产生关键影响，但也并非无法改变的，人类可以在文化指导下对其进行能动改造，进而获得多元价值与多重功能。所以，生态不仅仅是人类生存的基础与空间，在注入文化资源和人类创造性劳动后，就成为丰裕厚重的、可以兑现巨大价值的生态文化资本，最终应用于推进中国生态文明建设和现代化进程。

人类创建学科，目的就在于服务人类的生存、发展与延续。人类生存、发展与延续的根本目标，既包括生理生命的生存与延续，也包括人类文化生命的生存与延续。不论是社会科学、人文科学，还是自然科学，都是服务于人类生物生命与文化生命的生存与延续。生态人类学作为人类学的一门分支学科，在引进生态学的研究方法后，高度关注文化与生态系统之间的互动关系，由此也激发了多学科的融合与交叉，诸如民俗学、人口统计学、人类生物学、动物生态学、疫病学等学科之间的融合，从多学科的维度来关注人类社会多样化的生存策略。生态人类学所追求的目标是满足人类的需要，以及可以作为人类学发展的工具。这正符合人类学学科发展的动机，对人类生命的生存延续与发展必将起到难以估量的作用。

数千年来，中华民族大家庭的各个成员在交往、交流、交融的过程中，早已形成文化互嵌、资源流通、互利共荣的局面。因此，只有摆脱民族中心主义，才能实现中国的整体繁荣和长远发展。人类只是地球生命系统中的一个很小的部分，在未来较长时期内都必须依附地球生存。生态人类学作为指导人类处理文化与环境关系的重要学科，如果不能摒弃人类优先于环境的人类中心主义，就不能发挥让人与自然和谐共生的功能。如果人类在利用环境的过程中过度攫取或肆意妄为，就可能引发生态退变，甚至生态灾难等不良后果。

从人与自然关系的角度，梳理生态人类学的理论发展，展现中国生态人类学发展的独特历程，描绘中国生态人类学未来发展之路，是本论著所做的勇敢尝试，希冀由此带来学界对中国生态人类学的关注和讨论。

是为序。

罗康隆
2023 年 6 月

目　录

第一章　绪　论

第一节　物我关系的表达：人类学理论流变

人类学区别于其他学科的显著标志是将文化作为学科的研究对象，学界也是将泰勒第一次正式提出文化概念作为人类学成为独立学科的标志。虽然作为人类学分支学科的生态人类学出现的时间较晚，但这一学科致力于探讨文化与自然环境之间的关系，从诞生之日起，其理论在解决诸如世界政治格局、生态环境、经济发展等诸多问题上，提供了有益思路，而且从根源上给人类学研究提出了一个哲学命题，即物我关系的本质。以文化与自然环境的关系的表达为线索，纵观整个人类学理论流派的演变历程，将有助于理解生态人类学理论和方法的流变及其在未来发展的趋势。

一、物我二分：文化与环境二元观

人类与其他生活在地球上的生物最本质的区别在于，其他生命体在面对地球环境的变化时，只能通过生物本能，被动地去适应环境，要么成功适应环境而与环境达到协同演进的状态，要么不适应环境而被环境淘汰掉。而人类却可以依靠自身的创造能力去能动地适应甚至改变自然环境，使环境适合人类的需求。正是基于这种特有的文化属性，人类与自然环境区分开来，而且随着科技的进步，这种文化的优越性越来越明显。

人类学最初提出文化概念的核心价值特征为经过人类劳动加工过的非自然物，其目的是满足人类生存、延续和发展所需。这一文化概念自古典进化论学者提出以后，得到了人类学界的一致认同，而这一概念所蕴含的文化与环境二元对立的思维方法，同样长时间影响着学界对于文化与自然关系的看法。

这种人类文化的优越感，除了带来人类社会与自然环境对立的思维习惯以外，还滋生着越来越明显的文化决定论倾向。文化是可以脱离生态环境而独立存在与发展的社会事实,生态环境之于人类文化,要么是可有可无的或无关紧要的因素,要么是服务于人类文化需要的背景。

传播学派尽管注意到环境在文化传播过程中的作用,但作用的范围仅限于有利的生态环境促进文化传播,而不利的环境阻碍文化传播。文化的内在因素才是文化传播的重要因素。欧洲的社会学派更是将人类社会作为独立的社会实体加以对待,而几乎不考虑环境因素对人类社会和人类文化的影响。英国结构功能学派同样也将文化自身的结构和功能作为该学派的研究重心,专注于对文化本身的研究,不考虑环境对文化结构和功能的影响。

二、物我兼利:文化生态共同体观

美国人类学家博厄斯(Franz Boas, 1858—1942)及其弟子克罗伯(Alfred L. Kroeber, 1876—1960)和威斯勒(C. Wissler, 1870—1947)也阐述了环境(主要是自然环境)与文化的关系。博厄斯在《社会科学中某些方法论问题》中认为环境条件可以刺激现存文化活动,但它们缺乏创造力,不同民族由于掌握文化的程度不同,相同的环境对他们产生的影响是不同的。社会变迁的动力来自两方面:一方面是各种文化形式之间的相互关系,以及文化和自然环境之间的相互关系;另一方面是个人和社会之间的相互关系。而克罗伯在《北美土著民的文化区域和自然区域》(1939)一书中,重视与自然环境差异相对应而表现出的文化特征差异,并企图从植被变迁的类比中去理解文化变迁的过程。威斯勒则认为,自然环境并不产生文化,而是稳定文化的因素。

苏联人类学家充分考虑了自然环境在区分经济文化类型中的作用,他们将前资本主义时代形成的经济文化类型分为三类:第一类以狩猎、采集或部分捕鱼为主;第二类以锄耕农业和畜牧业为主;第三类以犁耕农业为主。发挥决定性作用的仍是每个民族的生产方式,即社会经济发展水平。我国人类学家林耀华与苏联人类学家切博克萨罗夫两位教授也提出了中国的"经济文化类型"。

20世纪50年代,斯图尔德提出了"文化生态学说",其核心概念是多线进化论,本意在于探讨文化进化发展的多线性,体现为各种文化在其特定的环境中的适应和发展,同时也表现为在类似的环境和类似的技术水平的相互作用中可能产生的相似的结构与变迁过程。由于要确认对环境的适应如何导致文化变迁,于是,文化生态学就转而成为一门研究文化和生态环境之间关系的学科。生态人类学用"环境"来解释人类的各种文化现象,它根源于对环境解释的几种不同的思想传统。对有关环境与文化关系的解释,学术界先后有环境决定论、环境可能论、环境与文化互动论等观点。

当然,文化与环境之间是一种互为因果的错综复杂的交错演化过程。在这一过程中,从共时意义看,总是表现为多重因素并存,从特定的时间空间、特定的文化与自然背景而言,真正发挥作用的文化和环境要素则表现为鲜明的因果关系。多种因果关系的并存,仅是我们今天能看到的最后结果,而不代表其间的真实历史过程。因而,本项目需要借此证明,中国西南少数民族的文明史是文化与其生态环境协同演进、互为因果的历史,其间的主导方面显然是民族文化,可供选择利用并可以做出有限加工的显然是其所处的自然与生态环境。中国拥有堪称宏富的文献资料,这些资料经过整理后,与当代的田野资料相结合,完全可以使得当代发现的共时性资料获得对历史的纵深认识。本项目的研究是立足于生态人类学的学理基础,去展开历时性的资料搜集以及对西南各民族传统生态文化的演化过程的研究和探讨。而这正是本项目需要推进深化的新领域,也是生态人类学中国化的具体表现。

1980 年之后,生态人类学的研究中兴起"修正主义"的浪潮,其中以历史生态学和政治生态学最引人注目。这种现象与人类学家的研究内容发生转向有密切关系。随着全球化和世界经济一体化的发展,人类学家由对相对隔绝的、传统的小型社区的研究,转向对当代社会市场经济中多元文化并存的研究,并且认为区分"自然的"和"人为的"景观本身就是错误的,所有的生态系统在过去的几千年里已被人类极大地改造。这样的观点,显然具有不可替代的现实意义,表现为萨林斯的《历史之岛》、克罗斯比的《生态扩张主义》等代表性的著作。这一观点在本项目研究中得到进一步强化,并进而指导对历史资料的发掘和利用,特别在文献的解读中发挥指导作用。有关我国西南少数民族传统生态文化的文献汗牛充栋,宋蜀华、尹绍亭、崔延虎等人的研究可以作为代表。原因在于这些著作所揭示的内容对中国西南少数民族地区而言,有的曾经发生过,有的延续至今,是活态的生态文化事实,能够在今天的田野调查中加以系统观察认证,并能在本项目中发挥佐证作用。当然,这也是推动生态人类学中国化的充要条件。

在进入 21 世纪以后，韩国学者全京秀，日本学者秋道智弥、市川光雄、大塚柳太郎等从特定的民族、生物物种等与生态相关的维度阐述人与自然环境的关系问题，尤其是从生态史的角度着眼于每一种资源，去探讨人们的利用方式和接受或拒绝的过程，以分析资源利用的地域性特征。

三、物我合一：生境人类学文化观

文化生态学强调的是文化的演化过程中生态环境所起的作用，将生态环境视为影响文化进化的一个重要因素，提出了文化对环境的适应性的观念。从某种意义上来看，文化与生态环境还是被视为两种相对独立的体系，各自按照其运行规律运行，只不过二者之间有着密切关系，具体而言，就是文化对生态环境的适应性。而将文化与环境视为同一，则是生境人类学作出的进一步阐释。

20 世纪 60 年代以来，随着工业化进程的加快，人类凭借其创造的文化和科学技术加速了对自然生态系统的利用与改造。快速变化的生态环境超过了其自身调节的范围，随之而来的就是大气、水体的污染加重，森林、草地、湿地资源遭受破坏，不可再生资源面临枯竭等等一系列生态问题开始出现，并且形成了愈演愈烈之势。自然科学领域开始从技术层面着手解决环境恶化问题，人文社科领域开始思考人类与自然环境之间的关系。这一时期，各类以生态恶化为主题的论著明显增多。蕾切尔·卡逊（Rachel Carson）所著的《寂静的春天》一书是环境保护主义的奠基之作。此后逐渐形成的生态伦理主义开始反思人类文化对生态环境产生的负面影响，提出以生态为中心的发展观。这一学派以自然生态环境为中心，将人类看作是生态环境中的一部分，与其他生物一样，占据特定的生态位，认为人类没有权力凌驾于自然环境之上。

20 世纪 90 年代初，我国学者杨庭硕、罗康隆、潘盛之在《民族文化与生境》一书中，首次提出"民族生境"的概念，第一次将人类文化与生态环境视为一个整体去加以考量，从根本上解决了学界一直以来将文化与环境截然二分的问题。在"民族生境"的概念中，人类文化与自然环境是无法分开的一个整体。自然环境是人类社会赖以生存的物质基础，不仅为人类的生存、延续和发展提供必要的物质资料，也为不同人类文化打上了特殊的烙印。人类社会与地球上的其他生命体一样，无法脱离所处的自然生态环境，但人类社会与其他生命体最大的区别在于，其他生命体对生态环境只能被动适应,而人类以自身创造的文化来形成合力,不仅能主动适应其所处的生态环境,而且能改造所处生态系统,使之更贴近人类的需要。恩格斯在《劳动在从猿到人转变过程中的作用》中提出的著名的论断——"劳动创造了人本身",指出了人类与其他动物的本质区别,即人类可以创造文化。一方面,人类在与自然生态环境打交道的过程中创造了文化,使得人类文化具有特定生态环境的特点。另一方面,正是因为人类为着特定的目的而改造自然生态系统,因此,被人类社会改造过的自然环境同样打上了文化的烙印,不再是纯自然状态下的生态系统了。在这样的逻辑中,"民族""文化""生境"这三个不同的概念形成了有机的整体,三者互为前提,无法割裂。

在"民族生境"的观念下,文化与生态环境不再对立,人类社会与生态系统的关系得以理顺,生态问题也就能得到最终解决。生态问题产生的终极原因是文化对生态环境的偏离,"由于人类文化自身存在具有双重复合性,人类文化与所处环境不可能永远保持在一个恒定的水平上,它会在无意识中与其所处生态环境发生偏离,随着这种偏离的叠加,就会导致生态危机,目前地球上出现的生态危机就是这种文化偏离环境所导致的结果"①。有了这样的认识,生态危机的解决也就水到渠成。人类文化对环境的偏离造成了生态问题,人类文化同样可以使得这样的偏离重新回归,达成文化与生态环境的耦合运行状态,这样一来,生态问题就能从根本上得以解决。

党的十八大把生态文明建设纳入中国特色社会主义事业"五位一体"总体布局,明确提出大力推进生态文明建设,努力建设美丽中国,实现中华民族永续发展。党的二十大报告提出,"中国式现代化是人与自然和谐共生的现代化",都是将人类社会与自然环境视为和谐共生的一体。

第二节 中国生态人类学

一、中国生态人类学学科的发展

生态人类学(ecological anthropology)是一门专门的分支学科,发端于 20 世纪

---

① 罗康隆:《生态失衡 文化有责》,《中南民族大学学报(人文社会科学版)》,2014 年第 4 期。

50 年代。而当时的中国却因故中断了人类学的教学与研究，作为人类学分支学科的生态人类学在中国自然也就无法得到与世界人类学界对话的机会。1978 年，中国进入了改革开放的新时代，生态人类学才获得了新的发展机遇。但由于受到固有观念的影响，特别是资本主义和社会主义两大阵营意识形态对立由来已久，刚刚恢复重建不久的中国人类学受积习所染，总是有意识地规避正面推介来自西方的学术思想，因此来自西方的生态人类学要想引进中国，不得不选择一条崎岖的道路。80 年代初，刚刚恢复的社会学学科，如人类学、社会学、心理学在推介西方的学术思想时都显得谨小慎微，对生态人类学的推介也不例外，致使引进工作从一开始就充满了曲折和尴尬。

改革开放之前，我国与西方多国早就建立了正常的外交关系。从西方直接引入生态人类学，应当是一件轻而易举的事情，但实际的引进过程却深受社会氛围的干扰。中国人类学学会早期的领导人和学术骨干对西方的生态人类学并不陌生，有的人甚至还有十分独到的见解。但在推介生态人类学时，却尽量淡化来自西方的理论和方法，而是致力于推介来自苏联的相关理论，将"经济文化类型划分"与生态背景的关系作为重点推介。对于西方生态人类学的著作和论文只在《民族译丛》（现名为《世界民族》）等一类的杂志上有零星的介绍。甚至美国生态人类学代表人物萨林斯第一次访问中国时，在北京就受到了冷遇，这并不是人类学学人不了解他，而是怕沾染资产阶级的学术思想。可是萨林斯在厦门大学却享受了应有的礼遇。可见，生态人类学最先在南方受到关注。

改革开放初期，我国南方陆续设置了"经济特区"和沿海开放城市，如深圳、厦门等，偏巧中国南方地区的人类学长期以来与欧美的学术交流十分频繁，交流的渠道也比北方要广。这样的开放格局对国家的稳定和发展而言，至关重要，但却在无意中加剧了中国人类学学人的内部分歧。南方各高等院校和研究机构由于享受到了改革开放的政策倾斜优惠，有较多的机会直接接触来自欧美的人类学专家，也有较多机会获取来自欧美的人类学专著，从中得以最早接收来自欧美的生态人类学理论；与此同时，较少关注苏联的人类学理论和方法。在这种特殊背景下，中国人类学早已客观存在的南、北学派之分，无意中地被人为放大了。不管是出于争取话语空间的考虑，还是出于推动学科快速发展的考虑，南方的人类学学人，当然也包括北方的部分青年学人，有意识地选用了文化人类学这个名称，同时申请成立人类学学会,就此产生了中国人类学与文化人类学同时并存的格局,进而生态人类学是应称为"生态社会学"还是"生态人类学"也成了争论的焦点。这样的纷争必然会干扰对生态人类学思想的消化和吸收。

邓小平南方谈话后,资本主义和社会主义性质之争暂告平息,我国社会经济得以飞速发展,但中国人类学的发展却因为积习使然,一时难以调整到位。具体表现为在中国的高校和研究机构中人类学、文化人类学和社会人类学三个名称同时并用,而且相互标榜自己的特殊性,甚至酿成了激烈的学科争辩。以至于费孝通先生不得不出面,以身作则,做出表率,劝导学者们放下学科名称之争,而致力于"问题"的研究。然而,在中国的学科体系中,早期恢复的社会学、心理学等都堂堂正正地称为"学",而人类学则不伦不类地称为"民族问题研究",这样的区别对待,尽管事出有因,但由此而引发的副作用,却不能不令人关注。作为人类学分支学科的生态人类学,无法被纳入"问题研究"的框架内去展开教学和研究。最终使得西方的生态人类学,以及后来发展起来的环境人类学和医学人类学,在引进和推介的过程中,到底是纳入人类学还是文化人类学的范畴,也就只能听任研究者自由选择了。听任这一事态延续的结果,必然会导致资料的查询、理论的推介,甚至学术的交流变得无章可循。这样的学术格局到目前为止仍然没有得到统一解决,2009 年在昆明召开的国际民族学和人类学联合会第十六届大会中,中国的学者仍然是以人类学—民族学的名义参加。直到今天,人类学民族学界最重要的学术团体仍然被冠以"中国人类学民族学研究会"的名称,对此,学人只能表示遗憾。如果不对三十多年延续下来的积习进行果断改变,生态人类学的消化吸收工作还得继续走弯路。

二、从共时态的学科步入历时态的学科

人类所面对的生态系统有它自己的历史,人类的文化也有它自己的历史,生态人类学对这两种历史都必须同等关注,而且还必须关注它们之间的互动制衡结果,才能解决当代所面对的重大生态问题。当年斯图尔德正是出于上述考虑,而有意识地将自己倡导的"多线进化理论"建构成历时性的"文化生态学",他事实上是在推动三种已有理论的结合。这三种理论是指博厄斯所倡导的各民族的"历史特殊论"、克鲁伯倡导的自然背景对文化模塑的"可能论"、怀特倡导的文化阶段性"一般进化论"。推动这三种理论相结合的目的是要使他提出的生态人类学核心概

念——"文化生态观"获得历史的厚重感，并以此区别于马林诺夫斯基的文化共时态"功能学说"。斯图尔德的后继者在这一道路上走得更远，萨林斯甚至以"历史人类学"相标榜，而塞维斯更关注文明帝国形成之前的酋邦历史。可见，西方生态人类学启动伊始，就致力于推动从共时态学科向历时态学科的演替，这就意味着对中国生态人类学的补课本来可以走一条捷径。凭借中国浩瀚的历史文化典籍，在20世纪80年代，本可针对欧美的前沿水平能动地做好消化吸收工作，然而当时人类学"古典进化论"对中国学术界的影响太深，社会干预也太强，这才使我们的补课工作又不得不走弯路，长期搁置了文化的特殊历史观——要么强化文化的共时态研究，要么强化文化的一般进化的研究，最终使得生态人类学的引进长期徘徊在纯理论推介的层面上，无法与中国各民族具体的历史过程联系起来。

斯图尔德在创建"文化生态"理论时，就是将文化的变迁作为研究的主题，在《文化变迁论》一书中，他不仅考量了当代美国的文化生态问题，还剖析了埃及、两河流域、中国、玛雅和印加等远古文化的生态问题。萨林斯和塞维斯提出"双重进化理论"，同样意在强调文化生态的历史过程。拉帕波特首次启用了"生态人类学"这一学科名称，在《献给祖先的猪》一书中，他对人与生态协同运行的周期性过程做了一个经典的表述。然而当我们在推介西方的生态人类学时，却有意识地规避了文化生态的历史观，其结果表现为中国的大多数学人都致力于深描当代可以观察到的各民族文化的生态适应事实，而疏于关照适应成果形成的历史过程，不关注生态系统在社会合力作用下的演替过程，从而导致生态人类学的历时态研究长期被边缘化。

中国是一个农业大国，农业又是对生态环境依赖很强的产业，中国的政治史就是以农为本的历史，重视中国农史的研究又是周恩来总理在20世纪50年代做出的英明决策。遗憾的是，到了今天，中国的农史专家一直不理会生态人类学理论，中国的生态人类学研究者也极少涉及中国农史的研究，反倒是国外学者关注中国的汉族农业史和各少数民族的文化生态实践。中国农史研究已有坚实的研究基础，中国典籍对农业的记载又极为丰富，以农业史研究为突破口，使生态人类学步入历时态研究的轨道无疑是一条捷径，研究的成果也更能彰显中国的生态人类学本土化的特色。但因为我们受古典进化论影响太深，而失去了太多的机会，只能寄希望于未来的发展。

生态灾变的酿成必然是一个历史积淀的过程，文化的变迁也是一个历史积淀的过程,不立足于历史过程去探讨文化的演进和生态的人为递变,肯定无法找到众多生态灾变的正确成因。在这一领域中,中国本当走在生态人类学发展的前沿,可是如果把生态灾变共时态问题化,不正视生态演替的历史过程,生态人类学的中国化就不能算落到了实处,中国的优势也永远得不到体现。只有将生态人类学还原为历时态的学科,中国才能有自己的生态人类学。

三、从"小社区"的学科到"大社会"的学科

人类面对的地球生命体系是一个极其复杂的有序整合的实体,人类所创造的各民族文化也是一个极其复杂的系统。这就使得民族文化与所处的自然生态系统的制衡运行也必然具有广泛的复合并存特质,人为生态灾变的成因也必然表现得极为错综复杂,因而仅就有限空间和有限对象的资料收集难以揭示民族文化与所处自然生态系统的制衡运行后果。然而在我国对生态人类学着手补课之际,恢复不久的人类学却很难摆脱 20 世纪前半期的研究范式,而当时的范式习惯于将非欧洲的民族及其文化作为自己的特有研究对象。由于在研究过程中,必然要克服生活方式上的障碍和语言上的障碍,因而不得不立足于小社区的长时间调查去展开文化研究,等较为系统地掌握一个民族的文化后,再将来自小社区的资料加以放大,用以说明该民族的文化面貌。

这一传统在苏联的人类学界一直得到了长期的延续,与此同时,人类学中的"功能学派"同样注意到了文化结构的极端复杂性,出于从整体性上把握特殊文化的考虑,在研究实践中更是把小社区的参与式资料搜集推向了极端。马林诺夫斯基就是把一个太平洋小岛的田野调查写成了整整十二本专著,对当地民族文化的复杂性作了很好的整体性把握和表述,但与其他并存民族文化的关系却得不到应有的体现。用这样的研究方法去剖析牵连面广、成因复杂的人为生态灾变问题就必然会表现得力不从心。事实上,从博厄斯开始就大大地修正了文化传播的传统观念,注意到文化在传播的过程中,自身也在发生流变。博厄斯首次记录了"文化辐合"运行事实,这就意味着已经刷新了文化要素刚性空间位移的陈旧传播观。斯图尔德则是在博厄斯上述见解的基础上,引入了"文化整合模式"这一概念,而且还有意识地区分了多元文化整合的不同水平和不同层次,将整合的表现定义为文化之间的"涵化",甚至将美国现代社会理解为一个超大的文化整合模式,这就意味着

生态人类学从一开始就是以"大社会"学科的面目而问世，斯图尔德的后续者在这一点上更是不遗余力。通过他们的研究表明，很多生态灾变并不是发端于单个民族内，更不是发生在小片的社区内，而往往是爆发于多元并存文化的交错地带。因而如果不是从超大的空间尺度去探寻并存多元民族的社会"合运动"，就很难找到人为生态灾变的成因，于是对传统小社区的研究得让位于对大社会的研究。西方环境人类学在此后的发展更能揭示这一必要性。

将生态人类学作为"大社会"的学科去展开研究，不仅在美国学者，如内亭和格尔茨等人身上得到体现，还在日本的秋道智弥和韩国的全京秀身上也得到体现。但中国的生态人类学视野却一直十分狭窄，仅仅关注有限的社区，只研究单一民族的生态问题。然而生态的改性往往不是单一民族、有限社区的产物，而是众多民族在相当大的范围内综合作用的产物。举例说，文化的传播，特别是作为国家权力根基而存在的超大整合模式驱动下的文化传播，对生态变迁的作用就更加明显。遗憾的是，中国的生态人类学恰好没有把生态人类学作为"大社会"的学科去对待，以至于很多有价值的田野资料在理论上都无法得到升华，在很多研究项目中，往往与发现人为生态灾变的主导因素擦肩而过。最终使得很多各不相同的研究都得出了极其近似的结论，误以为人为生态灾变的成因问题超出了人类学的研究范围。类似的研究习惯虽然很容易与刚刚恢复的人类学相兼容，但却不利于赶超国外的生态人类学研究前沿水平，更在无意中阻碍了中国生态人类学的实践和应用。经过长期积累后，如下一些弊端正在成为我国生态人类学发展的阻碍：其一是对某种人为生态灾变总是不问事实地追究单一民族的责任，或者反过来，对某项生态环境的改善则夸大某个单一民族的生态维护价值；其二是将民族文化对所处自然环境的适应与该种文化对所处社会背景的适应混淆起来，因而对文化传播实质的理解长期难以深化；其三是对人为生态灾变的成因分析往往过多地关注当地的共时态的文化成因，而较少关注人为生态灾变在空间上具有很广的牵连性。其实，关键的成因往往来自历史和异地，而且与文化要素的传播直接关联。

要使习惯于研究小社区的人类学转型为能够研究大社区、大范围生态系统变迁的现代生态人类学，理论的建构至关重要。出于方便和应急，不妨借用国外已有的理论，并稍加改造，但从终极意义上来说，还是得要建构具有中国特色的生态人类学理论。中国古典哲学中的"天人合一"观、"相生相克"理念，承认各民族生态行为合理性的宽容与大度,都应当是推动生态人类学中国化的传统根基。但要把这个根基用好、用活,对年轻一代的中国研究者来说,熟习古汉语、哲学、中国历史都将是一个个难以攻克的堡垒。只有攻克这样的堡垒以后,生态人类学才能转型为"大社会"的学科,担起引导中国现代生态建设的重任。

四、从逻辑的学科到经验的学科

人类学早期的研究核心是关注人和文化,而不是人和文化所依托的生态环境,以至于相当长的一段时间内都认为用人和文化处理生态问题并不困难,甚至根本不是一个问题。改革开放以前,我国对民族文化与生态环境的关系理解也大致沿袭着类似的看法,"人定胜天"的理念支配着我们的行为取向。早在20世纪上半期国外的人类学研究者就开始认识到生态环境的极端复杂性和难以把握性。克鲁伯所理解的环境对文化模塑的"可能论"就是一个实例。但与此同时,马林诺夫斯基却十分自信地认为对于特罗布里恩德群岛岛民的生计方式,以及利用环境的技术和技能,自己要学会和理解并不是一件难事,但此后的研究却表明克鲁伯的理解更有价值。当斯图尔德认真着手讨论文化与生态关系的时候,很快就意识到要完全弄懂环境对文化变迁的作用,显然不是一件轻而易举的事情。由于斯图尔德开了这个头,格尔茨才可能进而明确地提出"地方性知识"这一概念。但这些思想被介绍到中国后,反响却很不相同。

中国的人类学学者对自己的研究对象"关爱有加",很希望各民族的传统文化都能得到顺利的传承。但要将"地方性知识"落实到生态环境的维护和建设时,却没有像国外的学者那样自信,不敢承认这样的本土知识在生态维护和建设中具有不可替代的价值。原因在于,中国习惯于接受有逻辑性的规律,而忽视具体的"经验",致使"科学主义"的理念在学术界具有很强的感召力。我国的人类学工作者将"地方性"知识纳入非物质文化保护的范畴,这没有人会反对,但要把这样的本土生态知识运用于生态维护的实践,那么很多人类学者都会说这不是他们的工作,应当留给工程技术专家去完成。为此,生态人类学在中国的发展必然得正视三重问题:其一,生态人类学到底是逻辑性的学科,还是人文性的学科?如果说人类面对的生态环境极其复杂,文化与生态系统的关系也极其复杂,其中有些问题至今任何一个学科都没有得出公认的解答,那么,凭借逻辑的推理去处理人和生态环境的关系显然会偏离事实。相反,在漫长的历史岁月中，靠与自然不断地磨合积累起来的经验以及通过新陈代谢建构起来的"地方性"生态知识，在处理复杂的生态问题时，反而更实用。那么，延续格尔茨的思路，将生态人类学理解为发掘、利用经验的学科就应当更贴近事实。

其二，文化的变迁速度与生态环境的变迁速度显然存在着很大的反差。文化变迁的速度要比生态环境变迁的速度快得多，各民族的本土性生态知识就形成于此前的历史时期，只要生态环境没有发生巨变，它不仅在今天，还可能在未来发挥作用。也就是说，经验建构起来的"地方性知识"有它自己的适应对象和范畴。那么，生态人类学发掘、利用经验积淀下来的知识和技能，显然是一种合理的做法，而不必苛求获得逻辑上的证明，只需验证其生态维护的实效就够了。

其三，将经验的发掘与利用作为研究对象，研究者除了对经验完全相信并遵循外，能需加以实证吗？如果不能，那么作为学科而存在的价值的必要性又何在呢？民族文化与所处的生态系统，两者是互有区别的自为体系，两者之间要实现兼容只能靠长期磨合，人为生态灾变则是在磨合的过程中失败的产物。于是要从文化的视角探讨人为生态灾变的成因，前提正在于将这两个不同的自为体系纳入统一体系去考量，可是正因为它们是不同的自为体系，我们到底是该用文化的逻辑体系，还是该用生命的逻辑体系去考量，自然成了必须先行澄清的重大难题。

格尔茨倡导解释人类学的目的正在于，将人类学引向人文学科的范畴。格尔茨曾形象地比喻说，人类是生存在他自己编织的"意义之网"上的，一反此前西方学者将理性推向极端地位的思维惯例。也正因为如此，格尔茨才高度关注"地方性"知识，认定"地方性"知识可以与"普同性"知识并存。但问题在于，科学主义在过去的一个世纪中，对中国的学术影响太大，以至于中国的很多人类学家很难接受人类学是一门经验学科的提法。因为这样的提法，意味着人类学学科声誉的下降。因此，上述三重挑战对中国而言，不仅具有实质性，而且还具有功利性。实质性在于它将动摇人类学在我国学科中合法存在的根基。从功利的角度看，承认人类学是一门经验性的学科，或者是一门人文的学科，会使得在西方世界十分正常的学科性质划分，到了中国却可能引发一场"地震"。一段时间以来，我国很多人类学工作者总是千方百计地否认人类学是一门人文学科，从而使得高度关注各民族本土生态知识发掘利用的生态人类学，很难引起学者的兴趣，更难将研究的成果付诸应用。

正是羞于承认生态人类学是与本土性的经验打交道，相当一段时间以来，中国的人类学工作者往往是将自己的研究对象视为行将消失的珍贵资料去加以研究。他们总是认定在社会发展的大潮中,各民族的传统都会很快消失得无影无踪,如果不加以整理,今后就难以再见到这样的资料。可见他们很关注自己的研究对象,但关注的不是对象本身,而是对象的资料价值。生态人类学恰好是希望发掘和利用各民族的传统知识和技术技能,这与整个中国的学术氛围不相协调,曲高和寡也就在所难免了。

毋庸置疑,各民族的传统知识和技术技能肯定是实践经验的产物,发掘利用和重新解读经验,本身就是一项人类社会必须做好的研究工作。对生态环境的维护更是如此。事实上,不要说个人,就是一个延续了几千年的民族所能积累的知识和经验仍然是极其有限的。鉴于生态系统和民族文化的极端复杂性,二者的和谐发展显然不是靠逻辑推理建构起来的,而是靠不断的磨合逐步达成的。即使到了今天,我们对生态环境的认识仍然很有限,就连自然科学工作者都承认无法全部了解所有的自然存在。作为研究超级复杂自为体系的生态人类学为什么要羞于谈经验? 事实正不断地证明,很多工程技术人员本身也在关注经验的积累。如果这个弯转不过来,生态人类学要以一个"经验学科"或者人文学科的面目出现在学科体系中,为世人所接受,就很难办到了。但这样的障碍必须克服,而且得尽快克服。否则的话,生态人类学的发展就会更加艰难。

五、从描述性的学科到行动的学科

诚如蔡元培所理解的那样,人类学是对各民族文化进行记录和比较的学科。民族志的编撰会成为人类学研究的重要工作内容也就不足为怪了。国外的生态人类学、环境人类学对此也无异议。不过在人类学发展历程中,不同学者的描述也会有很大的差异。马林诺夫斯基倡导的参与式调查方法和格尔茨提倡的"深描",其内涵就很不相同。拉帕波特将人、猪、农耕、祭祀与环境调控关系描述为一个动态循环的过程。而秋道智弥对澜沧江的调查描述,则是一幅文化与生态交互作用的画卷。当这些国外的研究成果被引进到中国以后,在生态人类学的圈子内引起的反响却各不相同,因为国内更多的是关注生态人类学的资料价值,因而民族志编撰和描述方法的改进最能吸引研究者的关注。而从动态过程去规划生态恢复的行动,或者改进生态恢复的手段,却长期不受关注。这显然与我国近年来非物质文化遗产的申报和保护有密切的关系,也与我国现行的社会思潮是将生态建设理解为纯技术问题有直接关系，要改变这样的思想氛围显然不是一件容易的事情。但中国的现实需要却迫切希望生态人类学成为一门行动的学科。

要想将生态人类学引向行动学科的发展道路，除了需要证明各民族的本土生态知识在生态建设中有效外，还需要证明生态环境的恶化是文化运行失范的产物。而特定人群在特定文化规约下的行为，在文化处理失范状况时，经过长期积累后往往正好是很多生态灾变的导因。生态建设的关键不在于工程，不在于投资，而在于如何利用文化改变资源的利用方式。

要证明生态人类学具有应用价值尽管有难度，但这些困难最终还是可以被克服的，而且形成的文本可以理所当然地成为资料文本。这些文本对旅游区、博物馆、生态民族村可以发挥直接的支持作用，也能投合长于描述的中国人类学工作者的口味，但要付诸行动，却举步维艰。困难出在生态建设的规划管理上。建设项目的立项都是按学科和工程类别划分，其中恰好不包括生态人类学。事情又回到了原来的位置，中国的人类学太过于关注描述，对应用的关注太少了。

如果要让普通的民众都注意到生态灾变的酿成与自己日常的生活行为有直接的关系，需要做的普及和宣传工作就更加艰难了，但这却是生态人类学责无旁贷的使命。温室气体的排放、水体的污染、废弃塑料的污染、化肥和农药的滥用，显然不是某个人从中捣乱造成的恶果，而是几乎每个人都有份的行为失范。可是在相当一段时间内，中国的学术界总是希望用法律手段去治理这些极其恶化的生态问题，事实证明成效并不理想。而生态人类学却一贯主张需要通过文化去改变人们的生活方式。面对这样的重大问题，描述的价值就不再那样重要，而行动的必要性却凸显出来。这正好是生态人类学工作者需要做好的普及工作，这将是中国生态人类学在发展道路上必须承担的社会责任。生态人类学只有在行动中，才能展示自己的价值，才能赢得新一轮的发展。

结语

在西方学术界，生态人类学是人类学中一个非常重要的分支学科，研究内容直接关乎民生。但这门分支学科在中国的发展远远不能满足中国社会经济高速发展的需要。这不是研究者的责任，而是特殊的历史过程、特定的社会氛围和特有的社会思潮综合影响和作用的结果。既然如此，追究任何人的责任都没有意义，但弄清发展滞后的原因却刻不容缓。由于问题的复杂性,本文的讨论不免会挂一漏万,但却是来自长期学术研究经历的亲身感受,因而倍感真切。即使有偏颇,但同仁尚多,匡正并非难事。中国今后的生态建设迫切需要生态人类学,中国自己的优秀传统和各民族的本土生态知识储备又有利于生态人类学的本土化,因而有意以此引起中国学人的关注,以便齐心协力地推动中国生态人类学的新发展。

第二章 对立还是互动:文化定义的评述

与地球上其他生物相比,人类是特殊的存在。从生物属性来看,人类和其他生物体一样,都是地球生命体系中的一个部分,占据着特殊的生态位(ecological niche),而且也会受到生态环境的制约。但从社会属性来看,人类又与地球上其他生命体有着本质的差别。其他生命体只能被动适应环境,而人类则可以依靠其聚合的社会合力,改造和利用周围的环境,这种改造和加工自然环境的能力也就被定义为文化。换句话来说,人类以其创造的文化将人类与周围环境区分开来。

人类学的诞生,就将文化作为研究的主要对象。因此,不同学者有不同的研究视角,所定义的文化也不尽相同。以至于学界对于文化的定义五花八门,莫衷一是,据不完全统计,人类学学科内有超过200种文化定义。虽然有前辈学者尝试将这些定义统一在一个框架内,但这些尝试最终都是徒劳。其中最具代表性的人物是克鲁伯和克拉克洪,他们将学界对于文化的定义尽可能搜集起来,并加以分类和略加评述[1],尽管无法统一文化的定义,但为了解不同学派不同学者的思想提供了基础材料。此后学术界对文化的定义仍然有不同的界定,但也基本上沿着前辈学人的思路在进行研究。鉴于本研究聚焦于生态文化,因此,下文将选取与环境相关的文化定义加以讨论,力图澄清文化与环境的辩证关系。

第一节 对立论:文化与自然二元对立

不仅人类学、民族学、民俗学等学科专门研究文化,而且其他学科诸如哲学、宗教学、历史学、政治学等也在研究文化。早在人类学出现以前,文化这一术语已经出现,而且与之相类似的术语"文明"也随之出现,在一般情况下两者可以混用,表

---

① A. L. Kroeber and C. Kluckhohn, Culture: A Critical Review of Concepts and Definitions. Cambridge, 1952.

达同样的意思，即经济发达的民族为了区别欠发达民族而用"文明"和"野蛮"来区别，带有明显的比较意味。有文化指的是那些受过教育、举止优雅的人群，带有明显的优越性①。这种带有偏见性的定义受到了文化相对主义者的诟病，但在人类学起源之初，特别是在古典进化论的观念中，不同文化必然呈现出高下立判的等次差异，也正是通过不同民族呈现出的不同文化特征，来判断该民族所处的社会历史阶段。判断的标准则主要为该民族文化中生产工具的技术含量、资源利用的方式等，因为技术含量高的生产工具意味着对生态环境的加工和改造的能力强。因此，从这一意义上说，文化内涵就是对环境的加工和改造的能力。

一、文化是人类与动物区别的本质特征

要弄清楚"文化"一词的内涵，需要回溯该词的词根。"文化"一词是拉丁语"Colere"的派生词，其原意是指人在改造外部自然界使之适应于满足食住等需要的过程，对土壤土地的耕耘、加工和改良②，使之能符合人类所需③。它有耕作、培养、教育、发展、尊重等含义，实际涵盖了人类社会全部生活内容。也就是说，从词源来看，"文化"一词从一开始就是与自然界相对立的概念，是人类对自然界有目的的加工和利用的结果，是人类社会特有的现象，具有鲜明的社会属性。

显然，在早期西方，"文化"的概念带有明显的政治成分，受此影响，后世西方学者在研究文化时，都有意无意地将文化与自然区分开来。康德对"文化"的定义是，"一个有理性的存在者一般地（因而以其自由）对随便什么目的的这种适应性的产生过程，就是文化"④。在康德的文化观念里，人类是有能力独立于自然而存在的，而这种能完全独立于自然界之外，按照自己目的行事的能力，就是文化。人类通过文化的手段，按照自己的目的，改造和加工自然，使之适应人类的需要，最终达到康德所称的道德自由的终极目标，也就是人类完全独立于自然的目标。在这里，康德所定义的文化，就是人类的本质规定，与自然界区分开来的本质特征⑤。

对于这一观念，恩格斯在《劳动在从猿到人转变过程中的作用》一文中也有相

---

① ［美］克拉克·威斯勒著，钱岗南、傅志强译：《人与文化》，商务印书馆，2004 年版，第 1 页。
② 施琳：《论文化——民族文化与市场文化》，《民族研究》，1995 年第 1 期。
③ ［英］唐·库比特著，王志成、思竹译：《上帝之后：宗教的未来》，宗教文化出版社，2002 年版，第 22 - 23 页。
④ ［德］康德著，邓晓芒译：《判断力批判》，人民出版社，2002 年版，第 287 页。
⑤ 魏俊雄：《康德文化观简析》，《社科纵横》，2013 年第 1 期。

似的表述，"政治经济学家说：劳动是一切财富的源泉。其实劳动和自然界一起才是一切财富的源泉，自然界为劳动提供材料，劳动把材料变为财富。但是劳动还远不止如此。它是整个人类生活的第一个基本条件，而且达到这样的程度，以致我们在某种意义上不得不说：劳动创造了人本身"①。恩格斯解释了人类与动物之间的本质区别，就在于人类会按照自己的需要去改造自然界，"动物仅仅利用外部自然界，单纯地以自己的存在来使自然界改变；而人则通过他所作出的改变来使自然界为自己的目的服务，来支配自然界。这便是人同其他动物的最后的本质的区别，而造成这一区别的还是劳动"②。在劳动的发展过程中，人类创造了语言，学会了制造工具，使用了火，也驯化了动植物。逐渐地，人类以其自身创造的文化，将本身与自然界划分成为两种相对独立的概念，即人类社会与自然界。

在哲学家的眼里，人类是有别于地球其他生命体的存在，人类在利用和改造自然的过程中，形成了独特的文化，文化也就成为人类的本质特征。历史学家汤因比(Toynbee)在评述克鲁伯和克拉克洪的《文化：概念和定义的批判性回顾》一书时，也指出："文化是人类所专有的，至少在我们生活的星球上，没有别的生物体有过文化……和其他非人类生命体的特征不同，文化并不是通过生物繁殖过程而自动传递的，而是通过教育的方式加以传播。"③

这种将人类与自然界或者其他生命体区别开的二元对立的观念，在早期研究文化的学者中普遍存在，同样也影响了早期人类学研究文化时的观念。

二、早期人类学家对文化的定义

人类学的创立，以英国的人类学家泰勒提出的著名的"文化定义"(1871)作为开端，"所谓文化或文明乃是包括知识、信仰、艺术、道德、法律、习俗以及包括作为社会成员的个人而获得的其他任何能力、习惯在内的一种综合体"④。在这一经典

---

① ［德］卡尔·马克思、弗里德里希·恩格斯著，中共中央马克思恩格斯列宁斯大林著作编译局译：《马克思恩格斯全集（第1版第20卷）》，人民出版社，1971年版，第509页。

② ［德］卡尔·马克思、弗里德里希·恩格斯著，中共中央马克思恩格斯列宁斯大林著作编译局译：《马克思恩格斯全集（第1版第20卷）》，人民出版社，1971年版，第518页。

③ Toynbee Arnold. "book-review"：Culture: A Critical Review of Concepts and Definitions. History and Theory, 1964, 4(1).

④ ［英］爱德华·泰勒著，连树声译：《原始文化：神话、哲学、宗教、语言、艺术和习俗发展之研究》，广西师范大学出版社，2005年版，第1页。

概念中,泰勒用列举式的方式定义文化,显然受到康德等文化定义的影响,将文化视为人类社会所独有的特征。在定义了文化之后,泰勒提出了研究文化的一般方法,认为人类的思想、愿望和行动与"那些像支配着波的运动、化学元素的化合及动植物的生长的规律"①不一样,人类文化有着自己的发展规律,即从低级向高级发展。尽管泰勒没有明确提出人类文化与环境的二元对立关系,但从他将人类文化的研究置于自然科学研究之外来看,他所持的观点是支持人类文化与自然界之间存在明显差异性的。

早期的文化古典进化论学者们受达尔文生物进化论的影响,马雷特(R. R. Marett)在《人类学》一书中称"人类学是达尔文的孩子,达尔文'学'使人类学成为可能"②。人类学学科建立之初,古典进化论的人类学家们提出人类社会进化的观点,将生物学中"物竞天择,适者生存"的法则引入人类社会的发展和演化过程,形成了人类学第一个学派——经典进化学派。需要指出的是,达尔文的《物种起源》(1859)出版后,这本研究生物学演化规律的著作,由于其中的"物竞天择"的观点满足了社会演化论的需要,学者们就将其从自然科学界引入人文社会科学界,并将自然选择的结果赋予了"进步"(progression)的内涵。而事实上达尔文生物进化论探讨的是除人类以外的动植物对环境的适应机制,显然将人类社会排除在这一因果律之外。在达尔文的"物竞天择"的理念里,并没有强调"进步",相反地,达尔文认为进化并不一定带来进步,进化只是自然选择的结果,是一种适应性③。近年来,学人们开始反思古典进化论与达尔文学说之间存在的理论相悖之处,指出他们的理论是在部分地误用了达尔文的学说④,就如亚当·库柏(Adam Kuper)所说的那样,"达尔文的凯歌催生了一种非常不达尔文的人类学"⑤。

古典进化论学者们除了吸收达尔文"物竞天择"的理论之外,还引入了拉马克(Jean-Baptiste Lamarck)的"用进废退"理论,成为文化古典进化论学者对文化区

---

① 参见:爱德华·泰勒著,连树声译:《原始文化:神话、哲学、宗教、语言、艺术和习俗发展之研究》,广西师范大学出版社,2005年版,第2页。(注:原文为否定式表述。)

② [英]马雷特:《人类学》,载吕叔湘译:《吕叔湘全集》(第十五卷:译文集),辽宁教育出版社,2002年版,第7-8页。

③ 范可:《狩猎采集社会及其当下意义》,《民族研究》,2018年第4期。

④ 范可:《理解民族和民族主义:途径、观念与叙事》,《原生态民族文化学刊》,2020年第6期。

⑤ Kuper A, The Invention of Primitive Society: Transformations of an Illusion. Routledge, 1988, p. 2.

分高低等次的重要依据。因为"用进废退"理论中隐含着进步与退化的含义，满足了那个时代进化论的需要，所以古典进化论学者如约翰·卢伯克（John Lubbock）、巴霍芬（Johann Jakob Bachofen）、梅因（Henry Maine）、摩尔根（Lewis Henry Morgan）以及泰勒等人，都将文化演化的规律作为主要研究目标，如卢伯克以进化观写成了《史前时代》（1865）[①]，巴霍芬探讨家庭史写出了《母权论：对古代世界母权制宗教性和法权性的探究》（1881）[②]，梅因在《早期法律与习俗》（1883）中推崇达尔文进化论，并将这一理论应用于父权制的研究[③]。而摩尔根等学者则通过各民族使用的生产工具来确定生产力水平，并以此来确定社会所处的不同阶段，并用社会进化的观点将不同的文化划分为等次有别的社会。因此，这一时期的人类学家在研究文化演化历程时，基本上都受到达尔文生物进化论和拉马克主义的影响。

在自然科学领域的生物进化理论中，环境与生物个体差异以及生物变异存在着密切关系，达尔文感叹于"几乎每一生物的每一部分，都和它的复杂的生活条件有微妙的关系。所以任何一个构造的产生，如果把它看成和人类发明复杂的极其相似，能够突然造出，即臻完备，这似乎不可能"[④]。显然，在达尔文的表述中，是将自然界的其他生物与人类区分开的，而且在整本著作中，他试图澄清生物的遗传和变异在自然状态和人工选择的情况下的不同表现，最终得出的结论是，"物种受到家养或栽培，就比在自然环境之下易起变异"[⑤]。这种变异的方向明显与人类的用途和爱好有关，那些能满足人类需要的变异特征会被人为地加以扩大，因此生物变异更加明显。生物学领域的达尔文尽管并未将这种人工选择的方式定义为人类文化，而事实上他的这种人工选择与自然界的区分，都是受到那个时代学界二元论思维的影响。他在另一部著作《人类的由来及性选择》（1871）中，从生物属性的角度论证了人类和其他低等级生物一样，也受到自然选择规律的影响，从而得出"人类起源于某种低等体制的类型"的结论[⑥]。在人类多样性这一问题上，达尔文仅从体

① Lubbock J. Pre-Historic Times, As Illustrated by Ancient Remains and the Manners and Customs of Modern Savages, Williams & Norgate, 1865.

② ［瑞士］巴霍芬著，孜子译：《母权论：对古代世界母权制宗教性和法权性的探究》，生活·读书·新知三联书店，2018年版。

③ ［英］亨利·梅因著，冷霞译：《早期法律与习俗》，上海人民出版社，2021年版。

④ ［英］达尔文著，谢蕴贞译：《物种起源》，中华书局，2012年版，第57页。

⑤ ［英］达尔文著，谢蕴贞译：《物种起源》，中华书局，2012年版，第276页。

⑥ ［英］达尔文著，叶笃庄、杨习之译：《人类的由来及性选择》，北京大学出版社，2009年版，第404页。

质的角度进行观察和论证,并未关注到人种(race)不仅表现为外表的区别,更重要的是表现为不同人群间文化的差异。达尔文未尽的研究,则在后来的人类学家的研究中得到继续和发扬。

文化古典进化论的学者在达尔文主义的影响下,将自然科学的生物进化论引入对人类文化和人类社会的研究中,意在说明人类社会和生物界一样,也存在着进化的过程,并且将这样的进化过程赋予了"进步"的内涵,认为人类社会进化过程中的进步程度取决于生产工具的复杂程度和先进程度。那些使用简单打制工具的民族与使用复杂冶炼工具的民族间就出现了明显的差异,文化古典进化论的学者们致力于将这种文化上的差异程度按照高低顺序进行排序,并力图呈现出整个人类社会从低级向高级演变的规律性。在最初的文化经典进化观里,人类社会普遍经历过无差别的从低级向高级文明的演化过程,他们最初将这一过程简单地划分为"蒙昧、野蛮、文明"三个阶段。古典进化论的学者所划定的标准,基本上得到了当时学界的一致认可。

值得一提的是,早期人类学家摩尔根在划分不同社会阶段时,与其他人类学家单就文化现象分析的方法不同,他注意到生态环境的不同会对民族文化产生影响。他将蒙昧时期和野蛮时期各自细分为初级、中级和高级三个阶段,将人类社会划分为七个不同的发展时期。无论是三个阶段还是七个时期,划分不同阶段的标准,都由该民族文化影响下的物质生产工具的发明和使用来决定。

摩尔根在寻找各个不同的社会阶段划分依据时,对于蒙昧阶段的划分比较容易找到对应的统一标准:低级蒙昧社会结束于鱼类食物和用火知识的获得;中级蒙昧社会结束于弓箭的发明;高级蒙昧社会结束于陶器和制陶术的发明。但在划分野蛮社会的不同阶段时,摩尔根遇到了难题。他注意到地球上东西两大区域内的民族文化呈现出差异性,东半球是以畜牧业为主,而西半球则是以农业为主。因此摩尔根在确定中级野蛮社会的起点时,就注意到东西方社会很难找到一个统一的标准,因为东西两半球的天然资源不同①,因此,他提出东西方用两种不同的生计方式来确定中级野蛮社会。在东半球以动物饲养为主,而西半球以种植谷物为主。

---

① ［美］路易斯·亨利·摩尔根著,杨东莼、马雍、马巨译:《古代社会》,商务印书馆,1981 年版,第15 页。

"美洲的先进部落有了淀粉食物，亚洲和欧洲的先进部落有了家畜，他们既已得到这种供应之后，自可免于吃人的惨剧了"①。

摩尔根将全球范围内不同时期民族文化的样态进行汇总分析，其目的在于寻找文化进化的规律，提出东西半球文明阶段不同的划分标准，亦是服务于文化进化观。摩尔根的观点与其他人类学家相比，在统一文化与环境之间关系方面迈出了一大步，他从全球视角的大范围来对比，发现东西半球存在着不同的文化事实。尽管摩尔根并未就这一文化现象做进一步深入探讨，但他将这样的文化差异归因于资源上的差异，其中就隐含着自然生态背景会对文化产生影响的内涵。从某种意义上来说，这是"文化区"观念的早期萌芽。这一观念为后来传播学派、社会学派和美国历史学派对文化进化与传播的讨论提供了依据。

三、现代人类学对文化的定义

受到早期研究者二元对立观念的影响，不少现代人类学家在研究文化时，仍然沿袭着这种将文化与生态环境对立看待的习惯。在这些文化的定义中，包含有以下三种类型。

（一）文化将人类与动物区别

奥斯特瓦尔德（Ostwald）在《现代能量学》（1907）一文中如此定义文化："将人与动物区分开来的东西，我们称之为文化。在最常见的解释中，它在于人类对环境的更广泛的控制。换句话说，人类明白如何去影响和指导自然事件，使其能够按照人类要求和愿望去运行。"②这一定义在强调文化区分人与动物的功能性外，还指出文化在人类适应和控制环境方面，与动物相比有着本质的差别。动物只能被动适应环境或者被环境汰选，而人类则可以控制环境，使其能按照人类的需要去运行，也就是主动适应性。

罗海姆（Roheim）在《文化的起源与功能》（1943）一文中也强调文化是区别人与动物的标志，"文明或文化在这里应被理解为一个可能的最低定义，即它包括人类中高于动物水平的任何东西"③。

---

① [美]路易斯·亨利·摩尔根著，杨东莼、马雍、马巨译：《古代社会》，商务印书馆，1981 年版，第 22 页。

② Ostwald W. The Modern Theory of Energetics. The Monist , 1907,17(4):510.

③ Roheim G. The Origin and Function of Culture, Barnes and Nobel, Inc. , New York, 1947, p. 2.

Jacobs 和 Stern 合著的《人类学概论》(1947)一书中则从文化传播的非生物性角度来定义文化，以此强调人与动物的差异。"人类与其他动物不同，有一种文化—即社会遗产—不是通过生殖细胞在生物学上传播，而是独立于一般的继承性"[1]。

克鲁伯在其著作《人类学》(1948)中也提道："文化是人的特殊和专属产品，是他们在宇宙中的独特品质。"[2]

上述四种文化的定义，侧重于文化在人类与其他动物间差异性存在的功能性表达，重点强调文化为人类所独有，是地球上其他动物所不具有的特征。

（二）文化是人类创造的社会环境

在二元对立的思维框架中，人们将人类社会所处的环境划分为自然生态环境和人类自己创造的社会环境，并将二者看成是各自独立运行的系统。早期人类学家将文化看成是独立于自然环境之外的客观存在，自然也就将社会环境看成是民族文化创造出来的人为体系，因此，文化和社会环境也就结成了密不可分的关系。

威利(Malcolm M. Willey)和赫斯科维茨(Melville Jean Herskovits)在《心理学与文化》(1927)中，把文化看成是人类自己创造的环境的一部分，人类必须适应这个环境[3]。

毕德尼(David Bidney)在《人类自然与文化进程》(1947)一文中，就严格区分了人类的自然环境和社会环境，"一般来说，人类文化可以被理解为人类本性以及自然环境的自我培养的动态过程和产物，并涉及为实现个人和社会生活目的而对自然的选定潜力的开发"[4]。

赫斯科维茨在《人及其劳动》(1948，后来改编为《文化人类学》)一书中，给文化下了一个简短而有用的定义：文化是环境中人为的部分。文化指的是整个人类生存环境的一部分，其中包括人类制造的物质物品、技术、社会取向、观点和认可的目

---

① Jacobs M. and Stern B. J. Outline of Anthropology, Barnes and Nobel, Inc., 1947, p. 2.

② Kroeber A. L. Anthropology. Harcourt, Brace and Company, 1948a, pp. 8 - 9.

③ Willey, M. M., Herskovits, M. J. Psychology and Culture, Psychological BulletinVolume 24, Issue 5, 1927, pp. 253 - 283.

④ Bidney D. Human Nature and the Cultural Process, American Anthropologist, 1947. vol. 49, p. 387.

的,它们是行为的直接调节因素①。

克拉克洪在《人类之镜》(1949)和《精神分析与文化》(1951)两本著作中,分别将文化定义为:"文化可以被看作是环境中由人类创造的那一部分。"②"文化指的是整个人类环境的那些方面,有形的和无形的,都是由人创造的。"③

在上述人类学家的观念中,人类社会脱离了自然环境的束缚,以自身的文化建构出独特的社会环境,并且以不同的物质和精神的特征,构成了多样的文化样态。正如后现代主义学者杰姆逊(Fredric Jameson)所总结的那样,"文化"起码有三种含义:一是指个性的形成和个人的培养;二是指文明化了的人类所进行的一切活动,是与自然对立的概念;三是指与日常工作相对应的概念,文化表现出一种装饰意义④。

(三) 文化是一种思维或行为模式

人类学家从最初笼统地将人与动物区别,将文化与自然环境区分开来,到后来将文化看成是人类创造的社会环境的特有现象,对于文化内涵的理解也随着研究的深入不断加深。以至于后世研究者研究文化时,进一步从文化的功能角度展开深层次的研究,他们都倾向于将文化看作是一个独立运行的系统,这一系统内部运行稳定,并且通过文化自身的功能影响着文化系统内部成员的思维和行为模式。因此,这些人类学家在定义文化时,总是强调文化对思维和行为的模塑作用。

温斯顿(Sanford Winston)在《文化与人类行为》(1933)一书中提到,"在一个重要的意义上,文化是社会互动的产物……人类行为是文化行为,其程度是个人习惯模式的建立,以适应已经存在的模式,作为个人与生俱来的文化的一个组成部分"⑤。强调了文化对社会成员思维习惯和行为模式的影响,文化规约着个体成员的思维和行为模式。

本尼迪克特(Ruth Benedict)在《种族:科学与政治》(1940)一书中则强调个体

① Herskovits M. J. Man and His Works. Alfred A. Knopf, 1948, pp. 17, 154.
② Kluckhohn C. Mirror for Man, Whittlesey House. 1949, p. 17.
③ Kluckhohn C. and Morgan W. Some Notes on Navaho Dreams. In: Psychoanalysis and Culture (edited by G. Wilbur and W. Muensterberger), 1951, p. 86.
④ 杰姆逊(Fredric Jameson)讲演,唐小兵译:《后现代主义与文化理论》,北京大学出版社中译本,1997年版,第3页。
⑤ Sanford Winston. Culture and Human Behavior, The Ronald Press Co., 1933, p. 209.

在社会中通过学习所获得的一种行为模式。"文化是社会学术语,指的是学习的行为,这种行为在人出生时并没有被赋予,它不像黄蜂或社会蚂蚁的行为那样由生殖细胞决定,而是必须由每一代人从长大的人那里重新学习"①。

霍贝尔(E. Adamson Hoebel)的《原始世界的人们》(1949)一书中和本尼迪克特的观点一样,将文化视为社会成员学习的结果,这样的学习结果构成了整个民族文化的特点。"文化是学习的行为模式的总和,是一个社会成员的特点,因此,它不是生物遗传的结果"②。

威尔逊(Logan Wilson)和科尔布(William L. Kolb)等人合著的《社会学分析》(1949)一书也强调文化的习得性,"文化由学习行为的模式和产品组成——礼仪、语言、饮食习惯、宗教信仰、人工制品的使用、知识体系等等"③。

斯洛特金(J. S. Slotkin)在其著作《社会人类学:人类社会和文化的科学》(1950)中分析了文化对习俗形成的作用,"顾名思义,习俗是指从他人那里学到的行动类别……文化是一个社会中发现的习俗主体,任何按照这些习俗行事的人都是文化的参与者。从生物学的角度来看,其文化是一个社会适应其环境的手段"④。

乌格朋(William Fielding Ogburn)和尼门可夫(Nimkoff)著的《社会学》(1940)一书中特别提到社会是文化的核心,文化构成特有的社会模式。"一种文化由各种发明或文化特征组成,它们被整合到一个系统中,各部分之间有不同程度的关联。文化之器用的特征和非器用的特征是围绕着人类基本需求的满足而组织起来的社会机构,是文化的核心。一个文化的机构是相互联系的,形成每个社会特有的模式"⑤。

雷德菲尔德(Robert Redfield)在未出版的文章中也提到文化模式构成社会群体的特征,"体现在行为和器物上的传统理解的组织,通过传统持续存在,是人类群

---

① Benedict R. Race, Science and Politics, Viking Press, 1947, p. 13.
② Hoebel E. A. Man in the Primitive World. McGraw-Hill Book Co., Inc, 1949, pp. 3, 4.
③ Wilson L. and Kolb, W. L. Sociological Analysis, Harcourt Brace and Company, 1949, p. 57.
④ Slotkin J. S. Social Anthropology, the Science of Human Society and Culture, Macmillan, 1950, p. 70.
⑤ Ogburn W. F. and Nimkoff, M. F. Sociology: Third Edition (1940, 1946), Houghton Mifflin Company, 1940, p. 63.

体的特征"①。

林顿（Ralph Linton）所编著的《人格的文化背景》(1945)中也列举了文化的特性，"文化，归根结底，不过是一个社会成员的有组织的观点反应；文化是学习行为和行为结果的配置，其构成要素由特定社会的成员共享和传播"②。

戴维斯（Davis Kingsley）在《人类社会》(1949)一书中，强调文化的内核是思想和行为体系，这种体系是通过社会成员的交流和互动的方式进行传播和传递的。"文化包含了所有通过交流互动——即通过符号传播——而不是通过基因继承传承下来的思想和行为模式"③。

当代美国人类学家哈维兰（William A. Haviland）在编著《文化人类学》时，综合了前人给文化下的定义后，最终得出"文化是一套共享的理想、价值和行为准则"④的结论。

小结

上述这些文化的定义，都是从文化的社会性的角度来进行定义的，无法跳出文化与自然环境二元对立的思维窠臼。

第二节　决定论：自然环境决定文化

在经典文化进化论出现后不久，学界有关文化起源和发展的讨论就开始了，并且影响了文化研究的方向和理论方法。讨论的焦点在于文化与自然的关系问题，文化的产生和发展，仅仅受到文化本身的规律的影响，还是要受到环境等其他因素的影响？对于进化学派的"独立发明"和"平行发展"的理论，出身于地理学派的人类学家则提出了不同的观点。他们通过观察，发现不同区域民族，在耕种作物、语言、宗教观念等文化样态上存在相似性。而通过进一步研究发现，这些民族间存在

---

① Redfield R. Unpublished lectures: Quoted in Ogbum and Nimkoff, Sociology. Houghton Mifflin Company, 1940, p.25.

② 拉尔夫·林顿著，于闽梅、陈学晶译：《人格的文化背景：文化，社会与个体关系之研究》，广西师范大学出版社，2007 年版。

③ Davis Kingsley. Human Society, Macmillan, 1949, pp.3-4.

④ ［美］威廉·W.哈维兰著，瞿铁鹏、张钰译：《文化人类学》（第十版），上海社会科学院出版社，2006 年版，第 36 页。

着密切的联系。基于上述研究结论,他们当中的一部分学者提出了"文化传播论"的观点。其核心观点是,文化是通过"传播"(diffusion)的方式来获得发展的。甚至一些极端的传播论学者认为,文化是一次发明的,然后以借用(borrowing)的形式传播到其他地区,从而形成了"欧洲中心论"①和"泛埃及中心说"②的观点。而在文化的起源和传播过程中,自然环境对文化起了关键的影响作用,学界有关文化起源和发展的讨论逐步从文化传播论逐渐转变为自然环境决定论。

一、早期政治学的地理环境论

西方学界在"文化"的概念出现以前,就注意到环境在以某种特有的方式影响着人类的生活方式③,后来又演变为环境对民族文化的影响,进而影响国家的政治制度。最早提到环境与民族关系的是古希腊的希罗多德(Herodotus),他在《历史》一书中花了大量的篇幅介绍了尼罗河与埃及民族的关系,同时也对比了埃及和古希腊之间的差异性④。而同时期的著名医生希波克拉底(Hippocrates)认为气候、水和土地等环境因素与人类体质、智力等特性密切相关。

"我认为全部亚细亚人与所有欧罗巴人之间在生活习性、身体素质方面有巨大的差异。亚细亚的各种生物都长得美丽得多,高大得多,一个地区比一个地区开化,居民的性格更温和、文雅。原因是气候温和,因为亚细亚面向东方,位于冬日和夏日太阳升起方向之间,与欧洲相比它远离寒冷方向……位于冷带和热带中间的地区物产富饶、树木茂盛且气候温和……人们营养很好,体格健壮。人与人尽管不同,但在体质和身高方面很少差别。可以说这一地区在物产特点和气候温和两方面都酷似春天。勇气、忍耐力、勤奋和热情不可能在这种条件下产生。"⑤

从表述中可以发现,希波克拉底是从人体健康的角度来探求自然环境对人体机能和性格的影响,其中并不包含有政治学的意味。但他的这一观点被欧洲后来

---

① 潘娜娜:《"欧洲中心论"概念的历史考察》,《山东社会科学》,2012 年第 5 期。

② 斯密斯(Elliot Smith)的《古代埃及人和文明的起源》(1911)和佩里(Willian James Petty)的《太阳之子》(1923)是"泛埃及中心论"的典型代表。

③ 李世祥译:《地缘政治学的起源及演进》,见娄林编:《拉采尔的政治地理学》,华夏出版社 2021 年版,第 4 页。

④ [古希腊]希罗多德著,王以铸译:《希罗多德历史》,商务印书馆,1985 年版,第 116-121 页。

⑤ [古希腊]希波克拉底著,赵洪钧、武鹏译:《希波克拉底文集》,中国中医药出版社,2007 年版,第 23 页。

的政治学家采用，并用于他们的学说中，服务于他们的政治目的。柏拉图（Plato）和亚里士多德（Aristotle）显然赞同希波克拉底的观点，并将其用于政治学的研究中。柏拉图提出过"海洋决定论"①，他认为海洋使"国民的思想中充满了商人的气质，以及可靠的、虚伪的性格。这就使得不仅在他们的市民之间，而且在他们与别人交往时变得不可信和敌对"②。亚里士多德列举了寒冷地区的人民和欧洲各族的人民一般精神充足，富于热忱，亚细亚的人民多擅长机巧，深于理解，但精神卑弱，热忱不足③。两位思想家将希波克拉底环境影响人类生理和心理的学说进一步发展，扩大到整个民族的性格和民族文化特征上。

显然，上述思想家在讨论环境对人类乃至人类社会的影响时，都是从各自研究的旨趣出发，所得结论也都服务于自己的研究对象，这与后来人类学专门讨论环境与民族文化的关系存在着本质区别。希罗多德仅用了描述性的文字记叙了他游历时看到的不同地区的环境以及不同的国家，并没有带有政治学意义上的价值判断。希波克拉底则从医学的角度探讨环境对人的健康和性格的影响，也不带任何意义上的政治色彩。而古典时期的思想家们明显利用希波克拉底的研究结论，服务于他们政治的目的。亚里士多德之所以贬低寒冷地带的欧洲人群和亚细亚的居民，就是为了抬高希腊人的品性，突显希腊政治体制的优越性，而他给出的理由则源自希波克拉底的环境影响论。在亚里士多德的观念中，希腊各族居住的地带位于寒冷欧洲和亚细亚的中间地带，因此希腊民族兼具了这两个地方民族的特点。正是在这优越的地理环境中，才造就了希腊人既有旺盛的生命力，又富有思想，而这样一个优秀的民族，自然就能孕育出优良的政治体制。当代研究者们普遍认同政治地理学学科发端于亚里士多德，正是出于这一考虑。而这种政治地理学的研究取向对后世欧洲思想界的影响更加深远，早期人类学家用"文明"的概念来作为衡量人类社会进步的标准时，就是以欧洲文化为中心，以欧洲各国所谓的文明来审视异民族的文化，将欧洲以外的地区和民族归类为"蒙昧"或"野蛮"，字里行间透露出明显的文化优越感和文化偏见。这样的政治地理学思想根源就与古典时代思想家的

① 刘从德：《地缘政治学——历史、方法与世界格局》，华中师范大学出版社，1999 年版，第 8 页。
② Plato. The Laws, Penguin Books Ltd, 1970, 704D - 705A.
③ ［古希腊］亚里士多德著，颜一、秦典华译：《政治学》卷 7. 中国人民大学出版社，2003 年版，第 240 页。

环境优越性密不可分,以至于后来"欧洲中心主义"的出现,就是将地理环境决定文化特征这一思想发挥到极致的表现。

启蒙时代的思想家冲破中世纪神学思想的枷锁,以理性思考代替神意启示,他们高举复兴古典时期希腊和罗马思想的旗帜,反对宗教观念的束缚。在思想领域,这一时期的思想家受到古典时期思想家的深远影响,他们喊出了复兴古典文艺的口号,再一次搬出古典时代的哲学思想,并在此基础上提出了个人的理论见解。在地理环境与民族文化性格和国家政治制度的关系方面,博丹(Jean Bodin)和孟德斯鸠(Montesquieu)继承和发扬了亚里士多德的观点。博丹在《国是六书》(1576)中提到自然环境与国家政治制度的关系,他认为政治结构必须适应既定环境所塑造的人类的性格[1]。

西方学界大多认为,孟德斯鸠是受到亚里士多德和博丹的"自然环境决定论"[2]的影响,他在《论法的精神》(1748)一书中明确提出了他的环境决定论的观点,他专门用《法律和气候的性质的关系》一章的内容来说明地理环境对民族性格、政治制度和法律制度发挥着不可忽视的作用[3]。

"炎热国家的人民,就像老头子一样怯懦;寒冷国家的人民,则像青年人一样勇敢。最近的一些战争,我们记忆犹新;在这些战争中,我们可以较清楚地辨认一些微细的情况,这些情况如果时代远了是觉察不到的。如果我们注意这些战争的话,我们将要深深地感到,北方的人民被移徙到南方,他们的行动就不像那些在本地气候下作战的同胞那样豪壮。在本地气候下作战的同胞表现得非常的勇敢。"[4]

孟德斯鸠及以前古典时期政治学家们的观点,不仅在政治学领域中为后世的地缘政治学的出现奠定了坚实的理论基础,而且对于人类学将文化作为主要研究对象的学科的理论也产生了深远的影响,直接导致早期人类学的研究者在给文化下定义或者在研究文化的起源与发展时,都或多或少地受到了影响。无论是古典

---

[1]　李世祥译:《地缘政治学的起源及演进》,见娄林编:《拉采尔的政治地理学》,华夏出版社,2021年版,第7页。

[2]　注:"环境决定论"是近代环境保护者提出的一个概念,意指环境因素作为指导人类行为的力量,具有最终的决定性。此处的"自然环境决定论"与其具有本质上的差异,指的是自然环境对文化的形成与文化特征具有决定性的影响。

[3]　[法]孟德斯鸠著,张雁深译:《论法的精神》,商务印书馆,1995年版,第227-231页。

[4]　[法]孟德斯鸠著,张雁深译:《论法的精神》,商务印书馆,1995年版,第228页。

进化论的学者，还是文化传播学派的研究者，都将环境对文化的影响作为文化研究的重要方面去加以看待。

人类学出现的第一个流派古典进化论，其理论除了受达尔文和拉马克的生物进化观的影响外，还受一个最基础的理论假设——人类"心理一致"理论的影响。早期人类文化的研究者都发现一个基本事实，那就是全世界各地区各民族的文化都表现出共同性。巴斯蒂安（Adolf Bastian）在《历史上的人》这本著作中试图用人类"心理一致"的心理学基本观点来解释各地文化的相同性。马克思反对巴斯蒂安的这种分析理论和方法，"作者试图对心理学作'自然科学'的说明并对历史作心理学上的说明，写得拙劣、紊乱而又模糊不清。唯一可取的是有的地方叙述了民族志学上的一些奇闻"[①]。尽管用"人类心理一致"说来解释历史发展规律受到了马克思的批判，但在文化研究领域，在此理论基础上形成了文化起源"独立发明说"和"平行发展说"，并最终定型为文化经典进化学派。

巴斯蒂安在人类文化的研究中除了提出"人类心理一致"理论外，还有"文化特征"与"地理区域"的概念。前者主要是巴斯蒂安在游历世界各地时观察到不同地区的民族都发展出一定的思想，从而形成各自的"文化模式"和"文化特征"。后者是巴斯蒂安分析民族文化之所以不同的原因，他认为每个民族文化有自己的分布区域，并且受到地理环境的影响，所呈现出的文化也反映出地方特色[②]。在巴斯蒂安所著的《地理区域论》（1888）一书中，作者提到民族文化通过边界上的运动和接触而从各中心向外传播，而文明则通过各种文化的交流而开始。他把人类学研究的进化理论和传播理论结合到了一起[③]。同时，巴斯蒂安还认为地理环境对文化的特征起着决定性的作用，他也成为地理环境决定论的早期支持者。

从古典时期的政治学家将自然环境看成政治制度的决定因素，到文艺复兴时期学者将自然环境决定政治制度和民族特征的观点发扬光大，再到早期文化研究者将地理环境与民族文化的特征联系起来，并也认为环境对文化模式和文化特征具有决定性意义，环境决定论至此已经基本成型。

---

① ［德］卡尔·马克思、弗里德里希·恩格斯著，中共中央马克思恩格斯列宁斯大林著作编译局译：《马克思恩格斯全集（第1版第30卷）》，人民出版社，1971年版，第131页。

② 黄淑娉、龚佩华：《文化人类学理论方法研究》，广东高等教育出版社，2004年版，第19页。

③ ［英］罗伯特·迪金森著，葛以德、杜尔蔚等译：《近代地理学创建人》，商务印书馆，1980年版，第74页。

二、拉采尔与德国人文地理学派

巴斯蒂安不是严格意义上的地理学家,他游历过很多地方,对生态环境与文化的关系的论述,也得益于其大范围的深入观察和比较研究。而传播学派早期代表拉采尔(Friedrich Ratzel)则是一名人文地理学家。拉采尔最初研究自然地理学,但在研究过程中对探索环境关系中的生命关系产生了浓厚的兴趣。通过研究,他最终形成了终生信守的环境主义理论,即他认为环境对文化的形成和传播起着关键作用。

拉采尔在《政治地理学》(1897)一书中,将国家政权看成是一个与生命体一样的系统,是附着在地球上的一种有机物,或者称为"组织",是地球表面上有确定的组织和生命分布的人类集团。在国家政权类生命体的观念下,他提出了"生存空间"(Lebensraum)的概念①。在拉采尔的观念中,国家政权这一类生命体与其他生命体一样,总生活在一定的空间范围内,也存在着自然的界限。和其他生命体一样,国家政权也会由于逐渐强大而从一个小的区域向外扩大自己的区域范围。而在这一扩大的过程中,总是要和其他既定区域的人类社会结合起来,因此,这样的扩散和传播过程也就是文化传播的过程。

在研究民族及民族文化时,拉采尔将民族看成是地理区域内互相有联系的现象的集合,他也试图从不同地理区域的视角来归纳总结不同的文化形式,以此来区分不同的民族文化。而在解释文化所表现出的不同形式时,拉采尔也注意到了不同民族的历史,但与进化论的文化史观不同,他更多的是注意到民族文化传播的历史,而不是该文化在原生环境中是如何产生的。在这一点上,拉采尔与进化学派在文化史的研究上一开始就走了两条不一样的道路,这也是后来德奥传播学派的理论起源。

值得一提的是,拉采尔在阐释文化传播时首次提出了"生存空间"的概念,而这一概念后来被德国纳粹利用,成了纳粹种族主义的理论依据,拉采尔的学说也被打上了地缘政治学的标签,尽管这些都是发生在拉采尔去世以后的事情,对他本人而

---

① 见:Ratzel Friedrich. The Territorial Growth of States. Scottish Geographical Magazine,1896(12):351-361.;F.拉采尔:《生存空间:生物地理学研究》,载《祝贺阿尔伯特·沙夫莱文集》,1901年版,第101-189页;W.J.卡恩曼:《空间的概念与区域主义的理论》,《美国社会学杂志》,1944年第9期,第455-562页。

言还是产生了深刻影响，甚至他的地理学论著都很少被翻译成英文。对于这样的误解，后世学者不断解读和解释拉采尔的学术思想，近年来越来越多学者致力于为拉采尔正名。早期美国政治学家克里斯托夫（Ladis K. D. Kristof）在《地缘政治学的起源及演进》（1960）中就提到，"仔细研究现代地缘政治学的两位创始人拉采尔和契伦的著作，我们会发现，他们过去和现在遭受的许多批评都站不住脚"①。巴辛（Mark Bassin）在《拉采尔政治地理学中的帝国主义与民族国家》（1987）一文中也说道，"绝不能因此就说，拉采尔的理论滋生了民族社会主义意识形态的这个方面，也绝不能因此就说，他的理论最终要为此负责"②。法里内利（Franco Farinelli）（2000）感叹道，几乎所有其他的德国地理学家都无法理解拉采尔《关于自然的阐释》这最后一本著作的意义③。克林克则在《拉采尔的〈生存空间〉和死亡主题》（2018）一文中从死亡学（thanatology）的视角来强调拉采尔作为生物政治学家的思想④。在我国，刘小枫⑤和方旭⑥对于拉采尔的"生存空间"理论以及政治地理学的理论进行了探讨，特别是刘小枫教授十分同情几十年来被人误解的拉采尔。

至于拉采尔的另一个标签——环境决定论者，从根本上来说，也是后世学人对他的误解，究其原因，还是因为他的著作很少被译成英语或其他语言，人们对他的学术思想缺乏了解。拉采尔从地理学的研究旨趣出发，强调地理条件对民族和国家政权的影响，但他并非绝对的环境决定论者，而是强调民族文化在跨地理区域的传播过程中的演变历史。因此，美国人类学家罗维（Robert Lowie）在《民族理论史》（1937）一书中这样评价拉采尔，"和一些人的说法相反，拉采尔没有夸大过自然环境的力量。实际上他曾反复地告诫人们要提防这个陷阱。他更不像一些地理学家把气候看成是阴暗的支配者。他之所以能不致如此天真，是因为他认识到时间

① 李世祥译：《地缘政治学的起源及演进》，见娄林编：《拉采尔的政治地理学》，华夏出版社，2021 年版，第 15 页。

② 金海波、王海洁译：《拉采尔与政治地理学的本质》，见娄林编：《拉采尔的政治地理学》，华夏出版社，2021 年版，第 80 页。

③ 梁西圣译：《拉采尔政治地理学中的帝国主义与民族国家》，见娄林编：《拉采尔的政治地理学》，华夏出版社，2021 年版，第 129 页。

④ Ian Klinke, Friedrich Ratzel: Lebensraum and the Death Motif. Journal of Historical Geography, 2018, 61.

⑤ 刘小枫：《拉采尔公案及其政治史学含义》，《海南大学学报（人文社会科学版）》，2022 年第 2 期。

⑥ 方旭：《拉采尔与地缘政治学的历史起源问题》，《云南社会科学》，2020 年第 6 期。

的因素……还有另外两个条件排除人们对环境作出机械的反应,人类意志的不可估量的效力和人的无限的创造能力,没有人曾比拉采尔更多地强调历史的力量"[①]。

虽然拉采尔并非环境决定论者,但他的很多的观点,经他的学生们发扬,后来形成了"文化丛""文化圈""文化区""文化形态学""文化领域"等众多概念,特别是当他的学术思想传入美国后,地理环境的作用逐渐被夸大,最终形成了地理环境决定论学派。在欧洲,拉采尔的学术观点同样得到了继承与发扬。

三、地理环境决定论

在拉采尔的学生中,契伦(Rudolf Kjellén)提出的国家准有机体(quasi-organic)的理论将拉采尔地理学理论中的地缘政治理论发扬光大,其目的是提醒政治家关注地理因素在政治学中的作用[②],但在客观上使得地理环境的重要性在政治学中的作用被放大,成为政治中的决定性因素。而契伦的这一提法经豪斯霍弗等人(Haushofer Karl)歪曲原意后,再加上将后来的纳粹种族主义的种族理论强加进政治学系统,契伦的政治体系被纳粹的理论取代。这也是二位一直以来被误解的根本原因所在。后世学人将二者的理论归结为环境决定论,但对于契伦而言,他的地理政治学的观点并不包含着地理环境决定政治走向的观点,相反地,他在《作为生命形式的国家》(1917)一书中说道,政治事件的根本原因不在于人类外部的力量,而在于人类、民族及其领导人的意志和动机[③]。

拉采尔的弟子,美国最具影响力的地理学家森普尔(Ellen Churchill Semple)跟随拉采尔学习后,将他的人文地理学观点介绍到美国,并且在某种程度上进行了发挥,夸大和突出了环境的决定作用。森普尔将拉采尔的人文地理学的观点应用于美国的地理环境与人类社会的研究,于1904年至1911年出版了11篇学术论文与1部学术著作,奠定了她在人文地理学中的地位。她在其代表性的著作《地理环境的影响》(1911)一书中论述了土地、地理位置及各种水域、地貌和气候等多种地理条件对人类社会和文明的影响。在森普尔看来,人类只是地球的产物,所有的一

---

① R. H. 罗维:《民族理论史》,转引自[英]罗伯特·迪金森著,葛以德等译:《近代地理学创建人》,商务印书馆,1980年版,第85页。

② Rudolf Kjellén. Geopolitische Betrachtungen über Skandinavien. Geographische Zeitschrift, 1905, 11 (12).

③ Rudolf Kjellén. Der Stat als Lebensform. Berlin-Grune-wald: Kurt Vowinckel Verlag, 1924. p. 29.

切都是地球给予的。在文化传播方面，她认为地理环境影响着文化的传播，"山区不利于天才的诞生""人类文明与思想的洪流都沿着河谷移动"①。她在该书的首页中写道："人是地球表面的产物。这不仅仅意味着他是地球的孩子，是地球的尘土；而是地球养育了他，给了他食物，给了他任务，引导了他的思想，让他面对各种不同的事物，这些不同的事物增强了他的身体，磨砺了他的智慧，给了他航海或灌溉的问题，同时也在悄悄地暗示解决这些问题。"②

在这部著作出版以后，森普尔访问了日本、中国、菲律宾、爪哇岛和印度，并从这一经历中获得了极大的乐趣和灵感。通过实地调查，她写了两篇精彩的文章：一篇是关于日本农业的，另一篇是关于日本殖民的手段③。在这一系列的研究中，森普尔将环境与政治、文化等因素紧密联系起来，更阐释了其地理环境决定论的学术观点。

继森普尔之后，美国地理学家亨廷顿（Ellsworth Huntington）也继承了拉采尔的人文地理学的观点，认为环境在文化的起源与发展的历史过程中发挥的作用巨大。在他的代表性著作《文明与气候》（1915）一书中，亨廷顿就特别强调气候对人类文明的决定性作用，"古代大国的兴盛可能得益于有利的气候条件，而这样的气候条件与当今最为发达的文明所拥有的气候条件一样"④。

小结

人文地理学派是首次系统地将人类文化（或文明）与所处自然地理背景相结合起来的学派。这一学派的早期文化传播理论，是基于地理学理论和研究方法提出来的，其成果也是将民族文化要素以地图的形式标注出来，并在此基础上划分不同的文化区。尽管学派内部在理论假设与研究方法上存在着差异性，其中欧洲的研究方法与研究旨趣与美洲大陆学者的研究方法和研究旨趣也存在着显著的差异性。欧洲的研究显然受到地理学的研究方法和研究理论的影响，在划分不同文化区（圈）、文化层的标准上，以生计方式等物质文化为主，后期才引入信仰、艺术等精

---

① 蔡运龙，[美]Bill Wyckoff 主编：《地理学思想经典解读》，商务印书馆，2011 年版，第 45 页。

② Semple, E. Influences of Geographic Environment, Henry Holt. 1911, p.1.

③ Colby C C . Ellen Churchill Semple. Annals of the Association of American Geographers, 1933, 23 (4):229 - 240.

④ [美]埃尔斯沃思·亨廷顿著，吴俊范译：《文明与气候》，商务印书馆，2020 年版，第 6 页。

神要素。无论是拉采尔还是格雷布内尔，区别不同文化圈的最重要的标准是各民族的生产工具、生计方式以及作物品种等物质生产方面的差异。而美洲的研究却倾向于将地理环境对文化的影响作为研究的主要方向，因此，美洲的人文地理学派逐渐走上了环境决定论的道路。这显然与美洲学者在当时需要为殖民地拓展与殖民地存在作出合理性的解释的目标一致。事实上，从拉采尔开始，欧洲地理学派并不是不折不扣的地理环境决定论者，而是后世之人强加于他们头上的标签而已。拉采尔在阐述文化传播的过程时，虽然也注意到地理环境对文化传播的影响，但认为这种影响仅限于地理条件是否有利于人类社会的迁移。高山大川、沙漠大海等地理环境不利于人口的移动，因此，生活在被恶劣环境包围的民族其迁移更缓慢，而生活在平地的民族则更容易迁移，也更容易受到其他民族文化的影响。

第三节 或然论：自然环境可能影响文化

决定论者认为自然环境对文化（文明）进程起决定性作用的观点，由于强调环境与文化之间关系的绝对性，因此，在实践中往往会引起狭隘的种族主义的倾向。同时，这一理论也在较长时间内被民粹主义、殖民主义和文化沙龙主义等偏执的理论用来做注解。因此，一直以来对自然环境决定论的批判和反思就接连不断。人们在不断地批判和反思中，逐渐认识到自然环境的确对文化产生重要的影响。但这二者至今存在着一种什么样的关系？自然环境到底在何种程度上对社会文化产生影响？这样的影响到底存在着什么样的机制？如此问题，也在不断引发人们重新思考自然环境与文化之间的关系。在这样的背景下，一些学者认为自然环境可能对社会文化产生影响，人类文化的影响因素多种多样，自然环境只是其中的一种原因而已。后世之人将这类观点称为"环境可能论"。

一、维达尔·白兰士对"环境决定论"的批判

古典时期地理学还未从历史学中单独分出来，地理环境的研究基本上都出于对历史和政治事件的解释或需要才专门论及。近代地理学发展的同时，也促进了人们对环境与文化关系的思考，并形成了人文地理学（也被翻译成人生地理学）。与自然地理学只研究地球地理环境不同，人文地理学将人类及其文化作为专门的

研究对象，并致力于探讨地理环境和人类文化之间的内在联系。

对于"地理环境决定论"的批判，首先是从人文地理学开始的。人文地理学家首先对洪堡(Humboldt, Alexander)和李特尔(Ritter, Carl)等早期地理学先驱所提出的"一元论"进行了反思，摒弃了自然地理学中将人类活动排除在地理学研究范围之外的观念，同时也对当时流行一时的将自然地理与经济地理割裂开的"二元论"进行了批判。他们主张将地理环境与人类生活纳入一个研究体系，并试图解释地理环境与人类文化之间的互相影响机制。其中，维达尔·白兰士(Paul Vidal de la Blache)和让·白吕纳(Jean Brunhes)师徒二人是其中的典型代表。

维达尔·白兰士是法国近代地理学的创建人。1866年毕业于巴黎高等师范学校，1872年获博士学位。博士毕业后，先后在南锡大学、巴黎高等师范学校、巴黎大学等机构任教。在人文地理学方面，他著有《法国地理学概貌》(1903)、《地理学的独特性质》(1913)、《法国的东部地区》(1917)、《人生地理学原理》(1921年由E. de 马东整理出版)[①]等著作。维达尔·白兰士强调，人文地理学的最主要的任务就是阐述人地之间的互动关系。他反对"环境决定论"，认为自然环境提供了许多可能性，而如何利用环境取决于人的选择。白兰士在其著作《人生地理学原理》中将古希腊学者的大地一体(terrestrial unity)的原则再一次重提[②]，并将这一原则用于解释人类在宇宙中的地位，进而来探求人地之间的关系。白兰士对于人文地理学理论和方法的贡献，在于他提出了自然环境的"或然论"(possibilism)来解释人地关系。他认为，自然环境是人类占有的"自然"，地理学的特殊任务是阐明自然和人文现象在空间上的相互关系。他重视事实，承认自然环境对于人类的某些活动有直接关系，同时人类的生理也有适应环境的能力，例如居住在热带地区的人较居住在高纬度寒地的人容易出汗等。

但是，人类对外界自然环境的适应并非被动适应，而是具有主动选择性。白兰士在《人生地理学原理》一书中提道："大自然供给人类以种种物质，这些物质各有其特殊功用和不适合性，往往只适合某种目的而不适合另一种目的。因此，有时起着辅助作用，有时则是限制作用。虽然处在不同环境中，但原始人类的第一目标总

---

① 维达尔·白兰士于1918年去世，该书还未完稿，其女婿马东整理出版部分手稿。

② ［法］白吕纳著．任美锷、李旭旦译：《人地学原理》，钟山书局，1935年版，第16页。

是为求生存,因此集中他的智力和技巧来达到这一目的。事实上,不能否认原始人类的成就。早在新石器时代,甚至旧石器时代的后期,原始人就从事西欧地区的开辟,奠定了今天文明的最早基础。在开辟过程中,大地本来的面目被改变了,森林被伐除,沼泽被填平,山坡草地被利用放牧。今天的成就,正是建筑在早先原始人类的挫折之上,谁也不会想象到原始人类改造自然能力之伟大。"①

在论述文化与自然环境的关系时,白兰士除了反对孟德斯鸠、拉采尔等人的"地理环境决定论"以外,还尝试着从自然地理环境与人类文化关系的视角去阐述其对人类文化的理解。这一点可以从《人生地理学原理》一书目录章节的内容中可以得知。在该书中,白兰士提出了地区整体性原则,即环境对文化的影响呈现出地域性和整体性的规律。相同区域内的文化呈现出相似性,即符合整体性原则。而不同区域内的文化之间存在着显著的差异,这种差异性在地理学上表现出不同区域之间文化的显著差异性。除此以外,白兰士还专门论述过文化模式与人类文明的演进规律。根据马东的回忆与整理,白兰士在其生命的最后阶段,还在研究民族的起源、物质资料的发明创造与传播,甚至还尝试提出"文化区"等人类学研究的重要概念②。他未能完成最后的定稿,虽然十分遗憾,但从中也已表露出学术研究的旨趣。

当白兰士的后继者们将他的学术理论继承并传播开去以后,人们将他及其弟子们的学术思想统称为"维达尔传统",即环境或然论。正如英国人文地理学家费勒教授(H.I. Fleure)总结的那样,"没有不要的必然性,但到处有可能性,而人作为可能性的主人,才是利用可能性的主宰"③。这句话是对白兰士人文地理学"环境或然论"的精彩总结。

二、维达尔·白兰士学派的其他学者

维达尔·白兰士的地理学思想一直受法国地理学家的推崇,特别是他的学生们几乎遍及当时全法国所有大学的地理系,他们在各自的学校将自己老师的地理

---

① Vidal de la Blache P. , Principes de geographie huonaine, Max Leclerc and H. Bourreller, proprletors of Libraine Armand Colin, 1921, p. 7.
② [美]普雷斯顿·詹姆斯、杰弗雷·马丁著,李旭旦译:《地理学思想史》,商务印书馆,1989 年版,第 237－238 页。
③ 李旭旦主编:《人文地理学概说》,科学出版社,1985 年版,第 10 页。

观点和研究方法传播到整个法国,形成了法国地理学派的"维达尔传统"①。

在维达尔·白兰士的众多学生中,白吕纳不仅将他的人文地理学学术观点和方法继承下来,并且将它发扬到其他国家。白吕纳在其老师理论的基础上,将研究重点从"地理条件"和"社会集团"转移到地球的表面特征上去,并对白兰士提出的区域研究做了具化性研究,解释人类在对立的自然环境与社会环境中的相互依赖关系②。白吕纳在其代表性著作《人地学原理》(1912)中,除了介绍人地学三大基本事实(即地面建筑、动植物驯化以及人类破坏性经济事实)之外,还着重研究了撒哈拉沙漠绿洲中的苏夫地区与木柴白地区,中部安第斯山季节性半游牧地区这几个典型区域内的地理及人文的研究。

从自然地理学的研究基点出发,不同区域内的地理环境有着差异性,会形成不同的动植物结构。而生活在这些不同区域内的人类,其对动植物驯化和利用的方式也不相同,同样也会形成不同的社会生活样态,即形成不同的文化。白吕纳将苏夫地区作为典型小区域研究时,就注意到这一撒哈拉沙漠绿洲中存在许多特殊的村落,不同民族面对相同的地理环境和资源,选择不一样的生活,从而形成了不同的文化景观。其中有耕种水草田的定居民族,他们选择用石头盖房子,也有选择游牧的香巴人(Shamba),选择以帐幕为居所,同时还有介于定居与游牧之间的中间民族。由此,白吕纳得出这样的结论,"若说一切著名的人生活动都全受自然环境的控制,这未免太夸言,人类依赖自然本来是相对的,有限的,有条件的,硬要创造一种必然论,用地理来解释一切,结果必使人地关系的正确观念毁灭无余,而陷入不可避免的矛盾"③。白吕纳在分析木柴白地区的民族时,又注意到另外一个现象。由于该地区严重缺水,使得农耕的成本和生活成本非常高,但这里却形成了比其他地区更茂密的田园,这里的人比其他地区的人生活得也更好。原因是,他们并没有把农耕作为唯一的生计方式,而是在中年时外出经商,只有在幼年和老年时才从事农业。外出经商所挣到的钱,就是为了年老时回到木柴白过上更好的生活④。

① [英]罗伯特·迪金森著,葛以德、林尔蔚、陈江、包森铭译:《近代地理学创建人》,商务印书馆,1980年版,第 208 页。
② [英]罗伯特·迪金森著,葛以德、林尔蔚、陈江、包森铭译:《近代地理学创建人》,商务印书馆,1980年版,第 243 - 244 页。
③ [法]白吕纳著,任美锷、李旭旦译:《人地学原理》,钟山书局, 1935 年版,第 460 - 461 页。
④ [法]白吕纳著,任美锷、李旭旦译:《人地学原理》,钟山书局, 1935 年版,第 470,479 - 480 页。

通过对上述两个小区域内地理环境与民族文化关系的研究,白吕纳在其著作中明确提及对"决定论"的质疑,尽管他并没有明确的"或然论"的表述,但已经十分清楚地向世人展示人类在面对相同的地理环境条件时,可以选择不同的生活方式。地理环境会在一定程度上不可避免地影响人类社会的生活,生活在其中的民族也会形成共同的文化特征,但人类社会对环境的适应与选择,却能造就丰富多彩、形态各异的民族文化。这是白吕纳环境"可能论"的明确表述。

他在《人地学原理》一书中也明确表述过,"人类受自然的制约,这虽是事实,但这是间接的事实。有人高唱人类应当顺应自然,又有人否认这个见解,我们则主张两者的相互关系。严格地说,我们决不承认自然现象之绝对的制约性,且自然现象对于人类现象影响的结果,亦不是立即就实现的,而是需要一定的时间的。……人文现象单依着地理的原因,不但难于获得完全的理解,即统一的原理,亦无由发现。地理学的因素,对于人类顺应着他们的欲望、需要和嗜好而形成心理的影响一事,在任何人文地理学的研究上都成为一个重要的、微妙的、复杂的问题"[①]。心理的影响能给予自然与人类间的关系一种秩序,即白吕纳认为"人与地"是立于相互的关系上的,这在自然方面,就具有种种可能性,在人类方面,则具有心理的作用,这个心理的作用就是自然与人类之间的连锁。

白吕纳的另一大成就在于他将法国人文地理学派的理论与方法介绍到了其他国家,特别是他的著作被大量翻译成英文,同时他将美国地理学家鲍曼(Isaiah Bowman)的政治地理学著作翻译成法语,促成了美国和法国不同地理学派间的理论交流与碰撞[②],对于人文地理学在探讨环境与人类文化的关系上作出了卓越贡献。

除了白吕纳以外,白兰士的其他学生也在不同领域继承和发扬他的学术思想。在区域研究方面,德·马东南(De Martonne)有关瓦拉几亚的研究(1902),阿·德芒戎(Albert Demangeon)有关皮卡第的研究(1905),拉乌尔·布朗夏尔关于佛兰德的研究(1906),以及卡·瓦洛的《下布列塔尼》(1906),朱尔·西翁的《诺曼底东部的农民》(1908),J.勒旺维尔的《莫尔旺》(1909),瓦歇的《贝里》(1908),巴塞拉的

① 盛叙功著:《西洋地理学史》,西南师范大学出版社,1992年版,第351页。
② [英]罗伯特·迪金森著,葛以德、林尔蔚、陈江、包森铭译:《近代地理学创建人》,商务印书馆,1980年版,第243页。

《普瓦图平原》(1909)，马·索尔的《地中海畔的比利牛斯》(1913)和勒内·米塞的《下巴英内》(1917)等等，都对不同区域的地理环境与民族文化做了细致的研究①，并形成了法国地理学派区域地理学研究的特色。

阿·德芒戎将白兰士人文地理学的概念进行了进一步厘清，他在白兰士人文地理学研究对象和研究目标基础上，特别提到，"人文地理学是研究人类集团和自然环境的关系的。我们不再把人类作为个体来考虑，通过对个体的研究……人文地理学所研究的，是作为集体和集团的人：是作为社会的人的作用"②。至于地理环境与人类社会的关系，德芒戎以历史的眼光来看待，认为在人类社会的早期，人类是自然环境的奴隶，自然环境塑造着人类社会的生活方式，提供了各民族生活所需的动植物等资源。但随着历史的演进，人类发挥其智慧和主观能动性，对自然地理环境产生强大的影响，改变自然景观等，而且通过人类的迁移活动，借用、仿效等行为，将这种对环境产生的影响，从一个人类集团扩散到另一个人类集团③。德芒戎将这种已经被人类集团影响和改变的自然环境，纳入人文地理学的研究范围，使其成为人文地理学研究的重点内容。在这一点上，他不仅发扬了白兰士的人文地理学的学术理念，而且将人文地理学与自然地理学截然分离开来。

对于自然环境"决定论"的批判，德芒戎态度鲜明，语气强硬，"第一原则，不要认为人文地理学是一种粗暴的决定论，一种来自自然因素的命定论。人文地理学中的因果关系是非常复杂的，具有意志和主动性的人类自身，就是扰动自然秩序的一个原因"④。他也明确地表述了自然环境的"或然性"，"一个岛屿不一定向往航海的生活……同样，农业也不仅仅是土地质量的函数，有些肥沃的土地没有被开垦，有些瘠土却被开垦了，这常常取决于农业社会的文明阶段"。因此，没有绝对的决定论，只有人类主动的开发利用的可能性；没有命定论，只有人类的意志⑤。

1942年德·马东南出版了《法国自然地理》，1946年和1948年，阿·德芒戎出版了《经济地理和人文地理》，两位作者将著作与其他的区域研究著作合为《世界地

---

① ［英］罗伯特·迪金森著，葛以德、林尔蔚、陈江、包森铭译：《近代地理学创建人》，商务印书馆，1980年版，第245－246页。

② ［法］阿·德芒戎著，葛以德译：《人文地理学问题》，商务印书馆，1999年版，第6页。

③ ［法］阿·德芒戎著，葛以德译：《人文地理学问题》，商务印书馆，1999年版，第7页。

④ ［法］阿·德芒戎著，葛以德译：《人文地理学问题》，商务印书馆，1999年版，第8－9页。

⑤ ［法］阿·德芒戎著，葛以德译：《人文地理学问题》，商务印书馆，1999年版，第9页。

理》一书,成了法国地理学派区域研究的顶峰之作。这部巨著是在维达尔·白兰士的动议之下策划和完成的,其主要目的是通过区域地理的研究来说明人地间的一般关系①,集中体现了白兰士人地关系学说的思想。

三、历史年鉴学派:环境只是影响人类社会的一种可能

上述法国人文地理学派的理论不仅仅体现了人文地理学派和自然地理学派在研究方向和研究旨趣上的分野,实际上也是地理学与历史学的一次分野。在地理学还没有从历史学中独立出来之前,历史学界对于环境与历史进程、国家政治、民族文化的关系的讨论,已经存在一段时间了。从古希腊时期的柏拉图、亚里士多德到文艺复兴前后的博丹和孟德斯鸠等,都对于这一问题进行过讨论。早期历史学界基本上受古典时期思想的影响,认为环境起主导作用。然而到了近代,随着人类学等学科的兴起,对国家文明、民族文化的讨论的加深,史学界也开始吸收其他学科的研究成果,产生了对环境影响的必然性的讨论。其结果是,史学界逐渐形成了一种对"决定论"进行批判和反思的思潮,法国年鉴学派创始人之一的吕西安·费弗尔(Lucien Febvre)就是其中的代表。而他的学术思想对年鉴学派的后继者们产生了深远的影响,费弗尔也是法国年鉴学派持环境"可能论"的代表性人物。

费弗尔有关环境与人类历史关系的观点主要在其著作《大地与人类演进:地理学视野下的史学引论》(1922)中得到体现,他在论述该丛书的主要目标时明确提出,"借助于其他史学家的工作而努力确定地球与人类历史之关系"②。至于环境与人类社会历史之间的关系、环境对民族文化的影响,费弗尔显然也受到白兰士的影响,他所持的是"可能论"的观点。但他的"可能论"与维达尔传统的"或然论"又有差别。"或然论"提出环境给人类族群提供选择的可能,而费弗尔则是从因果关系论证的角度,对决定论和社会学派的观点提出疑问,同时提出多种可能性。因此,费弗尔在论及地理环境与人类社会关系问题时,以历史学家严谨的态度,对拉采尔的地缘政治学和法国社会学年鉴派涂尔干和莫斯的观点进行了质疑,在方法论方面,却不敢轻易给环境与人类社会的关系下定论,他用了许多推测的语气对结

---

① [英]罗伯特·迪金森著,葛以德、林尔蔚、陈江、包森铭译:《近代地理学创建人》,商务印书馆,1980年版,第250页。

② [法]吕西安·费弗尔著,朗乃尔·巴泰龙合作,高福进、任玉雪、侯洪颖译:《大地与人类演进:地理学视野下的史学引论》,上海三联书店,2012年版,第33页。

论提出了更多的可能性。如,土地和气候的特征可能对于人类共同的思想、民族特征、思维方式以及政治、法律和伦理趋向等产生影响;土地和气候也可能影响人类在地球上不同区域的分布,地理环境也可以对民族的聚集或扩散产生影响①。古典时期的地理政治学观点、文艺复兴时期和人文地理学派的"地理环境决定论"以及法国社会学年鉴派的"社会形态学"等提出的唯一性的因果关系,这些在费弗尔看来,所得出的结论太过于草率,缺少多视角多层次的考虑。"难道地理学家不去着手解决那些问题吗? 除了只研究环境对社会的影响,难道他们不去研究环境对于人类的一般性影响吗? 如果说人类只是作为一种抽象概念,以及对于地理学家而言(就像对社会学家而言一样),如果只是存在着人类社会和孤立的人类的话,那么环境对于社会和人类的影响差异则是一种误解"②。

"对于任何研究地理环境对社会组群结构作用的学者而言,我们发现存在着迷失方向的危险;我们所指的是,它将头等重要(不仅是决定性而且是独一无二)的因素归于这些地理环境;他们极有可能在其中发现某种社会结构的'起因',而对这种结构的普遍性却可能视而不见"③。这一结论性的判断,正是费弗尔"可能论"的全面表达。若不想陷入危险之中,只有放弃那种将地理环境作为唯一重要因素的想法,尽可能地深谋远虑,尽量多地考虑其他可能性条件,才能真正地将地理环境与人类社会的关系讲清楚。

"对于人类组群而言,自然区域只是存在着各种可能性的区域"④。费弗尔列举了众多例子,如优越地理环境并非都适合人类社会聚集和发展,而有些贫瘠的地区反倒促使人群聚集和人类社会的产生,并以此来说明,自然地理环境仅仅是人类社会存在和发展的一个因素而已。所以,"社会与环境相互联系"这一法则才是自然环境与民族文化关系的最终表达。

由于费弗尔对法国历史年鉴学派的影响深远,该学派的第二代领导人布罗代

---

① [法]吕西安·费弗尔著,朗乃尔·巴泰龙合作,高福进、任玉雪、侯洪颖译:《大地与人类演进:地理学视野下的史学引论》,上海三联书店,2012 年版,第 37 - 39 页。
② [法]吕西安·费弗尔著,朗乃尔·巴泰龙合作,高福进、任玉雪、侯洪颖译:《大地与人类演进:地理学视野下的史学引论》,上海三联书店,2012 年版,第 38 页。
③ [法]吕西安·费弗尔著,朗乃尔·巴泰龙合作,高福进、任玉雪、侯洪颖译:《大地与人类演进:地理学视野下的史学引论》,上海三联书店,2012 年版,第 69 页。
④ [法]吕西安·费弗尔著,朗乃尔·巴泰龙合作,高福进、任玉雪、侯洪颖译:《大地与人类演进:地理学视野下的史学引论》,上海三联书店,2012 年版,第 203 页。

尔(Fernand Braudel)明显受到他学术思想的影响。他的代表作《菲利普二世时代的地中海和地中海世界》的框架结构,并没有按照传统历史学的写作惯例去安排,而是采用费弗尔历史地理学的理论与方法进行写作,特别注重地理环境在历史中的作用。他在写作过程中,在搜集和整理地中海地区的众多史料时,将纷繁复杂的史料按照时间顺序排列,发现了不同层次的时间,即长时段、中时段和短时段。布罗代尔在《菲利普二世时代的地中海和地中海世界》的初版序言中,总结道:"我们终于能够在历史的时间中区别出地理时间、社会时间和个人时间"[①],"一种几乎静止的历史——人同他周围环境的关系史。这是一种缓慢流逝、缓慢演变、经常出现反复和不断重新开始的周期性历史……在这种静止的历史之上,显现出一种有别于它的、节奏缓慢的历史。人们或许会乐意称之为社会史,亦即群体和集团史,如果这个词语没有脱离其完整的含义……最后是……传统历史的部分,换言之,它不是人类规模的历史,而是个人规模的历史,是保尔·拉孔布和弗朗索瓦·西米昂撰写的事件史。"[②]

布罗代尔提出的三个时间段理论,在历史学领域中开辟了一条新的研究思路,以三个不同时间段来区别分析和使用不同的史料,在史料学上具有重要意义,他也因此扛起了法国历史年鉴学派第二代的大旗,成为当之无愧的领军人物。

布罗代尔之所以提出"长时段"地理时间的概念,是要强调地理环境在人类历史中的重要作用,认为它对人类社会的结构和文化的影响是深层次的、持久性和恒在性的。溯源布罗代尔的长时段史学渊源,不难发现,亨利·贝尔(Henri Berr)的"历史综合"理论显然对"长时段"理论的出台产生过直接的影响。贝尔认为,地理环境会比较直接地对社会产生作用,"通过气候、土壤的性质、地貌和水文对居民的配置和密度以及物质生活产生影响,并转而对政治体制和经济组织产生影响"[③]。贝尔在为费弗尔《大地与人类演进:地理学视野下的史学引论》一书写序的时候,也表达了其地理环境对人类历史产生影响的观点,"地球上自然界的这些事件在史前时代不仅具有决定性的作用,而且它们对于人类的影响始终持续着。不过后来尤

① ［法］费尔南·布罗代尔著,唐家龙、曾培耿等译:《菲利普二世时代的地中海和地中海世界(第一卷)》,商务印书馆,1996 年版,序言第 10 页。
② ［法］费尔南·布罗代尔著,唐家龙、曾培耿等译:《菲利普二世时代的地中海和地中海世界(第一卷)》,商务印书馆,1996 年版,序言第 8 - 9 页。
③ 陆象淦:《现代历史科学》,重庆人民出版社,1991 年版,第 212 - 213 页。

其是到了今天，包括地震、洪水泛滥、气温异常等事件决定性的影响力（尽管我们绝不能轻视）已大大减弱。环境形态及其所拥有的永久资源则是另一类要素，它们对于人类进化显而易见的影响是确定无疑的"①。

除此以外，法国传统地理学和历史学的理论与方法也对"长时段"理论的出现产生着显著影响。法国人文地理学派的白兰士和年鉴学派的费弗尔对布罗代尔的史学理论的影响也颇深。布罗代尔明确表示，他的学术思想受到二者的影响。他在《资本主义论丛》中论到长时段理论时，表达了他受白兰士的影响，"法国在社会科学方面的一个优点正是我们有维达尔·拉不拉什（即白兰士）的地理学派……对社会科学来说，它们也应该如维达尔·拉不拉什所主张的那样，在认识人类的同时，更多地考虑地理方面的因素"②。至于他的老师费弗尔，则对他产生了直接的影响，布罗代尔的博士论文的写作方法和论文框架，则明显地保留了费弗尔的印记。费弗尔的博士论文《腓力二世与弗朗什—孔泰：政治、宗教、社会史研究》中，对16世纪后半期弗朗什—孔泰地区的历史、地理、经济、社会生活和宗教信仰等各方面做了广泛的研究③，这种将地理环境、社会生活等要素纳入历史学范畴，并且分析哲学要素对历史的影响的研究范式，对布罗代尔的长时段理论影响深刻。

至于有些学者认为布罗代尔是地理环境决定论者④，显然有点以偏概全。因为布氏本人在论及地理环境对国家和民族的影响时，十分确定地表明，"地理学家诚然早已宣布地理决定论不能成立。在他们看来，决定的因素不是土地、自然界或

① ［法］吕西安·费弗尔著，朗乃尔·巴泰龙合作，高福进、任玉雪、侯洪颖译：《大地与人类演进：地理学视野下的史学引论》，上海三联书店，2012年版，序言，第5页。

② ［法］费尔南·布罗代尔著，顾良、张慧君译：《资本主义论丛》，中央编译出版社，1997年版，第204页。

③ 刘昶：《人心中的历史——当代西方历史理论述评》，四川人民出版社，1987年版，第243页。

④ 对这一问题争议颇多，如美国学者彼得·伯克（Peter Burke）也认为布罗代尔是一位地理环境决定论者。参见彼得·伯克：《法国史学革命——年鉴学派，1929—1989》，江时宽译，台北麦田出版公司，1997年版，第135页。还有一些中外学者并不认为布罗代尔就是地理环境决定论者，如美国史学家S.金瑟（Kinser）称布罗代尔史学模式为"地理历史结构主义"，这种看法认为布罗代尔虽然强调了地理环境对人类活动具有极大限制作用，但并未否定人们对地理环境改造的能动性，因此称其为"地理环境决定论者"不太妥当。我国学者张芝联先生对此表示认同，参见张芝联：《费尔南·布罗代尔的史学方法》，载《历史研究》，1986年，第2期。除此以外，我国学者井建斌与孙晶也持与S.金瑟的看法，参见井建斌：《布罗代尔史学思想新论》，载《殷都学刊》，2001年，第2期，参见孙晶：《布罗代尔的长时段理论及其评价》，载《广西大学学报》，2002年，第3期。

环境，而是历史，是人"①。从这一表述中可以看到，布罗代尔的长时段理论虽然关注了地理环境，也分析了地理环境对人类社会历史进程的影响，甚至在某种表述中还认为地理环境的影响非常持久和深远，但他并不同意地理环境对人类社会的决定性，与此前的"地理环境决定论"还是存在着截然不同的差异性。因而，他的历史观被后来的学人称为"地理历史结构主义"②（geography history structuralism）。

小结

或然论持有者的学术思想主要源自人文地理学派，或者是在法国人文地理学派思想影响下而产生的，其主要的学术观点是对"地理环境决定论"的观点进行批判。由于受到地理学研究传统的影响，他们并没有与"决定论"完全决裂，而是在某种程度上赞同地理环境对人类社会历史进程的影响。但是他们对于地理环境必然产生某种特定的社会文化这一论断产生怀疑，提出地理环境只是提供了文化样态的某一种选项，并非绝对性。他们在肯定地理环境的作用的同时，也强调人类的主观能动性。从这一意义上来说，或然论是对决定论理论的修正和补充。

第四节 交互论：文化与环境相互作用

地理环境决定论和或然论在讨论自然地理环境和人类社会关系时，基本遵循着地理学的研究理论与方法，因此，虽然在最终的结论上，出现了不尽相同的观点，但他们在某些表述上，基本上还是赞成地理环境对人类社会的历史和文化所起的主导作用，在人地关系上，地理环境基本上处于支配地位。两种理论的分歧之处仅在于，地理环境对人类社会的历史和文化的影响是唯一性还是存在多种可能性。从这种意义上来说，人文地理学的决定论和或然论在人地关系的表述上，并未有实质性的差别。然而，其他学科在研究人类社会的历史、文化和经济现象时，把自然地理环境作为一项影响因素加以考虑，所得出的结论就与人文地理学的结论大相径庭。上文中法国历史年鉴学派的费弗尔和布罗代尔在研究地理环境对人类社会

---

① ［法］费尔南·布罗代尔著，顾良、张泽乾译：《法兰西的特性——空间和历史》，商务印书馆，1994年版，第215页。

② 参看 S. 金瑟（Kinser）：《年鉴模型？费尔南·布罗代尔的地理历史结构主义》，《美国史学评论》，1981年2月号。

历史和文化的影响时,就是将自然地理环境作为人类社会历史进程中的一个重要因素加以考虑,并未将其作为影响人类社会历史的决定性因素加以考虑,相反地,他们认为,人类的主观能动性才是推动社会进步进程的最关键的因素。

除了历史学以外,起源于 18 世纪的经济学,在研究人类社会经济现象时,也将自然地理环境与社会经济相结合,研究社会经济活动与自然地理环境之间的关系。他们将人类社会与自然地理环境看成是两个地位对等的主体,认为二者是相互影响的关系,从而形成"交互论",并且催生了一个新的学科——经济地理学。

一、古典经济学:自然环境与经济现象关系的初探

经济学自亚当·斯密(Adam Smith)创立以来,致力于从经济生活中去发现自然运行的法则,目的在于从外在的经济现象中,去把握广泛的经济观念。古典经济学家如马尔萨斯(Thomas Robert Malthus)、米勒(Friednich Muller)等在研究经济现象时,注意到自然地理因素中的土地在经济生活中的重要性,认为土地是物质生产和交换的基础。马尔萨斯在《人口论》中就注意到不同土地的贫瘠与肥沃的差异性,以及土地与经济之间的联系。米勒更进一步将经济与地理环境紧密联系起来,将土地作为经济研究的首要对象。他曾将地表土地分为两大类,一类是适合特殊的经济现象,直接加以利用,用于生产社会所需的物质资料,另一类则是为了取得某种经济的均衡,加以间接利用,用于交换或贸易。

与人文地理学将自然地理因素视为人类社会绝对支配要素的观点不一样,古典经济学家虽然将土地等自然地理要素视为经济生活中的重要影响因子,但认为土地本身并不是最根本的影响原因,土地只是经济生活中的自然构成要素,按照古典经济学等价交换原则,人们作用于土地资源上的一般劳动才是等价交换的基础。因此,李嘉图(David Ricardo)认为,自然地理要素之于经济现象,并不产生太大的影响,他在"级差地租"理论中认为,土地资源只有与劳动、技术和资本相结合,才是经济现象的构成要素。而杜能(Johann Heinrich von Thünen)则干脆将自然地理资源的土地视为一种抽象的形式,他在《孤立国同农业和国民经济的关系》一书中谈及的"农业国",就没有考虑到土地形态、构造的复杂性,而只是将土地视为地理的抽象形式,农业地带中的"集约地带""中庸地带"和"粗放地带"的划分,也是以抽

象化的土地为依据的,也没有考虑到地理环境的复杂性[①]。

古典经济学与人文地理学在研究领域中有交叉的部分,人文地理学在研究地理环境时,将建筑、道路交通、农业产业等经济活动等要素作为重要的研究对象,古典经济学同样注意到土地、矿产、森林等自然资源对经济现象的影响。因此,二者在讨论自然地理因素与社会经济现象之间的关系时,必然会相互借鉴、相互影响。然而,由于学科间存在差异,研究旨趣和研究目标的不同,造成了古典经济学与人文地理学在研究理论和方法上的差异。由于各自学科在强调本学科研究对象的同时,选择性忽略其他相关因素的作用,因此,这种差异性的存在就无法避免了。为了调和两者之间的矛盾,一个新的分支学科——经济地理学的出现,从某种程度上中和了两个学科的观点。

二、经济地理学:地理环境与经济的交互关系

早在地理学出现之初,人们就已将自然地理资源与社会经济联系在一起了。欧洲古代的各类地理志中,均有关于物产地理或商业地理的记述。不过,一般认为德国地理学家格茨(Götz)于1882年发表《经济地理学的任务》一文,标志着其作为一个独立的地理学分支学科正式出现。格茨在文中提到,经济地理学是研究地球空间这一人类经济活动的舞台和物质基础的学科[②]。

经济地理学试图在经济学和地理学的人地关系的问题上做一个折中解释,正如我国著名的经济地理学家吴传钧先生所概括的那样,"人地之间的客观关系是:第一,人对地具有依赖性,地是人赖以生存的物质基础和空间场所,地理环境经常地影响人类活动的地域特性,制约着人类社会活动的深度、广度和速度……第二,在人地关系中人居于主动地位,人具有能动功能,人是地的主人,地理环境是可被人类认识、利用、改变、保护的对象。总之,人必须依赖所处的地为生存活动的基础,要主动地认识,并自觉地在地的规律下去利用和改变地,以达到使地更好为人类服务的目的,这就是人和地的客观关系"[③]。当代日本经济地理学者川西正鉴在《经济地理学原理》上说:交互作用研究的两个对象自然就是地理的空间和从事经

---

① 盛叙功:《西洋地理学史》,西南师范大学出版社,1992年版,第358页。

② 吴建藩:《德国人文地理学的理论与实践》,《国外人文地理》,1986年第1期。

③ 吴传钧:《人地关系地域系统的理论研究及调控》,《云南师范大学学报(哲学社会科学版)》,2008年第2期。

济活动的人类，这两者之力是对等的，不能有何主、何从之分。两者相合而活动，乃形成了物质生产的基础。自然提供一切经济现象发生的可能性，而在经济现象中可能性之实现，则唯有赖于现经济人，现经济人不仅在自己所生活的空间中，创造一时的经济现象，就是一切的人类社会在不论自然的或人类的重要的无穷环境中，且在无尽的时间中，都常在创造新的经济现象，所以在研究自然对经济人的交互作用上，对于时间的问题是不可以忽视的。卡尔·萨帕(Kal Sapper)亦说：自然在人类历史过程中，既是变化的，又是继续变化的，那么人类对于自然的关系亦当然是不绝变化的。[①]

三、交互关系：迪特里希的人地关系论

19 世纪以来，所谓人地相关之理论，已成了地理学者的老调，但是谁都没有讲什么是"人"？什么是"地"？人与地为什么发生关系？以及什么是人地的关系？在地理学的范畴中，到了迪特里希(Dietrich)才把其科学意义明显地确定下来。他说，经济地理学是关于地球的空间与"现经济人"之间的交互作用的学问，而且又是论究关于此交互作用的结果所发生的在地理上的经济空间性的原因、成立及其体系的学问。

什么样的动力驱使自然地理环境与人类经济活动之间发生着结合的关系的呢？在此，迪特里希提出两种力，就是"环境力"和"文化力"。环境力是发生于自然的客体之中的，是原始空间的自然力，换言之，即环境力是存在于原始空间的土地的形态、土壤的性质、地质的构造、气候的状况，以及动植物的自然掩覆之中的，不因人类而受何等关涉的"所与的"诸外界营力的世界。反之，文化力是发生于人类社会之中的，换言之就是产生于人类肉体的及精神的组织之中的，且受人类的欲求所制约的各个潜力的总和。人类本于生理和心理的需要而产生对于衣、食、住及其他文化生活的欲求，并本于此种欲求，从肉体和精神发出一种总和的生活力，这就是文化力。自然是"与"，人类是"欲"，"与""欲"相合，是为交互作用。不过自然存在于客观界，唯有人类对之施以活动的时候，才产生"与"的价值，亦只有在这个时候，自然于人类才有所助，人类的欲求才得以满足。

---

① 盛叙功：《西洋地理学史》，西南师范大学出版社，1992 年版，第 362 页。

第三章　文化区

有关人地关系的讨论,最终都要落实到不同区域内的具体实际情况中去加以证明。因此,无论是人文地理学的白兰士、拉采尔,还是历史年鉴学派的费弗尔、布罗代尔,都是从区域内的自然地理环境与人类社会的历史、政治、经济和文化等多个方面的关系去展开研究和讨论的。随着地理学学科的发展,区域研究俨然成为该学科的研究特色和基本研究方法,甚至有学者断言"地理学的综合研究是通过区域分析来实现的,如果没有了区域,也就没有了地理学"①。区域研究是德国地理学学派的优良传统,从拉采尔到赫特纳(Alfred Hettner),都强调区域地理和文化的研究。

文化人类学出现以后,将人类文化作为其主要研究内容和研究对象,从学科起源的时候,就吸收和借鉴不同学科的研究方法和研究结论,用于文化起源的解释和发展问题的讨论。同时,随着文化人类学的发展,地理学、历史学等学科也同样引用文化学的概念和方法,从不同的学科视角,解释不同区域内自然地理环境与人类社会的关系。

第一节　德奥传播学派的文化区理论

文化传播学派的形成,可以追溯到德国著名人文地理学家拉采尔,他在研究自然地理环境与人类社会的关系时,发现人类在迁移的过程中,物质文化也随之迁移,并且会影响目的地的民族文化。他在强调地理环境对民族文化所起的决定性作用的同时,也强调在传播过程中文化借用与文化移植的重要性②。由此,他从最初的自然地理学的研究,转向以研究人类文化为主的人文地理学的研究上来,最

---

① 邓辉:《区域历史地理学研究的经和纬》,《史学月刊》,2004 年第 4 期。
② 魏忠:《西方早期的人类学家巴斯蒂安和拉采尔》,《中国民族》,2008 年第 2 期。

终，在他的影响下，逐渐形成了以德国为中心的文化传播学派。

一、区域研究的方法

区域研究的方法最初是地理学的基本研究方法之一。作为研究地球内外部结构、环境以及地表自然与人类关系的学科，地理学早期的学者以整体的视角进行研究。随着研究的深入，不同区域内自然环境的差异和联系逐渐成为地理学家们关注的重点。对地球整体性的研究开始独立为地球物理学，而地理学则专注于区域地理的研究。

德国地理学家李特尔（Carl Ritter）和李希霍芬（Ferdinand von Richthofen）就区域研究表达了自己的观点。李特尔在《地理科学的历史要素》这篇精彩的论文的序言里对此做了最清楚的论述，他说："地理科学着重研究地表的空间（只要这些地表空间是布满事物的），即从事各地点同时并存的现象的描述和相互关系的研究。正是这一点使它区别于历史学，历史学研究和描述事件的依次关系或者事物的相继次序和发展。"李希霍芬重新使地理学的区域观点受到了重视，甚至许多把地理学定义为关于地球的科学或者赋予它以二元性质的方法论者，事实上也把区域考察置于优先地位[①]。

赫特纳（Alfred Hettner）就区域的研究做了专门的论述，"区域观点的目标是，从对各种不同的自然界和它们各种不同的表现形式的并存和互相影响的理解，来认识地区和地点的特性"[②]。他还特别提到，地理学的研究不能仅限于对自然地理的认识，而是应该将人类的活动范围纳入进去。"地理学不能局限于自然或者精神的某个特定领域，必须同时伸展到所有自然界和人类的范围。它既不是自然科学，也不是人文科学——我在通常的意义上用这两个名词，而是同时两者兼而有之。""在人类方面，这种区别也有重大意义。对于某种工具，某种武器，或者一般地说某一种事物，或者一种特定的习俗的分布情形的研究，被滥称为人类地理学研究，其实更多的是属于人类学的工作，虽然可以间接地具有人类地理学的意义；因为我们

---

① ［德］阿尔夫雷德·赫特纳著，王兰生译：《地理学——它的历史、性质和方法》，商务印书馆，1997年版，第141页。
② ［德］阿尔夫雷德·赫特纳著，王兰生译：《地理学——它的历史、性质和方法》，商务印书馆，1997年版，第149页。

首先感兴趣的不是地区,而是有关事物,或者作为这种事物的占有者或承担者的民族"①。赫特纳主张将自然学科的地理学与人文学科的人类学结合起来,这样才能更准确地把握地理环境与人类社会的关系,"人们必须同等地考虑到自然和人"。

美国地理学家哈特向(Richard Hartshorne)在 1939 年发表了长达 491 页的长篇文章《地理学的本质:从过去的角度来对当前思想的批判性调查》,在该文中,他赞成并发扬了赫特纳的区域研究的观点,"地理学忠于它的名字,它研究世界,试图描述和解释世界不同部分之间的差异。这个领域与其他科学分支不同,它汇集了这个领域的许多其他科学的部分。然而,这些部分并不仅仅是在某个方便的组织中加在一起。这些其他科学按类研究的异质现象不仅在地球表面的物理近交位置上混在一起,而且在复杂的区域组合中是因果相关的"②。在哈特向看来,地理学的最终目标是研究地区间的差异性,地理学的研究就是:地区,区域和地方(Region, Area, Place),没有区域就没有地理学③。

地理学界之所以强调区域研究,目的是弄清楚作为自然因素的地理环境与作为人文因素的人类文化之间关系,这一目的不仅仅是地理学研究的目标,同样也是人类学研究的目标。类似的研究目的也给两个学科带来了研究方法和研究思路上的互鉴,人类学从人类社会的迁移和文化的传播角度进行研究,形成了文化传播学派。

二、拉采尔"生存空间"与文化传播理论

拉采尔在人文地理学方面最大的贡献是提出"生存空间"的概念。他将文化看成是生存于特定空间范围内的准生命体,这也是他的地理环境决定文化思想的核心内容。他在其著作《人类地理学》的序言中说道,在生物地理学的立场看来,国家这个东西,也不过是地表上生物分布的一种形式,是和一切生物立于同样的影响下的。地球人类的分布的特殊的诸法则,同样地,也规定了人类国家的分布④。

---

① 〔德〕阿尔夫雷德·赫特纳著,王兰生译:《地理学——它的历史、性质和方法》,商务印书馆,1997 年版,第 143,145 页。

② Richard Hartshorne. The Nature of Geography: A Critical Survey of Current Thought in the Light of the Past, Annals of the Association of American Geographers, Vol. 29, No. 4 (Dec., 1939), pp. 413 - 658.

③ 谢觉民:《人文地理学的演变和发展趋势》,引自谢觉民主编:《人文地理笔谈:自然·文化·人地关系》,科学出版社,1999 年版,第 22 页。

④ 盛叙功:《西洋地理学史》,西南师范大学出版社,1992 年版,第 331 - 332 页。

拉采尔的"生存空间"概念，是德国文化传播学派的理论基石。首先，他将人类社会及其文化看成是类生命体。自然界的生命体都存在于有界限的一定的空间范围内，这样的空间范围，也就是地理学和人类学所说的地理区域。其次，他将文化类比于生命体，认为文化会因为成长而需要扩大生存空间，从而超越原来的边界而对外扩张，也就为文化传播论打下了理论基础。

拉采尔基于"生存空间"的理论，结合人类学的文化概念，逐渐形成了一个新的理论学派，即文化传播学派。人类及其建立的文化和政权，与一般生物一样，处于运动的形态，当外部刺激引发生命体内部运动时，就会带来内部空间的增加和外部空间的扩张，从而引发外部运动，即对外扩展其"生存空间"。这就是人类社会历史的发展过程。在拉采尔的历史观中，人类社会生存空间扩张的形式、规模和速度不尽相同。有时候是大规模进行的，有时候是个人的行为；有物质的传播，也有思想的传播；有快速的传播，也有缓慢的传播；有时是有计划的扩张，更多的是无意识的扩张。林林总总，不一而足。但从总体上而言，拉采尔认为，文明程度低的民族运动的可能性更大，因为这一阶段的人群受土地的约束力较差，更容易发生迁移。而文明程度高的民族，习惯于就地耕作，与土地的结合性更强，同时受土地的制约性也更高，因而反倒迁移的可能性较小。

在描述民族迁移时，拉采尔认为，人类总是尽力向不受自然约束的一切地方扩散，而地理环境中的位置、空间、地形等因素，成为人类迁移过程中的促成或阻碍因素，当遇到难以逾越的障碍时，便暂时停止向外迁移[1]。拉采尔将人类的这种"迁移"的心理，看成是人类心理的本质特征。他提出的这一心理理论，本意是为了反驳巴斯蒂安的"人类心理一致"的理论，为其传播学派奠定理论基础。而人类之所以要向四周迁移，则是因为人类需要扩大其"生存空间"[2]。

拉采尔最初提到"地域""区域"等概念时，是为了说明人类社会的文化和政权局限于一定的地理空间，以及不同地域之间的人类迁移和文化传播的关系。在他看来，地球上不同区域内的地理环境、经济基础、交通条件等存在差异性，正是这种

[1] ［日］石川荣吉、佐佐木高明著，尹绍亭译：《民族地理学的学派及学说》，《民族译丛》《世界民族》），1986年第5期。

[2] Ratzel Friedrich. The Territorial Growth of States. Scottish Geographical Magazine, 1896, 12：351 - 361.

差异性的存在,才使得处于不同区域内的文化因交换和互补而发生接触,从而带来文化的传播。不同区域间的交互关系是人类社会实现文化传播和文化交流的原因,但其中交互的程度却往往因位置所在地理状态的关系和交通的情况大不相同。一些几乎孤立的地方,如海岛、低洼沼泽地、沙漠绿洲等,成为弱小民族的避难所,几乎不与其他民族交往,长时间保持原始状态,以至于最终消亡。而一些交通便利之处,如大平原的中心等,由于中心的地理位置,而逐渐在文化传播中处于支配地位[①]。但始料未及的是,拉采尔的这一学说,经他的学生们的发扬,后来形成了"文化丛""文化圈""文化区""文化形态学""文化领域"等众多学说。

三、德奥文化传播学派的发展

拉采尔的人文地理学的理论和方法虽然蕴含了丰富的人类学文化传播学说的内涵,但毕竟他的学科背景是地理学,即使他在自然地理环境与人类文化的传播方面做了卓有成效的探讨,其最终目的还是服务于地理学的研究传统。拉采尔在文化传播学派开创上的贡献有目共睹,但这一学派的发扬光大则落在其后继的人类学家们的身上。

弗罗贝纽斯(Leo Frobenius)是拉采尔理论的继承和发扬者,也是较早研究非洲文化与历史的学者,是备受黑人知识分子尊重的西方人类学家之一。诚如黑人精神理论家列奥波尔德·塞达·桑戈尔(Léopold Sédar Senghor)所言:"弗罗贝纽斯或许不是唯一的一位,但他无疑是那时最积极地谈论我们所最为关心的问题——非洲黑人文明的性质、价值和命运的欧洲人;他的著作《非洲文明史》和《文明的命运》成为整整一代黑人大学生的圣书。""时至今日,在我们的精神和灵魂深处仍烙有这位大师的痕迹。"[②]弗罗贝纽斯在《文明的命运》一书中,通过大量实地调研,反驳了当时西方学界泛滥的"种族主义"学术思潮,考证了非洲大陆是人类的诞生地和人类文明的起源地之一[③]。

他在深入研究非洲民族文化的基础上,首次提出"文化圈"(Kulurkreis,英语为cultural circles)的概念,他以物质文化特别是生产工具和生活用品作为划分标准,

---

① 盛叙功:《西洋地理学史》,西南师范大学出版社,1992年版,第337-338页。

② Léopold Sédar Senghor, Négritude et Germanité I, in Liberté Ⅲ, Négritude et civilisation de l' universel, Paris, le Seuil, 1977, p.13.

③ Cf. Leo Frobenius, Le Destin des civilisations, Paris, Gallimard, 1936, pp.64-65.

将西非划分为"马来亚尼格罗文化""印度文化""闪米特文化"和"尼格罗文化"四种文化圈①。弗罗贝纽斯认为每个种族都有自己的世界观，都以自己固有的方式应对周围环境，并以独特的方式发展②。他认为"文化没有脚"，人是文化的体现者和搬运工，而不是文化的发明者。之所以形成不同的文化圈，是因为人类的迁移。

弗罗贝纽斯区分了非洲黑人文明和阿拉伯柏柏尔人文明两种不同的文明。为了更好地区别这两种不同的文明，他把前者称为"埃塞俄比亚文明"（Ethiopean civilization），将后者称为"含米特文明"（Hamitic civilization）。他在经过了南非、刚果、贝宁、尼日利亚、塞内加尔和苏丹等地的实地考察后得出结论：透过非洲大陆不同地区文明纷繁复杂的表象，可以从中看到一种相似的精神、相似的特征和相似的本质，后者体现于黑人的思想和行为之中。由此，弗罗贝纽斯认为在整个撒哈拉沙漠以南的非洲大陆都存在着一种同质性的文化，并称之为"埃塞俄比亚文明"，即所谓的非洲黑人文明③。

格雷布纳（Fritz Graebner）在弗罗贝纽斯"文化圈"理论的基础上，系统地阐释了该理论的内涵与方法，他在《大洋洲的文化圈和文化层》（1905）一文中，以大洋洲的各民族文化为例，以生计方式、婚姻制度、宗教信仰以及艺术等作为划分文化圈的标准，将大洋洲分为8个文化圈。格雷布纳进一步将各文化要素在地图上进行标示，以此来发现各文化圈的地理分布区域，并从中可以发现各文化要素出现的先后时间以及迁移的大致路线。格雷布纳以这样的研究方法，进一步证明和发展了拉采尔与弗罗贝纽斯提出的文化传播的理论。通过在地图上标示不同的文化要素，格雷布纳又发现了一些文化圈有重叠的区域，他将这种重叠区域称为"文化层"。以文化圈和文化层为基本研究单元，格雷布纳又提出文化要素间"质"的标准和"量"的标准，用来分析分散于各地的文化间的亲缘关系。

早期文化传播学派的"文化区"理论，是基于地理学理论和方法提出来的，其成果也是将民族文化要素以地图的形式标注出来，并在此基础上划分不同的文化区。在划分不同文化区（圈）、文化层的标准上，以生计方式等物质文化为主，后期才引入

① 夏建中：《文化人类学理论学派》，中国人民大学出版社，1997年版，第56－57页。
② Cf. Leo Frobenius, Le Destin des civilisations, Paris, Gallimard, 1936, p.131.
③ 张宏明：《弗罗贝纽斯的非洲学观点及其对桑戈尔黑人精神学说的影响》，《西亚非洲》，2005年第5期。

信仰、艺术等精神要素。无论是拉采尔还是格雷布纳,其区别不同文化圈最重要的标准是各民族的生产工具、生计方式以及作物品种等物质生产方面的差异。此外,传播学派在环境对文化的影响方面,几乎抛弃了前人环境决定论的观点。拉采尔在阐述文化传播的过程时,虽然也注意到地理环境对文化传播的影响,但认为地理环境对文化传播的影响仅限于地理条件是否有利于人类社会的迁移。高山、大川、沙漠、大海等地理环境不利于人口的移动,因此,生活在被恶劣环境包围的民族的迁移更缓慢,而生活在平地的民族迁移则更容易,也更容易受到其他民族文化的影响。

在德国传播学派文化圈理论的影响下,欧洲一批人类学者在文化圈和文化层的研究上又迈进了一大步,当然,也有学者逐渐走进欧洲中心主义,甚至“泛埃及中心”主义的窠臼中去。

奥地利人类学家施密特从 1906 年才开始进行人类学的研究,起初他反对格雷布纳的理论,但是,他很快就宣布自己是后者的拥护者,并创办了《人类》杂志。施密特在研究东南亚、大洋洲的语言和宗教时,也提出了文化圈和文化层的概念,并在《南美洲的文化圈和文化层》的论文中,在格雷布纳的“形式标准”和“数量标准”的基础上,提出了“连续的标准”(criterion of continuity)和“亲缘关系程度的标准”(criterion of degree of relationship)。“性质标准”是形式标准的补充,指的是质的方面的相似性;“连续的标准”指在相隔遥远或不接壤的两地,如果在其中间地区能找到具有相似文化要素的民族,那么这两地从前有相互传播关系的极大可能,中间地区的民族是这两地从前在空间上相连的残存物与痕迹;“亲缘关系程度标准”指的是如果我们越接近那两个相互隔绝的主要地区,相似点在质与量两方面越增加,就可说明这些相似点并不是独立出现的,而是由于这两地曾有历史联系①。

施密特把格雷布纳的“文化圈”理论作为他立论的基础,又按照“文化圈”的顺序来划分人类发展阶段,分成原始的(primitive)、初期的(primary)和二期的(secondary)三个阶段②,并认为:“一切属原始阶段的种族,还都是所谓采集食物者;……在这个阶段,男人打猎以获得肉食,女人采集植物以为食品。属于初期阶段的文化圈是那些已经开始开辟自然界的文化圈,女人从采集植物进而为栽培植物,这就进到了

---

①　[德]施密特著,萧师毅、陈祥春译:《原始宗教与神话》,上海文艺出版社,1987 年版,第 285－286 页。

②　黄淑娉、龚佩华:《文化人类学理论方法研究》,广东高等教育出版社,2004 年版,第 67 页。

原始的园艺文化(horticulture)的阶段，也就是外婚制的母系文化圈。在以大家庭、父系组织为特征的文化圈中，男人由打猎进而为畜养；而在另一种外婚制的父系文化圈中，则产生了图腾崇拜。……最后，在二期的阶段中，又有新的文化圈出现；这些文化圈乃是初期文化彼此混合或为初期与原始文化混合的结果。"①

在英国，传播学派的发展则走进了一个极端。里弗斯(William H Rivers)在研究美拉尼西亚社会的发展历史时，指出大洋洲明显有来自印度尼西亚的几次迁徙浪潮的痕迹，表明其文化传播的观念。他进而认为文化的碰撞会产生新的文化要素，"美拉尼西亚的两重组织所以能够成立，乃是两种分裂的民族互相混合的结果，这两种民族中有一种移植到这个区域中，并且成立一种社会组织，和当地原有的社会互相合作"②。

埃利奥特·史密斯(G. Elliot Smith)和佩里(W. J. Perry)则比里弗斯的观点更加激进，他们在分析埃及与欧洲历史上各阶段的文化时，提出了欧洲各国的文化是深受埃及文化影响的观点，以至于提出"埃及中心说"的极端文化传播论。史密斯在其代表作《人类史》的第十四章中，专门讨论了希腊文明的各个方面都是受到埃及文明的影响。"本章的目的是要说明希腊文明并不是从野蛮状态中产生的奇迹，而是在亚该亚和埃及的先进文明中自然形成，并在某种程度上得到美索不达米亚的帮助。希腊文明是在政治、社会和经济条件都特别有利于民族生活的所有方面的发展的时代兴起的，它的兴起是受到爱奥尼亚与埃及和东方相互交流刺激的结果"③。而结合前文中希腊文化对欧洲各国及世界各国的影响，其文化传播论的"埃及中心说"就跃然纸上了。

佩里在其所著的《印度的史前巨石文化》(1918)、《太阳之子》(1923)、《神和人》(1927)等论著中，表达了他的文化传播的观点。佩里认为，埃及文化是古代文化的代表，以农业、石头金字塔、冶金技术、母权制、图腾氏族等为标志。这类古代文化在传播过程中，与当地文化混在一起，从而产生新的文化。古代文化或者说埃及文明就是这样传播到了全世界。显然，佩里和史密斯一样，都是埃及中心主义的支

---

① [德]施密特著，萧师毅、陈祥春译：《原始宗教与神话》，上海文艺出版社，1987年版，第293-294页。
② [英]利维厄斯著，胡贻谷译：《社会的组织》，上海社会科学院出版社，2017年版，第174页。
③ [英]G.埃利奥特·史密斯著，李申、储光明等译：《人类史》，中国社会科学出版社，2009年版，第329页。

持者。

毋庸置疑，"泛埃及中心论"的观点带有严重的文化偏见，也是典型的文化中心主义的极致表现，因此，这一观点从开始出现的那一刻，就受到了包括人类学的各界学者的批评。从一方面来说，源于人文地理的区域研究给文化中心主义提供了滋生的沃土。从另一方面来说，文化中心主义的偏见，从一开始就不被广大学者所接受。

第二节　法国社会学派的实证研究

与文化传播学派同时产生的法国社会学派，与古典进化论讨论人类社会演化的一般规律不同，从一开始就将特定的社会作为自己的研究对象，奉行实证主义哲学。因此，社会学派的研究思路和研究方法与古典进化论和传播学派的都不一样。在区域研究方面，社会学派将特定区域内的社会及其文化作为研究主体，着重对区域内的社会文化进行解释和研究。在探讨人类社会发展规律方面，社会学派也认为人类社会的历史存在从低级向高级演化的规律，只不过与达尔文的生物进化的观点不同，社会学派试图从哲学的视角来解释社会的演化，他们把人类社会的历史发展过程看作是观念的发展过程。直到莫斯通过对因纽特人不同季节的社会结构进行观察后，才重视自然环境对人类社会的影响。

一、社会学派的实证研究传统

实证主义哲学的倡导者孔德（Auguste Comte），也是法国社会学派的先驱，他于1830年至1842年出版了《实证哲学教程》六卷，系统阐述了他的哲学思想，特别是他提出来的实证主义的哲学理念。其中在1839年出版的第四卷中，孔德第一次提出"社会学"这一名词，这被认为是社会学的开端。孔德提倡的实证主义，就是要按科学的态度和方法，研究历史，研究人的思想认识，研究人类社会，研究科学[1]。他主张实证的知识需要依据确实的事实，从感觉经验出发，强调只有直接的感觉经验或现象才是确实可靠的、实证的，"探索所谓最初原因和终极原因，都是绝对不可

---

[1] 王康：《孔德与他的实证理论——纪念社会学的创始者孔德诞生200周年》，《社会科学战线》，1999年第1期。

容许和毫无意义的①。"他的这一研究主张，也成了后来社会学研究的基本方法之一。

孔德把社会学的研究分为社会动力学和社会静力学两个方面。社会静力学是从横向的角度来研究社会组织、社会关系、社会结构和社会秩序等。通过社会静力学的分析，社会是一个有机的整体，各个部分组成相互关联的一个整体。而社会动力学则是从纵向的角度来阐释社会的发展历程，在社会动力学研究方面，孔德受到其老师圣西门的影响，认为人类社会也是沿着从低级向高级的方向演进，带有明确的社会进化论的观点。只不过在社会发展时，与达尔文的生物演化规律不同，孔德认为人类社会发展的实质是人类智力的发展历程。他在《论实证精神》这部专著中，提到了关于人类整个认识演变的重大规律，即人类个体或群体的思辨历程都经历了三个阶段——"神学阶段、形而上学阶段和实证阶段"②。在神学阶段，人们对世界事物的认识主要依靠上帝，为神的意志所左右。在形而上学阶段，人类对思想和社会变动的认识，摆脱了纯粹的自然状态，能够自己思考一些问题，但没有科学依据，还要靠形而上学、玄学的冥思苦想。只有到实证阶段，人类才通过科学依据来研究和思考各种社会现象。

从孔德的社会静力学和社会动力学的观点来看，他将人类社会视为独立于自然环境以外的独立的实体，有着独立的演化规律。他认为社会的进步与自然环境的关系并不大，提出人类认识实践的发展才是社会发展的标志。这是典型的脱离物质存在的唯心主义的发展观，遭到了同时代马克思、恩格斯的尖锐批判。此外，孔德认为实证阶段是社会发展的最后阶段，这也是在为资本主义制度做代言，马克思曾经就批判过他的这一观点，"孔德在政治方面是帝国制度（个人独裁）的代言人；在政治经济学方面是资本家统治的代言人；在人类活动的所有范围内，甚至在科学范围内是等级制度的代言人"③。

斯宾塞（Herbert Spencer）与孔德一样，也是社会学的先驱者之一。在社会学研究方面，从表面上看，斯宾塞是孔德的继承者，因为他们都主张以实证主义来研究社会，都提到过"社会静力学"的概念，也都认为人类社会的发展都是从低级向高

---

① 黄淑娉、龚佩华：《文化人类学理论方法研究》，广东高等教育出版社，2004 年版，第 77 页。
② ［法］奥古斯特·孔德著，黄建华译：《论实证精神》，商务印书馆，1996 年版，第 1 页。
③ 中共中央马克思列宁恩格斯斯大林著作编译局译：《马克思恩格斯全集》，第 17 卷，人民出版社，1965 年版，第 602 页。

级的发展。但事实上,斯宾塞在哲学思想和社会进化观点上,与孔德有明显的差别,他本人在自传中也专门提到,"孔德是对人类进步的考察,而我是对世界进步的考察,他调查的是主观事物,和他相反,我探讨的是客观事物"①。斯宾塞将"进化"视为宇宙"第一原理"②,是因为他认为从无机物到动植物乃至人类社会,普遍都在进化中,"进化是物质的集结和与之伴随的运动的消散,在此过程中物质从不确定的分散的同质体过渡到确定的、凝聚的异质体;并且在此活动中,所存贮的运动经历与之同步的转化"③。按照斯宾塞的进化理论,宇宙第一原理不仅适用于人类社会,而且适用于整个地球的系统,这大大超越了孔德的人类观念发展的进化观。这就是斯宾塞所说的,孔德只考察人类社会,而他考察的是整个世界。至于社会动力学方面,孔德的人类观念发展的主观性,与斯宾塞的进化观念也存在着主客观上的差异。因此,从二者的观点上看,孔德和斯宾塞之间并不存在思想上的承袭关系,因为他们在哲学思想上明显存在差异。最多在概念和研究方法上,斯宾塞与孔德之间有借鉴的关系而已。

在"进化"这一"宇宙第一原理"的规定之下,斯宾塞自然也将人类社会置于其中,这也就是世人将他称为"社会达尔文主义"的先驱与开创者的原因所在。斯宾塞将人类社会类比于自然界的有机物,但又与有机物有所不同,他将其称为"超有机体",这种超有机体具有一定的结构和功能。社会进化与其他的进化一样,不是直线的而是曲折分化向前发展的④。

孔德与斯宾塞为社会学成为一门独立的学科奠定了基础,确立了实证主义作为社会学的基本研究方法,同时也以社会动力学理论来研究人类社会的发展演进过程,以社会静力学理论来研究特定的人类社会,将其视为一个具有一定结构和功能的有机系统。由于在研究方法上,二者都重视社会环境对人类社会的影响,特别是孔德的人类认识的发展阶段的论断,将社会看成是独立于自然环境之外的实体,几乎不太关注自然环境与社会的关系,因此,在自然环境与文化的关系上,他们认

---

① Herbert Spencer. An Autobiography, Appleton, 2010:570.
② 赵修义、童世骏:《马克思恩格斯同时代的西方哲学——以问题为中心的断代哲学史》,华东师范大学出版社,1994 年版,第 334 页。
③ 赵修义、童世骏:《马克思恩格斯同时代的西方哲学——以问题为中心的断代哲学史》,华东师范大学出版社,1994 年版,第 440 页。
④ Herbert Spencer. Principles of Sociology, Vol. Ⅱ, D. Appleton 1898, p.331.

为二者是对立的关系。

二、社会学派的"社会事实"观念

法国现代社会学派将社会视为研究的基本单元，主要研究社会结构、社会现象和社会功能，他们以孔德和斯宾塞的社会静力学和动力学为指导思想，将不同个体共同组成的社会事实看成一个整体去加以研究。涂尔干（Émile Durkheim）是现代社会学的奠基者之一，他吸纳和总结前人的研究成果，在前人的社会学研究方法的基础上进一步发展，最终形成了一整套现代社会学的研究规范，从而使社会学从众多学科中脱颖而出，形成独立的学科体系。因此，美国人类学家伊根（F. Eggan）认为现代人类学是在涂尔干和他的法国社会学派基础上确立的[1]。英国人类学家普理查德（Evans Pritchard）也认为，涂尔干是当代社会学历史上最伟大的人物，也是对人类学思想最有影响的人物[2]。

在研究方法上，杨堃先生给涂尔干总结为，"从总体来说，以涂尔干为首的法国社会学派是属于进化论派的一个支派。他们不反对摩尔根，也认为人类社会是由低级向高级发展的，但他们却自成一派，反对进化论派的心理学说，主张社会学是研究社会事实发展规律的科学"[3]。由此可知，法国社会学派认同人类社会的进化观，不过，其主要研究对象是社会事实，这也是涂尔干最主要的社会学理论。除了"社会事实"以外，涂尔干还提出了"集体表象"（collection representation）或"集体意识"（collection conscience）、"社会类型"等概念。

涂尔干的社会学理论在其著作《社会分工论》（1893）和《社会学方法的规则》（1895）中得以体现。首先，涂尔干将社会看成是由不同个体以特定的结构和目的形成的整体，而促使不同个体组合成为社会整体的机制，他称为集体表象或者集体意识，是"社会成员平均具有的信仰和感情的总和"[4]。换而言之，社会学派在探讨社会组织构成要素时，主要考虑的是道德、法律、宗教等社会因素。同样，他们在研究社会现象和社会功能时，也将社会因素作为重要的条件[5]。而对于自然环境对社

① ［美］F. 伊根著，张雪慧译：《人类学与社会人类学的一百年》，载《民族译丛》（《世界民族》），1981年第2期。

② ［英］莫里斯著，周国黎译：《宗教人类学》，今日中国出版社，1992年版，第142页。

③ 杨堃：《民族学概论》，中国社会科学出版社，1984年版，第76页。

④ ［法］涂尔干著，渠东译：《社会分工论》，生活·读书·新知三联书店，2000年版，第42页。

⑤ ［法］涂尔干著，渠东译：《社会分工论》，生活·读书·新知三联书店，2000年版，第92页。

会组织的影响,基本上避而不谈。从这一意义上来说,在社会学派"社会事实"的观念中,社会因素才是关键,自然环境因素要通过社会因素才能对社会组织产生影响。

在自然环境对人类社会的影响方面,涂尔干继承了孔德的传统,并未将自然环境置于人类社会的问题考虑范围内,与孔德的人类宗教认识水平阶段类似,涂尔干也是以宗教观念的发展阶段来划分社会的阶段,从而提出了"社会类型"的概念。他按照社会各部分之间及其整体的凝聚程度如机械团结、有机团结和契约团结,来对不同的社会进行分类,按照凝聚程度从低往高排列,可以分为游牧群体的氏族、氏族部落、氏族联盟村落、简单多形式社会、高级多形式社会等。

涂尔干也从宗教观念的发展阶段,提出了"集体表象"或"集体意识"的概念,用以说明人类社会凝聚各个不同个体的根本原因。他强调宗教是集体事物,信仰和仪式等都是集体表象的结果,"宗教明显是社会性的。宗教表现是表达集体实在的集体表现;仪式是在集合群体之中产生的行为方式,它们必须激发、维持或重塑群体中的某些心理状态"[①]。

总之,在涂尔干的社会学理论中,"集体意识"这一社会因素在社会组织形成(也可以理解为形成特定的文化区)中起关键作用。这一观点与古典进化论、文化传播学派强调自然因素对文化产生的影响相对立。

三、莫斯的社会形态学

莫斯(Marcel Mauss)是涂尔干的继承者,两人曾共同做研究,出版了《原始分类》[②]。在学术思想上,他也基本上继承了涂尔干的社会学理论和方法。不过,在探讨自然环境与人类社会的关系上,与涂尔干相比,莫斯显然前进了一大步。究其原因,主要是由于莫斯在研究中阅读和运用了大量民族志的资料。虽然二者都不是严格意义上的人类学者,因为他们不像后来的人类学家一样以田野实地调查的资料为研究的基本材料,但莫斯却在欧美各大博物馆内参观学习,同时与欧洲其他人类学家交往密切,不仅在资料的运用上大量使用民族志调查资料,而且也借鉴了人类学的理论和方法,因此,莫斯在研究中更接近人类学研究传统。人们熟知的《论馈赠》[也被译成《礼物》(1925)],就是基于西太平洋岛屿丰富的民族志资料而作成的。

---

① [法]涂尔干著,渠东译:《宗教生活的基本形式》,上海人民出版社,1999年版,第11页。
② [法]涂尔干、莫斯著,汲喆译:《原始分类》,上海人民出版社,2000年版。

在《论馈赠》这部著作中,人们关注的是莫斯以社会学的契约、道德、宗教以及法律等观念对库拉交易进行解读,但其容易忽视一个明显的事实,那就是库拉交易圈事实上形成了一个以库拉为符号的固定文化区。在这个文化区域内,尽管各部族之间在经济、语言、习俗等方面存在差异,但是他们却以库拉交易的形式结合成为一个社会体系。戴蒙(Frederick H Damon)将这种有不同民族联结在一起的组织称为"区域体系模式"①。而梁永佳则认为,库拉是一个在政治、经济、军事、意识形态上全面抑制演化的社会体系②。莫斯在文中并未将库拉圈看成是一个独立的单元,莫利斯·戈德列(Maurice Godelier)在为《论馈赠——传统社会的交换形式及其功能》的中文译本写序时,同样也指出,莫斯用以分析的两个竞争性馈赠实例是与新几内亚社会背景完全不同的北美洲印第安人的夸富宴和流行于位于新几内亚东部的美拉尼西亚特罗布里恩群岛、伍德拉克岛和其他邻岛的库拉交易③。莫斯及后来的评论者在对库拉圈的研究中,尽管将重心放在馈赠、交换、仪式及社会关系等方面,但学者们显然已经将库拉圈内的各民族视为一个社会实体来加以对待。显然,他们不是以自然生态背景作为标准来划分区域,而是以经济交易和社会交往作为划分的标准,这样的区域显然也具备文化区域的基本特征。

当然,对于自然环境对人类社会影响的讨论,在莫斯的其他的论著中亦有提及。他所著的《论因纽特人社会的季节性变化:社会形态学研究》一文,就专门针对自然环境与社会环境在人类社会中的影响机制进行过讨论。在文中,他与拉采尔等人类地理学派强调地理环境对文化(社会)决定作用的观点展开对话。首先他承认文化(社会)是依赖于它们所处的地理环境的,并且认同地理环境中的矿产、动植物区系都对社会组织产生影响。但是,他同时指出,"地理环境只是人类群体的物质形式所依赖的条件之一,它通常只是通过它一开始所影响的许多社会环境的中介而有所作为,唯有这些社会环境才说明了最终的合成结果"④。

在该文中,莫斯通过对因纽特人社会的详细调查和分析,将因纽特人的社会分

① [美]弗雷得里克·H.戴蒙著,柏青译:《区域体系模式的研究与库拉交易圈》,《云南民族学院学报》,1991年第4期,第36-39页。

② 梁永佳:《抑制演化:库拉圈的社会权力》,《社会》,2020年第1期。

③ [法]莫斯著,卢汇译:《论馈赠——传统社会的交换形式及其功能》,中央民族大学出版社,2002年版,(中文版序)第12-13页。

④ [法]马塞尔·莫斯著,佘碧平译:《社会学与人类学》,上海译文出版社,2014年版,第423-425页。

为一般形态学和季节形态学。总体思路是先对因纽特人的定居方式以及基本组织的数目、本性与大小等不变因素进行分析,而后基于不变因素讨论周期性变化的因素,进而认为因纽特人夏季与冬季的两种组织方式分别对应了两种法律、两种道德和两种家庭、经济与宗教生活。最后莫斯提出一条方法准则,认为社会生活及其所有形式(道德、宗教、司法等)是其物质基础的功能,它随各个人类群体的总量、密度、形式和构成一起变化。

通过研究,莫斯注意到很难用传统的人类学和社会学的术语或范畴(诸如部落、氏族或家庭)来定义因纽特人的社会组织形式[①]。因为他们分布于非常广阔的空间范围内,他们生活在经度 60°附近,从北纬 78°8′到北纬 22°之间的巨大空间里,在美洲和亚洲都有分布。但是,在这样一个大的区域内,他们却只在沿海的地区生活,而且,他们居住在河流入海口的海滨地区。这样的区域还有一个共同的特征:一个多少有点狭隘的陆地边界,沿着多少有点突然陷入大海之中的高原边缘[②]。在他的描述中,因纽特人之所以选择这样的地理位置作为自己的"定居点",是因为峡湾与峡湾诸岛可以给海洋动物们提供丰富的鱼类食物,而这些鱼类和捕食鱼类的海洋动物都成了因纽特人的捕猎对象。莫斯对因纽特人生活区域的自然生态环境的描述仅限于此,言所未及之处在于,这样的地理区域为因纽特人提供了生存所需的基本食物保障。以马克思主义唯物史观中经济基础决定上层建筑的论断来看,正是在峡湾这样的地理区域内丰富的物质基础,才构成了因纽特人特有的社会结构。

受到涂尔干社会学理论与方法的影响,莫斯也是习惯于从社会本身的结构来分析因纽特人的社会,不过很快他就发现用既有的理论无法定义因纽特人的社会。显然这一群体与一般的社会不一致,它不符合任何社会学、人类学的概念范畴。既不是部落联盟,也不是氏族组织,既没有同一的语言,也没有统一的集体名称,甚至连他们生活的边界都是模糊不清的。唯一使这一地区人们形成统一体的是"定居点",也就是一个由特殊联系一起来的并有一个居民点的家庭联合体[③]。莫斯将定居点视为因纽特人的社会形态学的标志。

① 罗意:《生态人类学理论与方法》,科学出版社,2021 年版,第 16 页。
② [法]马塞尔·莫斯著,佘碧平译:《社会学与人类学》,上海译文出版社,2014 年版,第 429 页。
③ [法]马塞尔·莫斯著,佘碧平译:《社会学与人类学》,上海译文出版社,2014 年版,第 434 页。

　　然而,接下来的研究又遇到了一个新的问题,那就是这样的定居点并不是一成不变的。他列举出不同地区因纽特人定居点人口数量变化的详细数据,用以说明因纽特人群体生活范围的狭窄性,恶劣的自然环境限制了他们活动的范围,同时也影响了该群体人口数量、结构和密度。

　　莫斯还注意到,因纽特人的定居点在夏季和冬季呈现出两种截然不同的样态。夏季他们居住的是帐篷,而且这些帐篷都非常分散,而到了冬季,他们都集中居住在房屋里,人口密度很高①。从夏季到冬季,因纽特人的社会形态、居住条件和技术、社会结构等完全发生了改变。

　　不仅这些外在的结构发生了巨大的变化,在因纽特人群中,人们的思想和行为也会因为季节的转变而发生改变。莫斯以当时法国社会学学派最关注的宗教生活和法律生活为主要的例证,来说明两种季节中因纽特人社会形态的变化。冬季生活与夏季生活的对立,不仅体现在各种仪式、宗教典礼上,而且还深刻地影响到各种观念与集体表象,简而言之,影响到群体的思维②。

　　在家庭规则上,夏季的因纽特人是简单的家长制的父系家庭,而冬季则完全不同,这些夏季分散的小家庭都汇入了一个更大的群体中,即组成了一个联合家庭,不仅存在着各种经济关系,还存在着各种道德关系和其他特殊的亲属关系。在大的联合家庭中,没有家长制的特点,头领依靠个人的才能被选举出来,而与他的出身、年龄或辈分无关。头领对外主要负责处理与外界的各种关系,对内则负责资源分配或职位的指派,调节内部人员的矛盾等。

　　通过分析,莫斯最终得出如下结论:地理环境对因纽特人的社会产生了影响。因为在冬季和夏季两种鲜明对比的气候条件下,因纽特部落形成了在冬季极度集中地过节日与宗教生活,而在夏季则极度分散地过世俗生活,这样的双重组织形式和双重社会形态从表面上看与季节性气候差异相关,但莫斯却认为,真正造成双重社会形态的最主要原因还是因纽特社会机制中存在一种社会需要,"在整个冬季集体生活长时间放纵之后,因纽特人需要过一段更个体的生活;在度过了长期的共同生活、节日与宗教礼仪岁月之后,他们可能需要一种世俗生活"③。为了证明这一观点的正确性,莫

---

① 〔法〕马塞尔·莫斯著,佘碧平译:《社会学与人类学》,上海译文出版社,2014年版,第444页。
② 〔法〕马塞尔·莫斯著,佘碧平译:《社会学与人类学》,上海译文出版社,2014年版,第476页。
③ 〔法〕马塞尔·莫斯著,林宗锦译:《人类学与社会学五讲》,广西师范大学出版社,2008年版,第190页。

斯还列举了欧洲山区游牧民夏季迁徙,印度佛教僧侣乞讨生活以及西方社会中城市和农村夏季不同的生活方式等例证,用以说明社会生活的规律性变化[①]。

这种将主要因素归结为社会环境的分析方法,显然是受到社会学派理论和方法的影响,不过,莫斯在强调社会环境对社会文化和社会结构产生重要影响之外,还考虑到自然环境这一影响因素,在法国社会学派中实属难能可贵。

第三节 美国历史学派文化区理论

人类学发展到 19 世纪末,在文化理论领域中形成了两大流派——古典进化学派和传播学派。这两大流派在研究取向和学术观点上存在较大差异,前者更关注文化演化的时间序列,而后者则较热衷于研究文化要素在空间上的分布。尽管两大学派在理论假设和结论推导上存在较大差异,但二者都试图描绘出一个完整的文化图景。如何化解两者的矛盾,将两大学派的观点进行综合,形成完整时空序列的文化图景,则是博厄斯(Franz Boas)及其追随者面临的一大重任。博厄斯在给文化下定义时,就综合了双方的观点,"不同种族的相同特质是通过传播或是独立发明而发生的"[②]。

除博厄斯外,威斯勒(Clark Wissler)、克鲁伯(Alfed Louis Kroeber)、默多克(G. P. Murdock)、罗维[③](Robert Harry Lowie)、林顿(Ralph Linton)、赫斯科维兹(Hersko-vitz)、司托特(Stout)、米德(Margaret Mead)、本尼迪克特(Ruth Benedict)、斯图尔德(Julian H. Steward),以及萨丕尔(Edward Sapir)等都是美国历史特殊论学派的代表。

一、博厄斯的"文化形态"[④]学观点

博厄斯最初从欧洲到美国时,接触到了美国流行的文化进化论,这对极端传播学派"欧洲中心主义"的文化优越论提出疑问,因此他提出"历史特殊论"来宣扬种族平等思想[⑤]。博厄斯关于民族文化的理论和研究方法都是通过对北美印第安人的大量调查和研究得出来的,他于 1885 年到 1932 年间,共发表了近 30 篇有关印

① [法]马塞尔·莫斯著,林宗锦译:《人类学与社会学五讲》,广西师范大学出版社,2008 年版,第 189 页。
② [美]弗兰兹·博厄斯著,刘莎、谭晓勤等译:《人类学与现代生活》,华夏出版社,1999 年版,第 37 页。
③ [美]罗维著,吕叔湘译:《初民社会》,商务印书馆,1987 年版。
④ Franz Boas,*"Some Problems of Methodology in the Social Sciences"*, The New Science, 1930, pp. 84-98.(《关于社会科学方法论的若干问题》1930)
⑤ [美]弗兰兹·博厄斯著,项龙、王星译:《原始人的心智》,国际文化出版公司,1989 年版,第 1 页。

第安人部落的文章,其中就包含了他的"文化形态"理论。这些文章大体上可以分为四种类别:其一是介绍性文章,主要介绍了北美洲印第安人部落的情况,包括区位和人口等①;其二是关于印第安语言的文章②;其三是关于印第安人艺术和神话的文章③;其四是关于印第安人社会组织的文章④。

在这四类文章中,除了第一类介绍性文章外,其余三类文章都反映出了博厄斯关于"文化区"和"历史特殊论"的观点。

---

① 此类文章包括:The Central Eskimo, Sixth Annual Report of the Bureau of Ethnology, 1884 - 5 [1888]:399 - 669 (Reprints, Lincoln: University of Nebraska Press 1964; Toronto: Coles 1974)(《中部因纽特人》1884);Franz Boas. Physical Characteristics of the Indians of the North Pacific Coast, American Anthropologist, 1891, 4(1):25 - 32(《北太平洋沿岸的印第安人的体质特征》);Franz Boas. The Census of the North American Indians, Publications of the American Economic Association, 1899, :49 - 53(《北美印第安人的人口普查》);Franz Boas. Anthropometry of Shoshonean Tribes, American Anthropologist, 1899, 1(4):751 - 758.(《肖肖尼部落的人体测量》);Franz Boas. Eine Sonnensage der Tsimschian, Zeitschrift für Ethnologie, 1908, 40(5):776 - 797(《利洛埃印第安人》)等。

② 此类文章包括:Franz Boas. The Chinook Jargon, Science, 1892, ns - 19(474):129 - 129.(《奇努克语》);Franz Boas. Notes on the Chinook Language, American Anthropologist, 1893, 6(1):55 - 64.(《奇努克语注释》);Franz Boas. Vocabulary of the Kwakiutl Language, Proceedings of the American Philosophical Society, 1893, 31(140):34 - 82.(《夸扣特尔语词汇》);Franz Boas. Salishan Texts, Proceedings of the American Philosophical Society, 1895, 34(147):31 - 48.(《萨利希语系》);Franz Boas. Die Sprache der Zimshïan-Indianer in Nordwest-America. Von Dr A. C. Graf von der Schulenburg, American Anthropologist, 1899, 1(2):369 - 373(《北美洲津巴布韦印第安人的语言》);Franz Boas. Additional Notes on the Kutenai Language, International Journal of American Linguistics, 1926, 4(1):85 - 104.(《关于库特奈语的补充说明》);Franz Boas. Notes on the Kwakiutl Vocabulary, International Journal of American Linguistics, 1931, 6(3/4):163 - 178.(《夸扣特尔语词汇注释》);Franz Boas. Note on Some Recent Changes in the Kwakiutl Language, International Journal of American Linguistics, 1932, 7(1/2):90 - 93.(《关于夸扣特尔语最近一些变化的说明》)等。

③ 此类文章包括:Franz Boas. The Decorative Art of The Indians of The North Pacific Coast, Science, 1896, 4(82):101 - 103.(《北太平洋海岸印第安人的装饰艺术》);Franz Boas. Northern Elements in the Mythology of the Navaho, American Anthropologist, 1897, 10(11):371 - 376.(《纳瓦霍神话中的北方元素》);Franz Boas. Totem Tales[J]. Science, 1897, 6(151):778 - 779.(《图腾故事》);Franz Boas. The Origin of Totemism, American Anthropologist, 1916, 18(3):319 - 326.(《图腾崇拜的起源》);Elsie Clews Parsons, Franz Boas. Spanish Tales from Laguna and Zuni, N. Mex, Journal of American Folklore, 1920, 33(127):47.(《新墨西哥州拉古纳和祖尼的西班牙传说》);Franz Boas. Tales of Spanish Provenience from Zuni, Journal of American Folklore, 1922, 35(135):62.(《祖尼的西班牙起源传说》)等。

④ 此类文章包括:Franz Boas. Property Marks of Alaskan Eskimo, American Anthropologist, 1899, 1(4):601 - 613.(《阿拉斯加因纽特人的财产标志》);Franz Boas. Kinship Terms of the Kutenai Indians, American Anthropologist, 1919, 21(1):98 - 101.(《库特奈印第安人的亲属称谓》);Franz Boas. The Social Organization of the Kwakiutl, American Anthropologist, 1920, 22(2):111 - 126.(《夸扣特尔人的社会组织》);Franz Boas. Der Seelenglaube der Vandau, Zeitschrift für Ethnologie, 1920, 52/53(1):1 - 5.(《完达屋人的亲属体系》);Franz Boas. The Social Organization of the Tribes of the North Pacific Coast, American Anthropologist, 1924, 26(3):323 - 332.(《北太平洋沿岸部落的社会组织》)等。

（一）语言学的研究

博厄斯研究了大量印第安部落的语言,出版了众多有关印第安部落语言发音与语义的文章,而且还关注了欧洲移民进入美洲后,现代欧洲语言对印第安部落语言的影响,通过这些研究,博厄斯得出一个结论,"语言关系是历史研究的一种有力手段"①。在博厄斯的"历史特殊论"中,除了考古发现的材料外,比较语言学的研究②,也可以作为文化发展的重要证据。博厄斯在追溯特定民族的历史发展过程时,除了通过比较不同民族间艺术风格和图案的类似性,以说明民族文化的历史发展过程外,认为对民族语言的研究同样也可以追溯该民族的迁徙过程和历史进程。他通过研究发现,在文化的传播过程中,语言会随着民族文化的接触而发生变化,因此,通过追溯语言的变化过程,就可以了解该民族文化的发展历史。

（二）神话传说的研究

在博厄斯众多论著中,神话传说中的特殊文化符号也能证明文化传播的存在。他研究神话传说采用的是泰勒提出来的"文化遗存"法,对于现存的民族文化中的特殊符号,追溯其最初的源头,进而逆向推测其传播过程。例如,他通过分析温哥华岛北部某个孤立部落中流传的乌鸦来历的传说,以及一对祖尼(Zuni)夫妇将獭人氏族故事和祖尼族克奇纳神(Kachina)宗教仪式引入拉古纳岛(Laguna)的事例,用来证明他的文化传播理论③。最终他得出结论,"相近部落民族间的艺术风格都相互影响,而且这种影响往往传播得很远"④。

（三）社会组织结构的研究

博厄斯借鉴了进化论学派与法国社会学派的研究理论与方法,特别是学界普遍认同的母系社会先于父系社会出现的观点,通过对比考察北美洲各印第安人部落的财产继承、亲属称谓、婚姻形式等社会组织结构,提出了一个基本结论:北部印第安人部落更多是母系社会,普遍实行严格的外婚制,而南部印第安人则是父系社会,采取

---

① Franz Boas. History and Science in Anthropology: A Reply. American Anthropologist, 1936, 38(1): 137-141.

② 博厄斯的学生萨丕尔(Edward Sapir)专门从事比较语言学的研究,经他的弟子沃尔夫(B. L. Whorf)发展,形成语言相关性的学说,被称为"萨丕尔—沃尔夫假说",这一假说成为人类文化语言学的基础。

③ Franz Boas. Evolution or Diffusion. American Anthropologist, 1924, 26(3):340-344.

④ [美]弗朗兹·博厄斯著,金辉译:《原始艺术》,上海文艺出版社,1989年版,第163页。

的是内婚制①。他进而认定，北美洲的印第安人经历了从北部往南部迁移的历史过程。尽管没有准确的证据说明所有人类社会都是从母系社会发展成为父系社会，但博厄斯基本上认可父系社会是由母系社会发展而来这一历史过程②。

通过对北美印第安人部落的研究，博厄斯在批判古典进化论和传播学派理论的基础上③，提出了"特殊历史"的文化进化理论。任何民族文化都经历了发展的历史过程，博厄斯也在探寻印第安文化的历史发展脉络，得出的结论却与巴斯蒂安由"心理一致"而推出的文化进化观点不一样，他认为文化的演进历史更多的是与文化传播有关。只不过文化传播到一个地区后，与当地文化结合的过程中，存在着文化适应的现象，外来元素会根据其新环境中普遍存在的模式进行重塑（remodeled）④。

（四）自然环境与文化的关系研究

在研究民族文化与所处自然地理条件的关系时，博厄斯首先肯定地理条件对民族文化生活的制约作用，如北极圈内没有植物、沙漠里缺少水等，而有利的地理条件或许有助于文化特质的发展，但不能创造民族文化⑤。在这一点上，博厄斯在经典进化观和传播学派的基础上，已经成功跨出了一大步。但在博厄斯看来，文化和生态环境是两个截然不同的概念。受到达尔文"适者生存"理论的影响，博厄斯将人类当做哺乳动物中的一员，只能被动适应环境的变化，因此他尝试着从体质人类学的角度去证明人种与环境之间的关系。为此，他花了大量的精力，用了各种"科学的手段"去研究移民群体的体质变化，也发表了一系列的文章⑥。尽管如此，由于理论假设

---

① Franz Boas. The Social Organization of the Tribes of the North Pacific Coast. American Anthropologist, 1924, 26(3):323 - 332.

② Franzboas. The Limitations of the Comparative Method of Anthropology. Science, 1896, 4(103):901 - 908.

③ Franz Boas. Methode der Ethnologie by F. Graebner, Science, 1911, 34(884):804 - 810.

④ Franz Boas. The Methods of Ethnology. American Anthropologist, 1920, 22(4):311 - 321.

⑤ Franz Boas. Some Problems of Methodology in the Social Sciences. The New Science, 1930, pp.84 - 98.

⑥ 此类文章有：Franz Boas. Heredity in Head Form, American Anthropologist, 1903, 5(3):530 - 538;Franz Boas. Heredity in Anthropometric Traits, American Anthropologist, 1907, 9(3):453 - 469;Franz Boas. Changes in the Bodily Form of Descendants of Immigrants, American Anthropologist, 1912, 14(3): 530 - 562;Franz Boas. The Hair Color of the Italians, American Journal of Physical Anthropology, 1919, 2(1):11 - 14;Franz Boas. The Eruption of Deciduous Teeth Among Hebrew Infants, Journal of Dental Research, 1927, 7(3):245 - 253;Franz Boas, Nicholas Michelson. The graying of hair, American Journal of Physical Anthropology, 1932, 17(2):213 - 228;Franz Boas. Heredity and Environment, Jewish Social Studies, 1939, 1(1):5 - 14;Franz Boas. Individual, Family, Population, and Race, Proceedings of the American Philosophical Society, 1943, 87(2):161 - 164 等。

的问题,博厄斯并没有得出有用的结论,他的学生威斯勒在沿着生物学的理论假设继续做研究,最后也不得不遗憾地断言,"研究这一课题是没有收获的"①。

概言之,博厄斯的"历史特殊论"观点主要致力于从"时间—空间"的维度来调和进化论与传播学派的矛盾,试图呈现一个完整的文化图景,而他在研究文化与环境的关系时,将人类看作自然界的一部分,并没有看到人类及其文化的能动适应性和对环境的改造作用,因此无法在这一关系的研究中获得进展。因此,对这一主题的深化研究,则责无旁贷地落在博厄斯的后继者们身上了。

二、威斯勒"文化丛"与"文化区"概念

在博厄斯的影响下,他的弟子们在研究民族文化时,在继续发扬"历史特殊论"的基础上,还进一步深化了对文化与自然环境关系的探讨,提出了文化丛(cultural complex,或者被译为文化综合体)、文化类型(culture type)、文化区(culture area)、文化选择(cultural alternation)、文化模式(culture pattern)、文化生态学(cultural ecology)、文化层面(cultural stratum)等概念。

威斯勒早期是研究心理学的,后来在博厄斯的影响下开始研究人类文化。他进一步发扬了博厄斯的历史特殊论,对于博厄斯的体质人类学、语言学等方面的研究涉猎较少,而是专门从事人类文化的研究。他在《人与文化》一书中,归纳总结并发扬了博厄斯在文化学方面的理论,提出了文化丛、文化区、文化的一般模式等概念。

威斯勒提出了"文化丛"的概念,是因为要全面记录一种文化的艺术、工业、娱乐、政治、家庭生活、教育、宗教、礼仪等是不可能的,而只需要注意到某些最独特或最有独创性的特征,并在此基础上设想一种有特色的文化,就能根据这些特征,判断出这些文化是否相同②。他以因纽特人的文化为例来说明文化丛是一个综合体(complex),而各个民族的文化丛构成了各个民族的一般模式③,也正是这些一般模式,区分着不同的民族文化。他还在文章中将民族文化中最具代表性的文化符号作为文化丛的标志,归纳了马文化丛(horse culture)和玉米文化丛(maize cul-

① ［美］克拉克·威斯勒著,钱岗南、傅志强译:《人与文化》,商务印书馆,2004 年版,第 291 页。
② ［美］克拉克·威斯勒著,钱岗南、傅志强译:《人与文化》,商务印书馆,2004 年版,第 6 - 7 页。
③ ［美］克拉克·威斯勒著,钱岗南、傅志强译:《人与文化》,商务印书馆,2004 年版,第 75 - 91 页。

ture)两种典型的文化模式①。

在文化与环境的关系上,博厄斯明显重视不够,只在个别文章中稍有涉及②。在这一点上,威斯勒对博厄斯的文化理论做了进一步的发展,他明确表明环境对文化会产生重要的影响,他通过综合分析世界各地文化和地理环境,认为地理环境是区隔不同民族文化的自然因素③。他借鉴了人文地理学的研究成果,综合分析了全球主要文明分布的地理环境,将地球上主要民族文化聚居区域的自然地理特征归纳为三类:台地地带(mesa zone)、冻土地带(tundra zone)以及丛林地带(jungle zone)④。通过考察全球主要文明的历史,威斯勒发现,世界上的几个伟大的文明都出现在台地地带,这里形成了"农业文化丛""金属工具文化丛"和"畜牧业文化丛",而在冻土和丛林地带,则出现了伟大的"狩猎文化丛"。

威斯勒以"文化丛"的概念作为民族文化与自然环境关系的纽带,试图从中找到二者的联系,在文化学的理论上具有较大的进步意义。不过他的文化观显然受到博厄斯的影响,虽然他认为环境对文化产生影响,但提出自然环境显然不是影响民族文化的最主要的因素。他在《人与文化》一书中明确提出,"人对自然的依赖似乎只能作为人类生命的正常条件之一来考虑,而不应扯到文化与环境的讨论中"。在文化传播这一问题上,"真正起重大作用的环境是种族环境,即文化背景"⑤。

在文化丛的基础上,威斯勒进而提出了"文化区"的概念,并在《社会人类学中的文化区概念》(1927)和《以文化区概念为研究线索》(1928)两篇文章中加以详细论述⑥。在文中,威斯勒毫不讳言地提到,他将"文化区"的概念引入到社会学、人类学领域,必然会引来社会科学界和自然科学界的双重挑战。在研究传统社会文化的学者看来,文化是完全脱离自然现象的东西,动植物等自然因素不需要进入文

① Clark Wissler. Aboriginal Maize Culture as a Typical Culture-Complex, American Journal of Sociology Volume 21, Issue 5. 1916. PP 656 - 661.

② Franz Boas. Changes in Bodily Form of Descendants of Immigrants, American Anthropologist, 1940, 42(2):183 - 189.

③ Clark Wissler. Ethnic Types and Isolation, Science,1906,23(578): 147 - 149.

④ 〔美〕克拉克·威斯勒著,钱岗南、傅志强译:《人与文化》,商务印书馆,2004 年版,第 210 - 211 页。

⑤ 〔美〕克拉克·威斯勒著,钱岗南、傅志强译:《人与文化》,商务印书馆,2004 年版,第 289,294 页。

⑥ 见:Clark Wissler. The Culture-Area Concept in Social Anthropology, American Journal of Sociology, 1927, 32(6):881 - 891;Clark Wissler. The Culture Area Concept as a Research Lead, American Journal of Sociology, 1928, 33(6):894 - 900.

化研究的考量范畴。而在自然科学研究中,环境学、生物学等则将人类看成是哺乳动物的一部分加以对待,进而认为是环境造就了文化①。因此,威斯勒非常自信地认为,他提出"文化区"概念的目的,就是要将自然科学和社会科学整合在一起,解决环境因素在社会进化中的作用和经济与文化中非物质因素的关系这两个文化发展的重要问题。

除此之外,"文化区"的概念还能将考古学引入社会学、人类学的研究框架中。因为在考古学的研究中,倾向于将"文化堆叠"的研究看作是这一学科的重要方法,而在威斯勒"文化区"的概念中,隐含着"文化中心—文化边缘"的二元结构。通过考古学的研究,文化中心的文化堆叠较厚,而文化边缘的文化特质相对要少。

不同文化区之间,以及同一文化区中不同的文化类型存在差异,其原因都与地理环境的差异密不可分。因为文化类型的多样化,与不同地理环境所提供的食物有关系②,威斯勒在《美洲的印第安人》(1922)一书中,将美洲大陆的印第安人部落划分为 8 个食物区(food areas)和 15 个文化区(culture areas)③。威斯勒从食物供给的角度分析了生态环境与文化的关系,这是对博厄斯理论的发扬,但对于地理环境如何影响文化类型的形成、相同地理环境中为何会形成不同的文化类型等问题,威斯勒却没有展开更深入的探讨。

威斯勒在区分不同文化类型时,除了采用了空间关系的"文化区"这一概念外,还提出"时代区"(age area)的概念,用以解释文化传播的时间顺序。他借用了考古学的研究方法和研究结论,指出文化特征是倾向于从文化中心向四周扩散,因而从文化特征区域的叠加情况可以推测出"文化的阶段顺序"(sequence of culture stages),或者称之为"新世界年表"(new world chronology)④。

① Clark Wissler. The Culture-Area Concept in Social Anthropology, American Journal of Sociology, 1927, 32(6):881-891.

② Clark Wissler. The Relation of Nature to Man as Illustrated by the North American Indian, Proceedings of the National Academy of Sciences of the United States of America, 1924, 5(4):311-318.

③ 见:ClarkWissler. The American Indian, Oxford University Press, 1922.8 个食物区为:Caribou, Bison, Salmon, Wild Seed, Eastern Maize, Intensive Agriculture, Manioc, Guanaco;15 个文化区是:Eskimo, Mackenzie (and north part of Eastern Woodland), Plains, North Pacific Coast, Plateau, California, Southeast, Eastern Woodland (except north non-agricultural portion), Southwest, Nahua-Mexico, Chibcha, Inca-Peru, Amazon, Antilles, Guanaco。

④ Clark Wissler. The Relation of Nature to Man in Aboriginal America, Oxford University Press, 1926, p.203.

威斯勒的"文化区"和"时代区"的概念明显是在博厄斯"时间—空间"理论的基础上做了进一步的发扬，"文化区"概念旨在说明特定区域内文化模式的相似性，而"时代区"概念则力图证明文化在传播过程中的历史过程。尽管"时代区"的概念遭到不少人类学家的批评，但仍然有学者赞同他的观点，并将其运用到民族文化的分析中①。正如克鲁伯评价这两个概念，"为理解文化—中心的概念和文化与环境的关系奠定了一些基础，但这两条线仍有待发展"②。

三、克鲁伯"文化整体"观

克鲁伯与威斯勒相比更加强调文化的综合性，他提出"文化整体"的概念③，并一再声称要从整体的角度来看待文化，不要分别研究那些切成一小块一小块的文化要素④。他强调对文化进行整体性研究，就是反对将文化的某些要素的分布作为标准来划分文化区。但是，克鲁伯却又受到博厄斯和威斯勒用文化要素来研究文化分布方法的影响，还在二者研究的基础上，在《加州印第安人手册》⑤（1924）一书中创新了一套"文化要素调查表"的研究方法，斯图尔德认为这种方法与克鲁伯的文化整体观并不相符。

同时，克鲁伯还非常重视自然环境差异与文化差异之间的关系，他在《北美本土的文化区与自然区》（1939）一文中，分析了北美的部落区域、植被区域、文化区和地理区，并将北美文化区划分为 6 个大区和 21 个小区⑥。克鲁伯所关注的文化与自然环境之间的关系，与后来的生态人类学提出来的文化生态的概念不同，他仅仅是从文化传播和自然环境之间的关系来讨论的。他认为，相邻的社会、部落或文化

---

①　比较有代表性的学者有克鲁伯和戴维森。见：Kroeber A L . Anthropology（chaps. vii-viii, x-xiv），Harcourt, Brace, 1923；Davidson Daniel Sutherland. The Chronological Aspects of Certain Australian Social Institutions as Inferred from Geographical Distribution, University of Pennsylvania, 1928.

②　Kroeber A L. The Culture-area and Age-area Concepts of Clark Wissler, Methods in Social Science, 1931. pp. 248 – 265.

③　Kroeber A L . Cultural and Natural Areas of Native North America, University of California Press, 1963.

④　［美］斯图尔德著，黄维宪、宋光宇译：《文化形貌的导师——克鲁伯》，允晨文化公司，1982 年版，第 109 页。

⑤　Kroeber A L . Handbook of the Indians of California. Bulletin, Bureau of American Ethnology , no. 78. Washington. 1924.

⑥　Kroeber A L . Cultural and Natural Areas of Native North America, University of California Press, 1939.

区,都存在着一些文化要素上的差异性,这些差异性可以用来解释文化传播的不同来源。

此外,克鲁伯还提出文化内容的密集程度(cultural intensity)和文化顶峰(cultural climax)的概念,用来确定文化传播的途径和过程①。按照博厄斯和威斯勒的文化区的分析方法,以文化要素来划分文化区,在实际操作中会遇到难题,因为相隔很远的两个民族在某些文化要素上趋于一致,这就为探明文化传播的历史和途径带来了困难。克鲁伯提出文化中心(culture center)的概念,即文化要素最丰富的地区所表现出来的一切就是"文化顶峰"②。

克鲁伯以北美洲的自然地理和文化区域为主要研究对象,展开了民族文化和环境关系的讨论③,较之博厄斯和威斯勒对"文化区"的理解,又有了很大的进步。尤其是他通过自然植被区域变化的类比,去分析民族文化的变迁过程,使得民族文化与生态环境的关系更加密切,这样的密切关系在农业中尤为突出。尽管这样,在克鲁伯的观点中,文化和自然环境依然归属于不同的范畴,并未将二者有机结合起来去加以讨论。

四、"文化模式"及研究的转向

在博厄斯的追随者中,米德和本尼迪克特并没有将"文化区"理论中环境与文化的关系的探讨深入下去,而是将重心放在对文化特征的抽象与归纳上,从而形成了"文化模式"理论④。在博厄斯的社会文化的观念中,之所以使用文化要素这一概念,目的在于探讨不同的文化要素构成的不同文化区,进而说明不同民族文化的传播历史过程,同时也意在说明文化与环境之间的联系。他的这一观点经过米德和本尼迪克特的发挥,却走向了另外的研究道路。她们将不同的文化要素所形成的民族文化,定义为不同的文化模式。而在解释文化模式形成的原因时,她们将其归因于个人的人格和群体心理,与自然环境并没有任何的关系,这显然与博厄斯的

---

① Kroeber, A L. Cultural and Natural Areas of Native North America, University of California Press, 2020, pp. 222-228.

② [美]斯图尔德著,黄维宪、宋光宇译:《文化形貌的导师——克鲁伯》,允晨文化公司,1982年版,第168页。

③ Kroeber, A L. Cultural and Natural Areas of Native North America, University of California Press, 2020, pp. 205-217.

④ [美]露丝·本尼迪克特著,王炜等译:《文化模式》,生活·读书·新知三联书店,1992年版。

初衷相悖。

本尼迪克特采用聚焦特定人类的某类文化特征，而忽视其他文化特征，还经常对文化特征进行改造以表达特定的情感特征的方法，来建构其文化模式①。比如她列举了西方酒神文化和日神文化两种不同文化模式，认为酒神型的文化是热情的、竞争的，日神型文化是和谐的、秩序的。并且还专门探讨了这两种不同类型文化的抽象过程，还进一步指出，文化模式一旦定型，会对整个民族产生影响，文化规约着个体的行为。

虽然本尼迪克特和米德更多关注文化对个体的影响，但在论述文化模式形成的原因时，也无法绕开自然环境这一重要影响因素。米德在《三个原始部落的性别与气质》一书中，虽然重点论述的是社会环境对民族性格的影响，但在论述过程中也不免将环境的因素考虑进去。她用"山地居民阿拉佩什人""沿河居住的蒙杜古马人"和"傍湖居住的德昌布利人"②来进行民族的标志，而且还用大量篇幅介绍各民族在各自环境中的生活，隐含着不同环境中的生产生活方式对民族的性格产生着影响。

将心理学的理论和方法运用到文化研究，弗洛伊德是其中的典型代表③，而且他的研究方法对结构主义和结构功能主义都产生过影响，本尼迪克特和米德显然也受到他的研究方法的影响。不过，心理学研究方法遭到了博厄斯的批判："虽然我相信弗洛伊德的精神分析研究背后的一些思想可能会卓有成效地应用于人类学问题，但在我看来，单方面地利用这种方法并不能促进我们对人类社会发展的理解。"④从某种意义上来说，博厄斯对心理学派的批判，也是对其两位女弟子在研究文化时的偏向的批评，认为她们过分关注人类心理对民族文化特征形成以及对民族文化的影响。

① Ruth Benedict. Configurations of Culture in North America, American Anthropologist, 1932, 34(1). Vol. 34, No. 1, pp. 1-27.
② [美]玛格丽特·米德著，宋践等译：《三个原始部落的性别与气质》，浙江人民出版社，1988年版。
③ [奥]西格蒙德·弗洛伊德著，赵立玮译：《图腾与禁忌》，上海人民出版社，2005年版。
④ Franz Boas. The Methods of Ethnology, American Anthropologist, 1920, 22(4):311-321.

第四章　文化对生态的适应：文化生态学

在人类学界，大部分学者都认同斯图尔德(Julian H. Steward)提出来的"文化生态学"的理论与方法是生态人类学成为独立的学科的标志。也有学者认为，最早提出生态人类学这一学术概念的时间可以追溯到 20 世纪 20 年代，美国芝加哥学派的帕克(R. E. Park)和伯吉斯(G. W. Burgess)在《社会科学导论》中，首次提出了"人类生态学"一词，开创了人类生态学研究领域，但由于当时人类生态学主要还依附于其他学科，因而缺乏坚实的理论基础，只能展开局部的课题研究，从而使这一学科当时还无法在学术界产生重要影响。[1][2]

"人类生态学"与"文化生态学"在研究取向和研究重点上并不完全一致，"文化生态学"的提出，为的就是解决自然生态与人类文化之间的关联性问题。随着这一学术概念的提出，人类学界久议不决的自然环境与文化关系问题在这一框架内得以统一，同时也有助于平息"环境决定论""文化决定论""环境或然论"等学术争议。

第一节　斯图尔德与文化生态学

美国历史特殊论学派经过威斯勒、克鲁伯等人类学家的发扬，在文化区域方面的理论已经基本定型，然而，本尼迪克特和米德等从社会心理学的角度来划分文化区域，这样的研究方法在二战后受到了各方的质疑。其中，克鲁伯的学生斯图尔德的批判和修正是其中最典型的代表。他总结和批判前辈人类学家的理论和方法，提出了创新的概念和研究方法。

---

① 刘术一：《人类生态学研究现状与发展趋势》，《绿色科技》，2012 年第 4 期。
② 任文伟：《生态人类学发展及国内外研究进展》，《中国科学基金》，2011 年第 2 期。

一、斯图尔德的"文化生态学"学术理论

（一）多线进化论

进化论学派考察人类社会演进的历史进程，从中抽象出人类文化进化的一般规律。无论是古典进化论按照生产工具和生产力水平进行文化阶段的划分，还是新进化论以获取物质能量的大小来划分，他们都认为人类社会的进化路径趋于一致，都是从低级向高级阶段演进。斯图尔德受博厄斯的历史特殊论的影响，主要是在对进化论学派民族文化"单线进化"（unilinear evolution）和"普遍进化"（universal evolution）的观点的批判基础上提出了"多线进化论"（multiline evolution）的观点。

斯图尔德指出，文化相对主义和新进化论（注：也就是怀特的普同进化观）都是立足于"文化源于文化"的不成功的假设[①]。对于古典进化论的单线进化观，他认为主要存在两个缺陷，第一是基于母权制度先于其他亲属制度出现的假设站不住脚，第二是将所有搜集到的前文明社会的资料强行划分出"野蛮阶段"和"蒙昧阶段"[②]。由于支撑材料的不足，史前时代文化的发展阶段的推论大多靠不住，而且20世纪的考古学和民族志的研究成果也已经将单线进化论的这些观点加以否定了。因此，古典进化论有关人类社会单线进化的观点也就站不住脚。

而以怀特（White）和柴尔德（Childe）等为代表的学者在古典进化论的基础上，提出了"普遍进化"的观点，也就是后来所说的"新进化论"学派。他们认识到考古学与民族志对古典进化论理论的否定，因此试图将不同的人类文化视为一个整体来加以研究，由此来消除独特的历史过程和不同的生态适应而造成的地方性文化差异。怀特提出，"任何个别文化的运作无疑为其当地的环境因素所制约。但当文明将文化视为一个整体时，所有环境因素间的差异就会相互抵消成为平均值，从而构成一个恒定的常数。于是，以这样的常数为依据去建构的文化发展模型，环境因素差异也就完全可以忽略不计"[③]。柴尔德也提到，"为了找到能反映所有社会发

① ［美］朱利安·斯图尔德著，谭卫华、罗康隆译：《文化变迁论》，贵州人民出版社，2013年版，第26页。
② ［美］史徒华著，张恭启译：《文化变迁的理论》，远流出版社，1989年版，第20页。
③ ［美］朱利安·斯图尔德著，谭卫华、罗康隆译：《文化变迁论》，贵州人民出版社，2013年版，第15-16页。

展规律的普适性模型，我们就只好将因生态环境差异造成的文化特征搁置起来"①。

　　另外，斯图尔德承袭了博厄斯学派"文化相对主义"的思想，认为不同地区的文化发展轨迹理应不同，因此不存在适合每一种文化的普适性演化规律。他在提出"文化生态学"的概念时就对此进行了解释，认为这不同于人类生态学和社会生态学，文化生态学追求的是存在于不同的区域之间的特殊文化特质与模式之解释，而非可应用于所有文化—环境之状况的通则②。

（二）文化分类学

　　人类学研究者都致力于将文化进行分类，无论是经典进化学派按照生产资料来进行分类，文化传播学派以文化要素进行类比，还是美国历史特殊论学派以文化区域来进行归类，学者们都在各尽所能地将文化进行抽象和类比，力图以最科学的方式来区分不同时期、不同地区的文化。

　　斯图尔德综合分析了人类学对于文化分类的各种理论，特别对心理学派将文化特征抽象出文化模式的方法提出了批判，认为由威斯勒和克鲁伯提出的"文化区"的概念能较好地将民族文化进行分类，而且"文化区"的概念也能体现出文化的传播历史。

　　不过，他同样也认为"文化区"的概念不能解决文化发展的历史与环境的关系问题，也不能解决跨文化传播的问题。"文化区、文化圈或共同传统是一个依据共同要素而界定的历史单位，但从社会文化整合来看，可能非常不同，因为不同阶段的历史发展与地方的适应都可能造成许多本质上独特的形貌。"③在斯图尔德看来，文化区的概念对于那些相同或相邻区域内文化要素相同或相近的民族文化的分类是很有意义的，但对于不同历史时期，不同区域内的跨区域、跨时代的文化分类，文化区显然不能很好地归纳文化的主要特征。因此，"文化区"的概念对于跨文化传播的民族文化类型的确定显得捉襟见肘。

　　为此，斯图尔德建议使用"文化类型"（culture type）取代"文化区"来对文化进行分类。他指出二者之间存在的三个方面的区别，"第一，文化类型是指人为选择出来的特征聚合，而文化区则是指该种文化全部要素的整合。……第二，界定一个

---

① ［美］朱利安·斯图尔德著，谭卫华、罗康隆译：《文化变迁论》，贵州人民出版社，2013 年版，第 16 页。
② ［美］史徒华著，张恭启译：《文化变迁的理论》，远流出版社，1989 年版，第 44－45 页。
③ ［美］朱利安·斯图尔德著，谭卫华、罗康隆译：《文化变迁论》，贵州人民出版社，2013 年版，第 72 页。

文化类型时，判断性特征的选择必须由提出的问题和参考的框架来决定。但值得注意的是，文化任何方面的特征，在分类工作中都可能有重要意义（因而'文化区'的概念理当得到尊重）。第三，在具体个案中，被选择的特征应与其他特征在功能上彼此拥有相同的关系"①。鉴于"文化类型"的概念在其他学者的论著中已经被使用，而且不同的学者对文化类型的内涵阐述也不完全一致，如林顿（Linton）也想用这一名词，但他在使用时指的是文化区的概念，而不是从不同文化传统中抽象出来的不同类型，斯图尔德建议使用"文化区类型"（culture area type）和"跨文化类型"（cross-culture type）这两个互相补充的术语来对文化进行分类。前者指一个地方上相对不同的社会文化体系，而后者指几个历史上互不影响的地区或传统中的文化体系。前者是以"同一性"（uniformities）来界定的，后者是以"规律性"（regularities）来说明历史上独立的地区或传统中以跨文化形式一再出现的类似性②。这两套术语的提出，既解决了同一区域内文化系统的归类问题，又解决了跨文化传播中的相似文化的分类问题。在文化分类这一问题上，斯图尔德解决了博厄斯如何从时间和空间的角度综合进化论学派和传播学派理论的难题。

在前面的研究基础上，斯图尔德提出一个新的概念——文化核心（culture core），这是从文化潜在的可变要素的一般特征中进行某种程度的抽象③。"文化核心"是指文化中"同生存活动和经济布列最密切联系在一起的特征群集"④。这一核心概念是与威斯勒、克鲁伯倡导的"整体文化"（total culture）相对应的概念。虽然文化核心是指抽象出来的文化特征，并不能完整描述该文化的全部面貌，但这样的抽象在分析跨文化传播时，却能很好地说明各种文化的整合层次。而且从"文化核心"概念出发，还能分析出文化对生态的适应性，因为构成一个文化类型的各项核心特征，首先由文化生态适应上的跨文化规律性决定，其次才代表一个相同的社会文化整合层次⑤。

① ［美］朱利安·斯图尔德著，谭卫华、罗康隆译：《文化变迁论》，贵州人民出版社，2013年版，第14页。
② ［美］朱利安·斯图尔德著，谭卫华、罗康隆译：《文化变迁论》，贵州人民出版社，2013年版，第72页。
③ ［美］朱利安·斯图尔德著，谭卫华、罗康隆译：《文化变迁论》，贵州人民出版社，2013年版，第72-73页。
④ ［美］朱利安·斯图尔德：《文化生态学的概念和方法》，载冯利、覃光广编：《当代国外文化学研究》（译文集），中央民族学院出版社，1986年版，第117页。
⑤ ［美］朱利安·斯图尔德著，谭卫华、罗康隆译：《文化变迁论》，贵州人民出版社，2013年版，第73页。

与文化核心相对的概念则是"次要特征"（secondary feature），文化的次要特征与文化内核关系并不是十分密切，但就是这些次要特征使得各文化展现出独特性来。

斯图尔德为了区分其"文化核心"与此前人类学家研究的文化的差异，借用了"结构-功能"主义的形式，提出了"形式-功能"（form-function）的结构。

（三）文化生态学

斯图尔德在对单线进化的批判和文化分类学理论创新的基础上，提出了将文化和生态视为一个整体的分析方法，即文化生态学方法。他将文化对生态的适应性看成是文化核心的主要特征，因此用文化核心的概念既能区分不同的文化类型，也能体现出文化与环境之间的互动关系，也就是文化对生态环境的适应。

虽然文化对生态的适应性是体现文化与生态环境之间关系的一般规律的抽象，但因为不同环境之间差异性的存在，所以用文化生态学的方法来研究人类文化，就得考虑环境差异而带来的文化的差异。这样的差异性可以从时间和空间的维度来表现。从时间维度来看，不同时期的生产力水平对环境的适应性也不一样，从空间维度来看，相同的生计技术体系传播到不同社会中，会表现出不同的社会模式，这是文化对环境的适应。因此，在文化核心概念的基础上，斯图尔德首创了"文化生态学"的方法，并提出了文化生态学研究的三个基本程序。

首先，分析开发技术或生产技术与环境的相互关系。也就是分析人类社会在物质生产过程中的技术手段与环境之间的关系，如生产工具、交通工具、燃料来源、居住条件等生产生活的条件与特定生态环境之间的关系。总体而言，早期的人类社会受环境制约的程度越高，他们的生产生活的技术就越依赖自然环境所提供的资源。而发达的社会，受自然环境的影响越来越小，现代工业社会中资本在社会生产中的重要程度很高，而资本等基本上不受自然环境的影响。

其次，分析用特殊的技术手段开发特殊地区中的行为模式。在一些特殊的自然环境中，出于猎取收获特定的动植物，该人类社会会建构出特殊的技术体系。如在农耕技术的发明和使用中，灌溉农业需要社会成员间的通力协作，而刀耕火种等旱地农耕则没有协作的必要。

最后，弄清楚这些行为模式影响其他文化特征的程度①。自然环境对社会文化的影响，不仅作用于文化核心要素上，同时对文化的其他方面也会产生影响。在前两个步骤的分析中可以得出，以生计方式为主要内容的文化内核与自然环境密切相关，而生计方式的本质变迁，也必然影响着诸如亲属关系、社会结构、政治形式等文化的次要特征。因此，文化生态学分析方法的最后一个阶段，就是分析自然生态环境对文化次要特征的影响机制。

斯图尔德将"文化生态学"定义为一项方法论上的工具，以确定文化对其环境的适应将如何引发若干变迁②。在特定的生态环境中，文化的发展不是一蹴而就的，而是经历了一系列不同的演化过程，以至于在一些文化研究者看来，文化的发展是按照文化本身的规律演进的，而与自然环境这一常量毫无关联。"文化生态学"引入"文化核心""文化整合层次"等概念，就是要说明文化的内核特质是在不断适应自然环境的过程中逐步形成的。

斯图尔德并不否认文化传播对于文化类型形成的作用，但他认为，文化对生态的适应性应该是文化类型形成的最重要的原因。此前的单线进化论、普遍进化论以及传播学派，甚至包括博厄斯历史特殊论中的某些观点，都是夸大了文化传播的作用。

二、文化生态学的理论贡献

斯图尔德的"文化生态学"的观点，可以归结为一个关键概念，即"适应"。适应在生物学上是指有机体对其生存环境的改造与环境使有机体发生的变化之间的相互影响关系。这种双向调适对任何生命形式的生存都是必不可少的，人类也不例外。从文化生态学的角度而言，适应的过程使一定规模人口的生存所需与其生活环境的供应潜力之间得以建立起一种动态的平衡关系。根据各种文化因素与生计方式的关联程度（即适应性能），同一文化体系中的文化元素又可以进一步区分为"文化核"和"次生（或从属）特质"。文化生态学的主要任务，就是发现生活在特定区域的特定族群所拥有的文化中究竟哪些是该族群适应当地生存环境的核心文化

① ［美］朱利安·斯图尔德：《文化生态学的概念和方法》，载冯利、覃光广编：《当代国外文化学研究》（译文集），中央民族学院出版社，1986年版，第110－124页。
② ［美］史徒华著，张恭启译：《文化变迁的理论》，远流出版社，1989年版，第52页。

特质,并揭示核心文化要素的工作原理,从而更好地理解和预见该文化的变迁趋势和方向①。

斯图尔德在其倡导的"文化生态学"方法中,体现了他有关文化与生态环境的观点。这一方法与博厄斯学派其他学者的观点相比,最明显的特点在于将文化与生态环境联系得更加紧密。斯图尔德的文化与自然关系的理论源于历史特殊论学派,同时又将这一学派理论进一步发扬。博厄斯受到欧洲传播学派的影响,将生态环境看作是文化的基础背景,而人类则被视为生物界的普通一员,只能被动适应环境,有环境决定论的倾向。威斯勒和克鲁伯在进行文化区的划分时,注意到了不同生态环境中食物供给的不同,将生计方式与文化区、文化模式联系起来,在文化区域和自然环境与人类文化关系的研究上显然迈开了一大步。斯图尔德的文化生态学的观点,除了关注人类社会本身以外,还关注相关的环境特征。罗伯特·F.墨菲指出:"文化生态理论的实质是指文化与环境——包括技术、资源和劳动——之间存在一种动态的富有创造力的关系。"②

只不过,这里所说的相关环境,仅仅是指那些对地方性特色文化相关的生态因素,也就是影响到斯图尔德所谓"文化次级特征"的那些生态因素,才需要被关注③。因此,就这一意义来说,虽然斯图尔德文化生态学方法将文化和生态结合起来,但其并不认为生态环境与"文化核心"之间的联系是有必要的。因为斯图尔德强调自然环境对文化的影响,以至于被人归结到环境决定论者的范畴。英国人类学家米尔顿(Kay Milton)就指出,斯图尔德"支持环境决定论,反对可能论,传统上把环境在文化进化中的角色看得过于被动。他期望重申的理论观点是:环境在塑造文化过程中扮演着动态的、创造性的角色……斯图尔德也只不过更精确地重建了生态决定论。与以前的整体环境决定整体文化的观点相比,他取而代之的是特殊环境决定特殊文化,比如,狩猎物种的类型决定父系群对(band)的组织形式"④。

米尔顿的这种评论带有先入为主的主观判断,他将斯图尔德的"文化生态学"

---

① 贾仲益:《生存环境与文化适应——怒族社会—文化的文化生态学解读》,《吉首大学学报(社会科学版)》,2005年第3期。

② [美]罗伯特·F.墨菲著,王卓君译:《文化与社会人类学引论》,商务印书馆,2009年版,第158页。

③ [美]朱利安·斯图尔德著,谭卫华、罗康隆译:《文化变迁论》,贵州人民出版社,2013年版,第28页。

④ [英]凯·米尔顿著,袁同凯、周新建译:《环境决定论与文化理论:对环境话语中的人类学角色的探讨》,民族出版社,2007年版,第57页。

的理论解释为"环境决定论"中的一种观点，目的是借助斯图尔德的观点，来支撑其环境决定论的理论。他本人在《环境决定论与文化理论》一书的序言中，就表明了他写作的目的，通过对人类学"环境决定论"各种理论的讨论，"试图构建一种'环保决定论'的可用定义，并讨论作为一种'文化'现象，环境决定论的角色问题"①。而事实上，斯图尔德在其论著中，从未有过"环境决定论"的类似表达，米尔顿本人也承认，斯图尔德并未讨论文化起源或者文化进化过程中环境的影响问题②。他只是试图提出在文化变迁和文化传播过程中，文化对自然环境适应的一种分析方法而已。在整个分析方法中，"适应"是文化与自然环境关系的关键词。当然，斯图尔德强调的是文化对环境的适应，至于自然环境在"文化—环境"的二元结构中的适应性问题，则并未展开讨论。原因是文化具有能动调适的功能，而自然环境只能按照其自身的规律运行，并不能进行主动调适。环境对文化的反馈机制，在斯图尔德的时代还没有形成用以解释的理论，二战以后到 20 世纪 70 年代，随着信息论、控制论等社会科学理论的发展，人们才意识到自然环境也会对文化做出反馈，推动了生态人类学理论的发展。

文化生态学的方法对人类学的贡献不仅仅在于提出了一种理论或者一种分析方法，而是开启了这一学科研究的一个新的领域，即不仅关注人类社会及其文化本身，而是将人类社会所处的自然环境作为人类文化的有机组成部分去加以对待，从而开启了一个新的分支学科——生态人类学。也因为如此，尽管斯图尔德并不是第一个提出生态人类学(生态民族学)的概念的人，学界依然普遍认同他是生态人类学的开创者，这从另一个侧面说明了"文化生态学"对于人类学理论作出的重要贡献。

"文化生态学"提出以后，在美国人类学界产生了深远的影响，自 20 世纪 60 年代以来，一大批学者接受了这一学术观点，并从理论和个案研究的角度展开了对文化生态的研究，生态人类学也逐渐成为人类学界热门的研究领域。在众多研究者

---

① ［英］凯·米尔顿著，袁同凯、周新建译：《环境决定论与文化理论：对环境话语中的人类学角色的探讨》，民族出版社，2007 年版，第 10 页。

② ［英］凯·米尔顿著，袁同凯、周新建译：《环境决定论与文化理论：对环境话语中的人类学角色的探讨》，民族出版社，2007 年版，第 58 页。

中,萨林斯(Marshall Sahlins)的《毛拉:一个斐济岛上的文化与自然》(1962)①、格尔茨(Clifford Geertz)的《农业内卷化:印度尼西亚生态变化过程》(1963)②、内亭(Netting Robert McC)的《尼日利亚山地的农民:乔斯高原考夫雅人的生态学》(1968)③等论著,是典型的代表。尽管他们不是严格意义上的生态人类学者,但在研究各地民族文化时,他们都考虑到当地自然生态环境以及其对民族文化的影响。

在所有的支持者和追随者中,拉帕波特(Roy A. Rappaport)和马文·哈里斯(Marvin Harris)则是直接将"文化生态学"的研究方法用于田野调查对象的研究,并各自形成了新的理论。拉帕波特在《献给祖先的猪:新几内亚人生态中的仪式》(1968)④一书中,直接借用了斯图尔德的"文化生态学"的研究方法,以"文化适应"为核心理论,揭示了僧巴珈人与其生活的自然和社会环境间存在的一种关系机制,认为他们以周期性的仪式来"调节"或"调控"整个社会系统,因为一套系统就是一套特定变量,其中某一变量值的变化会导致至少另外一项变量值的改变。调控机制就是保持系统中某变量或各变量的值在一定幅度内变化,从而保持系统持续存在的一套机制⑤。

马文·哈里斯在《文化人类学》(1983)一书中,总结了环境对人类社会和技术的影响,"任何一项技术必定与某一种环境的因素相互影响。相似的技术用于不同的环境,会导致不相同的能产量"⑥。他在另外一部著作《文化·人·自然:普通人类学导引》(1993)中,更是对环境对文化的影响做了全面的论述,"文化多样性的一个主要原因就在于人类居住的环境条件的复杂性","任何技术都必须与特殊的自然环境相互作用",即使是工业社会"不可替代的石油、水、土地、森林和矿藏贮存的

---

① Marshall D. Sahlins、Moala:Culture and Nature on a Fijian Island, The University of Michigan press, 1962.

② Clifford Geertz. Agricultural Involution: the Process of Ecological Change in Indonesia, University of California Press, 1963.

③ Netting Robert McC. Hill Farmers of Nigeria: Cultural Ecology of the Kofyar of the Jos Plateau, University of Washington Press, 1968.

④ 〔美〕罗伊·A. 拉帕波特著,赵玉燕译:《献给祖先的猪:新几内亚人生态中的仪式》,商务印书馆,2016年版。

⑤ 〔美〕罗伊·A. 拉帕波特著,赵玉燕译:《献给祖先的猪:新几内亚人生态中的仪式》,商务印书馆,2016年版,第14页。

⑥ 〔美〕马文·哈里斯著,李培荣、高地译:《文化人类学》,东方出版社,1988年版,第54页。

消耗殆尽的速度，在部分意义上，仍然是这些作为在特定时间和地点的自然'赠予'资源的可利用性的一个函数"①。

小结

总之，美国人类学历史特殊论学派的发展，经过斯图尔德的"文化生态学"的研究转向，将自然生态环境与人类社会及其文化看作一个有机的整体，以文化"适应"为核心概念和研究方法，统一了自然生态与人类社会和文化。自此以后，人类学的研究进入了一个崭新的领域。人类学学科自出现以来，在"文化—自然"二元结构的框架内，无论是二元对立观、环境决定论、环境可能论，还是历史特殊论，都是将文化与自然割裂开来进行讨论。以"适应"为核心概念的分析方法，事实上将二者合为一体，从根本上否定了二元结构。这样的合二为一，既体现了人类的生物学上的属性，同样也体现了社会性的文化属性，不仅在文化理论上有着重要意义，而且在解决人与自然关系、生态问题的原因及解决路径分析等人类学应用问题上，同样可以发挥重要作用。

第二节 生态系统生态学与文化系统论

"文化生态学"的研究方法自斯图尔德提出以来，在美国人类学界得到了众多学者的认同。与此同时，生态学的研究也进入了一个新的领域，特别是生态系统生态学的兴起与发展，不仅在自身领域引起了大的变革，也为人类学，特别是生态人类学的研究提供了新的思路。受此影响，人类学家在研究人类社会文化时，不再仅仅将眼光关注于文化本身，而是试图从系统角度来研究人与自然的关系，揭示人类社会文化对自然环境的适应机制。

一、系统论、控制论与信息论

20世纪初，自然科学得到了空前发展，以物理学为中心的自然科学掀起了理论革命，总体上开始从分门别类的研究阶段，走向了理论综合的发展新阶段。随着相对论、量子力学、统计物理学、熵增原理等新的物理学理论和学科的出现，现代物

---

① ［美］马文·哈里斯著，顾建光、高云霞译：《文化·人·自然：普通人类学导引》，浙江人民出版社，1992年版，第197－199页。

理学开始进入系统性研究阶段。而在生物学领域,也开始了从机械论转向活力论的系统研究阶段。其中的代表人物是德国的生物学家杜里舒(Hans Driesch),他通过著名的海胆胚胎实验,发现在海胆卵分裂过程中,任取其中的一个细胞或者将其细胞扰乱,其都能发展成为一个完整的幼虫。而在此之前生物学家们预设两个半胚只能发育成两个不完整的海胆幼虫,他认为这是因为"每一细胞都有发展成一生机体之可能",他把这种现象称为"平等可能系统"①。杜里舒由于创立了生物实验及生机哲学思想,被后世学人视为系统论的先驱者。

杜里舒的生物实验和生机哲学直接影响了当时的哲学家和生物学家们,他们开始认识到,只有把生命看成是一个有机的整体,用生物集体论替代此前的生物学机械理论,才能更好地解释自然界和生物体的这类现象。20世纪20年代,英国哲学家怀特海(N. Whitehead)指出,机械论的分析方法易使人误入歧途,应该用机体论来代替科学上的决定论。他提出了过程哲学,认为世界的本质就是不断地活动和变化。美国的劳特卡(A. J. Lotka)1925年发表《物理生物学原理》,德国人克勒(W. Konler)1927年发表《论调节问题》,他们都强调了机体论、整体论观点,并对当时学术界产生了重要影响②。

就是在这样的一种学术背景下,一般系统论的创立者贝塔朗菲(Ludwig Von Bertalanffy)提出了系统论的思想。早在20世纪20年代,贝塔朗菲已经多次发表文章表达了机体论思想,强调把有机体当作一个整体来考虑,并认为科学的主要目标就在于发现种种不同层次上的组织原理。他先后发表了《理论生物学》(1932)、《现代发展理论》(1934)等书,提出用数学模型来研究生物学的方法和机体系统论概念。1945年,他在《德国哲学周刊》第18期上发表《关于一般系统论》的文章,正式提出一般系统论的观点。虽然这篇文章刚出版即被毁于战火,但他在其后的讲学与专题讲座中,多次提到一般系统论的理论,使得这一理论逐渐为众人所知。

在论著中,贝塔朗菲对物理学的热力学第二定律和生物学的机械论进行了质疑,他指出,研究孤立的部分和过程是必要的,但是还必须解决一个有决定意义的问题:把孤立的部分和过程统一起来的、由部分之间相互动态作用引起的、使部分

---

① [德]杜里舒:《生机体之哲学》,载《杜里舒讲演录》,商务印书馆,1923年版。参见:龙国存:《浅析德国哲学家杜里舒对近代中国时代精神的影响》,《文教资料》,2009年第10期。

② 魏宏森、曾国屏:《系统论:系统科学哲学》,清华大学出版社,1995年版,第81页。

在整体内的行为不同于在孤立研究时的组织和秩序问题①。为此，他提出使用系统这一概念，以一般化的系统论来解决这些问题，即寻找一种一般地适用于系统的普遍原理②。

20世纪40年代前后，物理学家、化学家和生物学家围绕着生命机体的行为是否完全可以用物理化学的基本原理和方法进行分析这一问题展开了激烈的讨论，形成了三种不同的观点。一是认为物理学和化学定律能够完全解释生命；二是认为生命除了遵循物理化学定律外，还遵循"生命原理"；三是认为生命有机体的行为完全不同于无生命物质的行为，热力学第二定律不适合对生命体的解释③。通过激烈的讨论，学者们越来越清晰地认识到，生物体和社会现象与自动化的机器不同，是属于非线性的现象，只有当几个或者几十个甚至几百个原因同时起作用时，生物或社会的某一部分才能动作④。

1948年，数学家维纳（Nobert Wiener）发表了《控制论》一文⑤（该文还有一个很长的副标题：这个词描述了许多科学界人士所共有的一个新的研究领域。除此之外，它还研究了神经系统和机械操作机器的共同过程）。虽然此文因为印刷和文章本身的逻辑都存在着一些问题，但这样的提法和开拓性的举动，却被当时的学者、媒体甚至政府追捧。控制论一下子就被广泛传播开来，并被社会各界所接受。这一理论不仅在数学领域被接受和传播，还在工程学界、生物学界、心理学界、教育学界，甚至哲学界、社会科学界都产生了重要的影响。其中，生物学界与人类学界将控制理论引入各自学科领域，并通过这一概念将两大学科进行整合，包括人类社会在内的地球生物圈和无机圈构成一个统一体。生物体与生态系统的关系是个体与整体的关系，用系统论和控制论来分析人类社会与自然生态环境之间的关系，就是要采用生态系统分析技术、系统辨识技术、非线性系统方法等进行综合分析⑥，

① ［美］冯·贝塔朗菲著，林康义、魏宏森等译：《一般系统论：基础、发展和应用》，清华大学出版社，1987年版，第29页。
② ［美］冯·贝塔朗菲著，林康义、魏宏森等译：《一般系统论：基础、发展和应用》，清华大学出版社，1987年版，第30页。
③ 王雨田：《控制论、信息论、系统科学与哲学》（第二版），中国人民大学出版社，1988年版，第479页。
④ ［英］艾什比：《控制论在生物学和社会学中的应用》，《自然辩证法研究通讯》，1959年第3期。
⑤ Wiener N. Cybernetics, Scientific American, 1948, 179(5).
⑥ 黄德裕：《控制论方法在生物学研究中的应用》，《东北师大学报（自然科学版）》，1988年第3期。

而不是简单套用物理学、化学的相关定律。

与系统论和控制论几乎同时出现的另外一个概念是"信息论"。1948年，香农（Claude Elwood Shannon）在《贝尔系统技术杂志》上连载发表了具有深远影响的论文《通讯的数学原理》[①]。1949年，香农又在该杂志上发表了另一著名论文《噪声下的通信》[②]。在这两篇论文中，香农阐明了通信的基本问题，给出了通信系统的模型，提出了信息量的数学表达式，并解决了信道容量、信源统计特性、信源编码、信道编码等一系列基本技术问题。这两篇论文的发表，成了信息论出现的标志。

至此，第二次世界大战以后学术界影响最广的系统论、控制论和信息论（简称"三论"）基本定型。"三论"分别产生于生物学、数学和通信技术领域，各自也都侧重于研究某一个特定的领域，但三者之间又是相辅相成、互为补充的关系，形成了一整套逻辑严密的思维分析方法。系统论解决了无机环境与生命体的本质性差异问题，认为生命体的构成是一个结构庞杂，多因果关系的复合型的系统，各个体之间、个体与整体之间存在着非线性的关系。控制论则是从技术手段的角度，为分析生命系统各部分以及个体与整体的关系创造了一套逻辑思维方法，即反馈与控制的模型。信息论通过信号源、通信编码、通信通道、信息反馈等概念，从理论层面对控制论模型进行论证。

"三论"不仅在自然科学领域产生了广泛的影响，对于社会科学的研究者而言，也提供了新的思路。一时间，"三论"的思维方法在社会科学领域掀起了一股思想革新的浪潮，大有当年达尔文进化论影响社会科学研究之势。弗里克（Frick, F. C.）和米勒（George A. Miller）的心理学，杰科布逊（Edith Jacobson）的生理学，拉舍夫斯基（Nicolas Rashevsky）的社会学，列维—斯特劳斯（Claude Lévi-Strauss）和乔姆斯基（Avram Noam Chomsky）的语言学等，都是在"三论"理论的影响之下开始了研究的转向[③]。

二、生态系统生态学

"三论"理论与方法的创建与发展的过程，也是对其他学科领域影响的过程。

---

① C. E. Shannon. A Mathematical Theory of Communication, Bell System Technical Journal, 1948, 27(4).

② C.E. Shannon. Communication in the Presence of Noise, Proceedings of the IEEE, 1949, 37(1).

③ ［美］D. 贝尔著，范岱年译：《第二次世界大战以来的社会科学》，《国外社会科学》，1981 年第 7 期。

在众多学科中，生物学所受到的影响是最直接的，"三论"理论自创建开始，就被运用到生物学领域，从分子水平的遗传生长控制的研究到生物体以至群体生态系统和生物物种的演变的探索，都体现了"三论"理论和研究方法①。对于生态人类学来说，其发展过程中的一个重要标志就是借鉴和应用了生物学中的生态系统概念，并将系统分析方法用于人与自然环境关系的研究。

1935 年，英国生态学家 A. G. 坦斯利（Arthur George Tansley）在一本新的期刊《生态学》（*Ecology*）中发表了一篇综合性的文章，讨论了一些涉及植物生长和变化的概念，第一次提出了生态系统（ecosystem）的概念，最初这一概念指的是自然的物理系统（physical system of nature）。生态系统概念的提出，走出了历史的一步，它将生物学理论从单一功能组织的研究带入生物有机体与其生存环境之间关系的研究②。这一认识被认为是超越了当时生态学的发展水平，因而它被生态学界所接受经历了一段较长的时间。

1953 年，美国生态学家 E. P. 奥德姆（Eugene Pleasants Odum）出版了《生态学基础》一书，1956 年埃文斯（Evans）在《科学》杂志上发表了对该书的书评③。埃文斯建议将"生态系统"作为生态学的基本单位来看待，并强调"生态系统"作为生态学的基本单位的重要性就如同"物种"作为生物分类学或生物系统学的基本单位一样的重要④。

1961 年，在太平洋学会关于岛屿生态系统的一次学术会议上，韦达（Andrew P. Vayda）、拉帕波特（Roy A. Rappaport）和默多克（George P. Murdock）三位人类学家第一次使用"生态系统"的概念去阐述自己的学术观点。拉帕波特在《人类对岛屿生态系统的影响：改变和控制》一文中识别出太平洋中三种不同的岛屿生态系统：高岛陆地系统、环礁陆地系统和珊瑚礁潟湖生态系统⑤。拉帕波特和韦达还共同提交了《岛屿文化》一文，默多克提交了《人类对热带太平洋高岛生态系统的影

---

① 黄德裕：《控制论方法在生物学研究中的应用》，《东北师大学报（自然科学版）》，1988 年第 3 期。

② Bennett J W . The Ecological Transition: Cultural Anthropology and Human Adaptation, Pergamon Press, 1976, pp. 88 - 89.

③ 崔明昆：《生态人类学的系统论方法》，《中南民族大学学报（人文社会科学版）》，2012 年第 4 期。

④ Moran E F. The Ecosystem Approach in Anthropology: from Concept to Practice, The University of Michigan Press, 1990.

⑤ Roy A. Rappaport. Ecology, Meaning, and Religion, North Atlantic Books, 1979.

响》一文。1963 年,这些论文被收入到一本名为《人类在海岛生态系统中的地位》的论文集中正式出版。至此,"生态系统生态学"才正式被学界所接受。

生态系统的概念从 20 世纪 30 年代被提出,到 60 年代才被学界普遍接受,并成为生物学及其相关学科的重要理论与方法,这也正是生态学领域经历的一段不断探讨和发展的过程。对于这一概念的内涵,生态学家 E. P. 奥德姆的弟弟 H. T. 奥德姆(Howard Thomas Odum)在他的《系统生态学》(1983)一书中指出,"正如盲人摸象一样,本世纪的生态学者从不同侧面研究生态系统,对生态系统的内容有着不同的认识"。其中强调生物同环境的生理关系的那些生态学者,认为系统是个体生态关系的产物;强调竞争、共生和个体适应对策的生态学者则认为系统是生态位分化的产物;还有强调能量对整个生态系统运行起主导作用的生态学者,他们认为系统是生产、循环和能源构成的自我稳定;那些集中研究变异的人,则认为生态系统是空间分布的相互作用,其本质是无序的随机出现①。

经过众多生物学家长时间的研究和讨论,到 20 世纪 80 年代,生态系统生态学作为生态学的一个分支学科得到大家的承认,而对于生态系统的定义,学界的认识也趋于一致。美国生态学家埃利希(P. R. Ehrlich)和雷文(P. H. Raven)1964 年研究植物和植食昆虫的关系时提出"协同进化"(co-evolution)的概念,指一个物种的性状作为对另一物种性状的反应而进化,而后一物种的性状又对前一物种性状的反应而进化的现象。

"协同进化理论""耗散结构理论"和"突变理论"合称为"新三论",其中协同进化理论最初用于描述和解释两个物种之间的相互作用的关系,有正相互关系和负相互关系两种,其间也存在着协同进化、种间竞争与共存、捕食、寄生、化感、偏利共生、互利共生等多种类型②。与其他生态学的理论一样,这些自然科学理论同样被社会科学研究者用来解释社会文化与生态系统之间的关系。

如果说"三论"的出现产生了生态系统生态学以及生态人类学等新的分支学科,而"新三论"的理论和研究方法的借用则进一步深化了对社会文化与自然生态环境关系的认识,促进了生态人类学研究的发展。

---

① ［美］H. T. 奥德姆著,蒋有绪、徐德应等译:《系统生态学》,科学出版社,1993 年版,第 492 页。
② ［美］Eugene P. Odum,Gray W. Barrett 著,陆健健、王伟等译:《生态学基础》(第五版),高等教育出版社,2009 年版,第 254 - 280 页。

三、格尔茨与文化系统论

人类学将人类看成是地球生态系统中的一个组成部分，借用了系统论、控制论和信息论的理论和方法，重新认识人类社会与自然生态系统之间的关系，这就是生态人类学最早的缘起。

早在生态人类学建立之前，研究社会科学的学者就已经用"三论"理论来做研究。格雷戈里·贝特森（Gregory Bateson）第一次尝试用系统论和控制论来研究巴厘岛的文化，并在其著作《巴厘岛：一个稳定状态的价值系统》（1949）中尝试着将旧式美国人类学"整体文化"的思想与反馈和自我调节的控制论概念结合在一起。在该书中，作者把巴厘岛描绘成一个独立的世界，它与外部世界的关系并非十分明确，也不是一个自我调节系统，而是一种"稳定状态"。据贝特森的观点，巴厘岛儿童学会了避免对挑衅做出反应而陷入"失态"，从而减少了冲突以及"行为—文化"体系的非正常运行的可能性。他将巴厘岛人的这种稳定文化与雅特穆尔人（贝特森和玛格丽特·米德早先研究过的一个美拉尼西亚部落）的不稳定状态相比，从而得出巴厘岛是一种稳定系统的结论①。

沃尔特·巴克利（Walter Buckley）在《社会学与现代系统理论》（1967）一书中，将现代系统理论应用于社会学领域。作者在文中提出了"自适应系统"的概念，认为这是人类社会系统的基本特征。自适应系统指的是一种开放的系统，它们与环境之间能自由交换能量，并可以通过自我调节带来内部系统的更新。自适应系统是动态的系统，因为解决问题的同时往往产生新的问题②。

格尔茨在其著名的《农业内卷化：印度尼西亚的生态变化过程》（1963）中，将"系统论"的理论与斯图尔德的"文化内核""文化次要特征"等文化生态理论相结合，并将新的理论视角应用于农业发展与生态变迁的研究。他将文化定义为人类社会与自然界相互适应的工具，"因纽特人的冰屋可以被视为他在与北极气候的足智多谋的斗争中最重要的文化武器，或者对他而言，它可以被视为与他所处的自然景观高度相关的特征必须适应。用一个更直接相关的例子来说，爪哇农民的梯田

---

① Bateson, Gregory. Bali: The Value System of a Steady State, in M. Fortes (ed.), Social Structure: Studies Presented to A. R. Radcliffe-Brown, Oxford University Press. 1949.

② Nalter Buckley. Sociology and Modem Systems Theory. Englewood Cliffs: Prentice-Hall, 1967.

既是文化发展历史进程的产物,也可能是他的'自然'环境中最直接重要的组成部分"①。在该书的第二章,格尔茨讨论了两种类型的文化系统,游耕生计体系与固定稻作农业生计体系。前者是很好地融入并真正适应了当地的自然环境,能够很好地保持原有的自然生态系统的一般结构。而固定稻作农业则彻底地重组了原有的自然生态系统的结构②。他也得出了这样的结论,"印度尼西亚文化和社会过去和现在的发展,在很大程度上归因于生态变化过程"③。

格尔茨注意到不同的生计方式对生态环境产生了重要的影响,民族文化会导致生态系统的变迁甚至改性。他引用康克林(Harold C. Conklin)等人的研究成果④,认为爪哇岛的"刀耕火种"(swiddening)的生产方式,使得当地的天然林转变为可采伐的森林系统,最终造成不可逆转的生态恶化过程,导致森林无法恢复,天然林木被臭名昭著的白茅根稀树草地生态系统完全取代,这种草原已经将东南亚的大部分地区变成了绿色沙漠⑤。

康克林和格尔茨对爪哇岛"刀耕火种"的耕种模式与森林生态环境变迁之间的影响机制的判断,成为后来生态人类学研究游耕生计的基本结论。虽然对于这一结论的讨论,我国生态人类学家尹绍亭先生和农业历史学家李根蟠先生通过对我国西南地区的刀耕火种的实地调查,提出了不一样的看法,后文会做详细介绍。但这样的研究思路和方法,对于生态人类学的研究理论和方法而言,更具有开创性。也正是因为这一原因,有学者认为,格尔茨的《农业内卷化》一书是生态人类学研究的一块里程碑⑥。

拉帕波特也正是在这样的研究思路的影响下,从新几内亚人生态中的仪式对

---

①　Clifford Geertz. Agricultural Involution: The Processes of Ecological Change in Indonesia, University of California Press. 1963, p. 9.

②　Clifford Geertz. Agricultural Involution: The Processes of Ecological Change in Indonesia, University of California Press. 1963, p. 16.

③　Clifford Geertz. Agricultural Involution: The Processes of Ecological Change in Indonesia, University of California Press. 1963, p. 11.

④　Conklin H C . Hanunoo Agriculture: A Report on an Integral System of Shifting Cultivation in the Philippines, FAO Forestry Development Papers (FAO). no. 12, 1957, p. 152.

⑤　Clifford Geertz. Agricultural Involution: The Processes of Ecological Change in Indonesia, University of California Press. 1963, p. 26.

⑥　[美]唐纳德·L.哈德斯蒂著,郭凡、邹和译:《生态人类学》,文物出版社,2002年版,第12页。

生态环境影响的角度,探讨人类社会的仪式活动与自然环境之间的关系。

四、拉帕波特与新功能主义

人类学引入"三论"的研究方法,用于人类社会与所处自然环境互动关系的研究,形成了新的研究范式。弗里德曼(Jonathan Friedman)在《人类》杂志上发表文章《马克思主义、结构主义与庸俗唯物主义》,将拉帕波特、韦达以及马文·哈里斯等人的生态人类学的研究方法定义为"庸俗唯物主义"(vulgar materialism)[1]。对此,拉帕波特提出不同意见,他在《生态学、适应性与功能主义之弊病》一文中,对自己的观点进行了辩护,认为弗里德曼仅针对他和他导师韦达的部分文章就给出了"庸俗唯物主义"的定论,有点以偏概全。

拉帕波特进而以他的《献给祖先的猪:新几内亚人生态中的仪式》(1969)一书中研究的僧巴珈·马林人仪式文化与自然生态系统之间的关系,来证明其研究理论和方法的不同。"我认为僧巴珈·马林人的仪式规范与生态系统的要求是一致的,如果不是因为将理性归因于社会所固有的谬误,对生态理性的指控可能更合适。可以在某些人身上观察到的生态理性不仅仅是将节约理性扩展到环境领域。这是一种'理性',它与行为者参与的系统的持久性有关,并且它的持续存在是偶然的,但它是矛盾地通过一种理性,这种理性与行为者相对于该系统的直接利益的最大化有关。然而,本书很早就明确指出,僧巴珈·马林人的有意识目的不是生态的,也就是说,仪式周期的生态系统调节功能被其神圣的方面所迷惑,尽管一些僧巴珈·马林人肯定意识到了这一点"[2]。

拉帕波特更多关注的是人类社会如何通过文化手段来维系着他们与自然生态系统之间的平衡关系,"文化就其本身而言在此并没有被视为一个整体,而被当作与众不同之手段的一部分。通过这种手段,地方群落在一个生态系统中保存了自身,地区群落得以延续并协调其群体,将它们分布于可利用的土地上。被信仰与仪式的秩序模式所调节的,不仅仅包括文化的其他组成成分之间的关系,还包括了并非全为人类的生物体间的生物学互动"[3]。

---

① Friedman Jonathan. Marxism, Structuralism and Vulgar Materialism, Man, 1974, 9(3).

② Roy A. Rappaport. Ecology, Meaning and Religion, North Atlantic Books, 1979, p.47.

③ [美]罗伊·A.拉帕波特著,赵玉燕译:《献给祖先的猪——新几内亚人生态中的仪式》(第二版),商务印书馆,2016年版,第227页。

因此,有学者认为,拉帕波特的生态人类学的研究方法可以被称为"新功能主义"(new functionalism),这种研究方法从本质上而言与英国的"结构—功能主义"并无差别,只是从原来关注文化内部结构与社会组成部分之间的关系,转变为探讨文化与自然环境之间的关系。新功能主义把社会组织和特定人群的文化看作一种功能的适应方式,让这些人群能在不超过环境承载力的情况下成功地开发他们居住的环境①。

拉帕波特致力于研究自然生态环境对人类社会文化的影响,以及人类社会如何适应自然生态系统。为此,他和其导师韦达做了大量的研究工作。他们的论著包括《一个新几内亚民族环境关系的仪式调控》(1967)②、《生态学,文化与非文化》(1968)③、《环境与文化行为:文化人类学中的生态研究》(1969)④、《自然、文化与生态人类学》(1971)⑤等。在这些专题研究论文的基础上,拉帕波特以新几内亚僧巴珈部落为个案,著成《献给祖先的猪》,系统阐述了他的生态人类学理论与方法。这部著作被认为是生态人类学的经典,也是生态人类学界被引用最多的著作。

在书中,拉帕波特按照系统分析的方法,将僧巴珈人所处的自然和社会环境划分为两种不同的系统,即自然生态系统和地区社会系统⑥。该书从一开始就介绍了僧巴珈人所生活的自然环境的具体情况,以及在这样的生态环境中,人们的主要生计方式是什么,与其他地方群体之间的关系如何。所有的一切都与当地的生态环境密切关联。

需要说明的是,拉帕波特在原文中,使用的是"地方群落"(local population)的术语来指代地区社会系统。"群落"(population)这一词是生态学的专门术语,指的是属于相同物种,具有独特生活方式的生物群体。韦达和拉帕波特于1968年出版的《生态学:文化与非文化》一文中使用了该词,主要表明人类与其他生物种群一

---

① 罗意:《生态人类学理论与方法》,科学出版社,2021年版,第58页。

② Rappaport, Roy A. Ritual Regulation of Environmental Relations among a New Guinea People, Ethnology, 1967, 6(1).

③ J. Cliffton. Introduction to Cultural Anthropology, Houghton-Mifflin, 1968.

④ Vayda, Andrew P. Environment and Cultural Behavior: Ecological Studies in Cultural Anthropology, the Natural History Press, 1969.

⑤ Shapiro, H. Man, Culture and Society, Oxford University Press, 1971.

⑥ 付广华:《人类学的系统生态学述论》,《广西民族研究》,2018年第5期。

样,相互作用形成食物网、生物群落和生态系统①。也就是说,之所以用"种群"这一生物学术语来定义人类社会群体,就是将人类与其他生物视为同等地位,是自然生态系统中的一个组成部分而已,并没有表明人类社会的特殊性。

然而,在《献给祖先的猪》一书中,拉帕波特显然不仅仅是要将僧巴珈部落定义为一种生物性意义上的种群,而是从社会性的角度来定义这一群体。"僧巴珈人与相邻的群体相分离,在与共栖在其辖地内的其他种类的种群进行的一系列物质交换中组建成了一个单元。他们构成了一个生态学意义上的群落,我将他们以及类似的单元称作地方种群"。为了与此前种群定义进行区分,他在文中特意加注了解释,"我使用的该术语,其意义与韦达和库克于 1964 年所使用的有所不同。我所使用的地方群落(local population)对应于他们所使用的氏族群(clan cluster)"②。

氏族群显然不是纯生物性的人类集合,而是与婚姻、家庭、财产、组织等相关的社会性定义。拉帕波特在该书中也提到,与物种间营养交换的生态系统不同,地区系统则是更加分散的种内交换系统,是非营养性的,其中最重要的事务可能是人员、信息、各类服务以及贸易物品和珍宝的交换③。人类的文化与动物种群的并不类似,它是人类种群为维护与自身参与其中的生态系统里其他组成成分的一套普遍物质关系之最独特的主要手段。文化,换句话说,对于物种适应极其重要;依次的,文化对于许多物种适应由其组成的或多或少与众不同的种群来说也很重要④。

这些表述表明,拉帕波特在研究人类文化行为时,尽管将文化系统与自然生态系统置于同等地位,在分析方法上,也采用相同的生态学的理论,但认为人类并不完全等同于其他生物体。人类社会区别于其他生物的根本之处在于,他们发现并承袭着文化。面对自然生态环境的变迁,其他生物只能在其生物属性承受的范围内被动适应环境的变化,而人类则不一样,他们以文化为手段,去主动适应环境,甚至可能在一定范围内改变自然生态系统的结构和样态。

---

① [美]唐纳德·L. 哈德斯蒂著,郭凡,邹和译:《生态人类学》,文物出版社,2002 年版,第 9 - 10 页。
② [美]罗伊·A. 拉帕波特著,赵玉燕译:《献给祖先的猪——新几内亚人生态中的仪式》(第二版),商务印书馆,2016 年版,第 28 页。
③ [美]罗伊·A. 拉帕波特著,赵玉燕译:《献给祖先的猪——新几内亚人生态中的仪式》(第二版),商务印书馆,2016 年版,第 374 页。
④ [美]罗伊·A. 拉帕波特著,赵玉燕译:《献给祖先的猪——新几内亚人生态中的仪式》(第二版),商务印书馆,2016 年版,第 369 - 370 页。

在《献给祖先的猪》一书中,猪作为重要的仪式活动的标志性物品,在僧巴珈人处理人与自然环境的矛盾、部落内部和部落外部社会矛盾中,都扮演着重要的角色。日常生活中,猪可以清理人类产生的垃圾,还能给僧巴珈人的农作物松土和施肥。一定数量的猪可以为当地人带来益处,然而一旦猪的种群数量超过环境承载的最大数值,则会带来麻烦。它们不仅会与人抢夺粮食,甚至还会破坏园艺农业,伤害农作物。如何处理"人—猪—环境"的矛盾?僧巴珈人和其他说马林语的部落发明了一种仪式活动——凯阔(kaiko,即猪宴仪式),在遭遇受伤或厄运的时候举行,或者是部落之间的战争前夕举行。当地人的战争不是以侵占领地为目的,战胜方只会破坏战败方的园艺林、烧毁房屋以及杀掉他们的猪。

对于这样特殊的周期性的仪式活动,新几内亚人有着一套逻辑合理的解释,但作为研究者来看,仪式的功能还在于调节人类社会与环境之间的矛盾。拉帕波特和此前的研究者得出这样的结论,"不管凯阔仪式起因于生猪的寄生性还是它们的竞争,通过仪式周期来对生猪与人口密度之间的关系进行调节,周期性地减少生猪种群,似乎很明显地有助于把人与猪联合在一起的要求控制在该地域的承载力水平之下。换句话说,它有助于保持次级林充足的休耕期限,保护虽然已处于边缘的原始林地区的地表覆盖物,要不然它们会被人们开垦耕作加以利用"①。

罗意教授归纳了拉帕波特新结构主义的研究方法:第一,界定生态人类学的研究单位,即地方群落。第二,需要将一个生态系统划分出子系统。第三,提取变量,赋予变量定量数值,通过变量间的反馈关系抓住系统运作的机制。第四,地方体系是地区的一部分,应关注地方体系之间的影响②。

从整个研究思路上看,拉帕波特新功能主义的最主要的特征就是将生态系统生态学的系统论方法运用到社会科学领域,基本上照搬了自然科学研究的方法和路径。比如,为了更"科学"地说明猪在僧巴珈人的日常生活中所起到的作用,他将生物学和物理学领域中的"能量""热量"等术语用于研究对象中,并试图用科学计量的方式,计算出各类食物产生的能量以及各种生产活动所消耗的能量③,当地人

① [美]罗伊·A.拉帕波特著,赵玉燕译:《献给祖先的猪——新几内亚人生态中的仪式》(第二版),商务印书馆,2016年版,第168页。
② 罗意:《生态人类学理论与方法》,科学出版社,2021年版,第63-65页。
③ [美]罗伊·A.拉帕波特著,赵玉燕译:《献给祖先的猪——新几内亚人生态中的仪式》(第二版),商务印书馆,2016年版,第250-254页。

日常饮食中摄取的能量[①]等。甚至还使用数学公式和数学模型来计算出各个马林人部落种植不同作物的最低数量，以满足人们的营养和能量消耗所需。再根据计算出的各部落的能量基础数据，设定猪的数量变化对整个部落能量获取量之间的函数变化，最终计算出最优的猪的数量[②]。这样的研究思路和方法，与怀特的"新进化论"方法有异曲同工之妙，都是利用自然科学的定量分析方法来解释和说明文化现象的科学性和合理性。

从表面上来看，这样的研究看起来的确十分科学和严谨，但如此复杂的数据调查与数学函数的推导，对于那些没有自然科学特别是数学、物理学、生物学等学科背景的读者而言是不太友好的。而且，即使所调查的数据和所使用的数学公式都是合理的，对于社会科学的文化研究而言，在如下两点上也缺乏足够的说服力。其一是，文化具有广泛的适应性。也就是说，该书中列举出来的各项能量精确的数据，在人类社会的日常生活中其上下变动的范围往往会非常大。对于一些民族而言，他们会根据日常工作量的大小来调整食物的摄取数量。如在农闲时节，一些民族有一日两餐的习俗，而在农忙或者需要大量劳力付出的时候，他们会将就餐习惯改为一日三餐。显然，一日三餐比之于一日两餐，给该民族成员提供的热量显著不同。因此，只能采取模糊数学的方法，而不是用精确的数学计算来确定相关能量数据。其二是，各类文化现象的出现并非基于数字的理性分析，而是从经验中总结出来的。僧巴珈人并不具备复杂的数学分析能力，但他们却有着丰富的社会经验，会按照祖祖辈辈传下来的本土知识，在适当的时间适当地增加或减少猪的种群数量。

小结

自然科学界的系统论、控制论与信息论，不仅影响着生态学理论和方法的发展，也同样影响着人文社科界。系统论作为主要研究方法，在生态学与人类学学科内得到了应用，从而在斯图尔德文化生态学的基础上，派生出生态系统生态学、新功能主义等新的研究理论和方法，最终形成了生态人类学这一分支学科。早期的生态人类学由于受到自然科学的影响，在理论和方法上偏向于自然科学，注意到了

---

① 〔美〕罗伊·A. 拉帕波特著，赵玉燕译：《献给祖先的猪——新几内亚人生态中的仪式》（第二版），商务印书馆，2016 年版，第 279－285 页。

② 〔美〕罗伊·A. 拉帕波特著，赵玉燕译：《献给祖先的猪——新几内亚人生态中的仪式》（第二版），商务印书馆，2016 年版，第 286－298 页。

人类社会是整个地球生命体系中的一个部分，与其他生物系统处于平等的地位。在研究目的上，主要采用系统分析方法来证明人类社会对自然环境适应的科学性，而对于文化的独立性以及文化对自然生态系统的反作用则明显关注不足。总体而言，生态人类学将"三论"引入人类学领域，对于深入理解人类社会文化与自然生态系统之间的关系的研究，进入了一个新的历史阶段。

第三节　文化唯物主义

自然科学研究思路和方法在给人类学提供新的研究视角的同时，也带来了关于人类学学科定位的问题。自然科学的研究方法大多采用定量分析方法，将研究对象的整体分解成各个相关联的部分，然后将各部分尽量转化成标准化的数据，最后创建数理模型，采取各种数学公式推导出最终的结论。在形式上，这样的研究方法与主要依靠逻辑推理的社会科学的方法论相比较，人们觉得前者更科学、更严谨。因此，20 世纪中叶，人类学家为了追求理论的科学性，也将定量分析方法作为学科的重要研究方法，用于分析社会文化，由此带来了对人类学学科定位的讨论。一部分学者认为人类学应该属于自然科学领域的一部分，而另一部分学者则坚持学科的人文性，主张以文化本身的规律来研究文化本身①。这样的讨论一直延续到当下，在我国，人类学、社会学、人类学在概念内涵、学科属性、主要研究对象和主要研究方法上，就一直存在着模糊界限。三种概念的含混使用，其原因正在于此。

一、新进化论：走向"科学"的人类学

19 世纪，德国学界将"科学"与"史学"做了区分，将科学与人文科学或将提供法则的科学与历史学区分开来。1884 年，德国康德派哲学家威廉·温德尔班德（W. Windelband）将这两类研究分别指称为规律性（nomothetic）学科和表意性或描述性（ideographic）学科。物理学是规律性学科的代表，它强调一般性法则的概括或总结（generalizing），而历史学则是表意性或描述性学科的代表，它注重具体现

---

① 刘涛：《马文·哈里斯及其文化人类学理论》，《国外社会科学》，2012 年第 3 期。

象和事件的详述(specifying)①。

将自然科学定量分析方法引入人类学由来已久，法国社会学派的先驱者孔德提出的"实证主义"，就提出过"把物理学、化学和生物学中比比皆是的法则的科学理论照原样引进社会研究"。怀特(Leslie White)也在 20 世纪 40 年代就提出了将文化研究纳入科学研究的提议，并从"科学是一种科学活动"的角度分析了科学的概念，"科学并不是资料的汇集，科学是一种解释技术。这种解释技术适用于文化现象，恰如适用于其他任何现象一样。文化学或心理学既没有天文学或物理学那样古老，也没有它们那样成熟。然因此断言'物理学是科学，而心理学或文化学不是科学'，那是荒谬自负的。凡属人类经验的任何方面，人们都能够科学地研究它"②。怀特力主将研究文化的学科称为"文化学"(culturology)，他还批评社会科学者们太过于保守，以至于短时间内无法理解和接受这一新名词，正如当年斯宾塞使用社会学这一名词时，也招致种种非议③。

怀特主张将人类学与其他自然科学一样定义为一门科学，在研究方法上，他自然也主张以自然科学的方法来研究人类社会文化。当古典进化论受到学界质疑时，他虽然赞成文化进化的观点，特别是他对于摩尔根的《古代社会》一书的基本观点持肯定态度，但同时也指出古典进化论中的缺陷，如他认为摩尔根在提出人类社会进化观时是唯心主义和唯物主义两种观点交织在一起。为了证明进化论观点的正确性，怀特提出了"能量学说"，并以人们从自然环境中获取能量大小为标准，来划分文明的不同阶段，并以此证明人类社会的阶段性进化。

怀特提出的"能量说"是从物理学热力学中借鉴而来，他在《文化的科学——人类与文明研究》一书中提到，热力学第二定律告诉我们，整个宇宙正在从结构上逐渐分解，能量将日益均匀地向外扩散，因此，所有生物有机体必须从无生命体系中汲取和捕获自由能，使其在维持生命活动中发挥作用④。为此，他提出了一个重要

---

① 陈淳：《酋邦概念与国家探源——埃尔曼·塞维斯〈国家与文明的起源〉导读》，《东南文化》，2018 年第 5 期。
② ［美］怀特著，曹锦清等译：《文化的科学——人类与文明研究》，浙江人民出版社，1988 年版，第 1 页。
③ ［美］怀特著，曹锦清等译：《文化的科学——人类与文明研究》，浙江人民出版社，1988 年版，第 387 - 388 页。
④ ［美］怀特著，曹锦清等译：《文化的科学——人类与文明研究》，浙江人民出版社，1988 年版，第 351 页。

的假设：文化是一种利用能量的机制。文化要超出人体能量资源及技术效能的最大极限而向前发展，那么，它就要开发新形式的自然资源，并且设计新的方法去利用这一新获得的追加能量①。按照这一假设，能量的数量及使用能量的方式可以作为测定文化水平的标准。换句话说，可以从能量总量的变动或技术效率的变化中反映出文化的进化阶段，测量一个社会所获得的能量就可以判断出该社会文化处于一个什么样的进化水平②。

至于能量的测定，怀特则提出了一个简洁公式：$E \times T \rightarrow C$。其中，C(culture)代表文化发展的程度，E(energy)代表每人每年消耗的能量数，T(technological means)代表能量消耗过程中所使用工具的质量或效能③。虽然这一公式体现出来的三者之间的函数关系并不明确，但从中可以看出，怀特在力图使用"科学"的手段来分析文化现象。同样地，他在说明文化学是一门科学时，也提出了人类行为是文化的函数关系：$B = f(c)$，其中人类行为 B(behavior)会因为文化 C(culture)的变化而发生变化。进而得出结论，在构成人类行为的诸多因素中，最终决定因素不是社会或群体，而是文化传统。将这些超有机体的文化决定因素从生物学的因素中分离出来加以研究，乃是现代科学最重大的进展之一④。

在另一篇文章《能量和文化进化》(1943)中，怀特也设立了多个函数公式：$E \times T = P$，其中 E 为单位时间的人均能源消耗量，T 为其消耗的技术手段，P(product per unit of time)为单位时间的产品的大小；$E \times F = P$，其中 E 和 P 具有与之前相同的值、F 代表消耗能量的机械手段的效率⑤。

怀特第一次使用能量学说，将人类社会所获取的能量的多少和技术效率作为衡量社会进步的标准，否认摩尔根及其他古典进化论学者有关于人类心理在进化过程中的作用，具有纯粹的唯物主义思想。但他简单地以某一因素来解释复杂的人类社会的演化过程，的确缺乏系统性、整体性的全局考虑。他的这一理论受到当

① [美]怀特著，曹锦清等译：《文化的科学——人类与文明研究》，浙江人民出版社，1988 年版，第353 页。

② 石奕龙：《莱斯利尔·怀特的新进化论》，《云南社会科学》，1996 年第 4 期。

③ [美]怀特著，曹锦清等译：《文化科学——人类和文明的研究》，浙江人民出版社，1988 年版，第352 页。

④ [美]怀特著，曹锦清等译：《文化科学——人类和文明的研究》，浙江人民出版社，1988 年版，第382 页。

⑤ Leslie A. White. Energy and the Evolution of Culture, American Anthropologist, 1943, 45(3).

时和后来的人类学者的质疑，也就是情理之中的事情了。斯图尔德批判他的"普遍进化论"，还有反对者认为他的能量说不能解释人类社会演化过程中的特殊情况，如某些社会能按照能量获取的大小演化到高级阶段，而同样的情况在一些社会中却最终带来了文化的消亡①。如此等等，不一而足。究其原因，他的"能量说"注意到经济基础决定上层建筑这一马克思主义基本原理，却忽略了马克思唯物史观的另一原理——上层建筑对经济基础的反作用。归根到底，怀特的"新进化论"，是在用自然科学的简单理化规律替代社会科学复杂的规律，他致力于将人类学认定为"科学"，并且一再将其与物理、化学、生物学等自然科学相提并论，主要目的还是在于将人类学拉进自然科学的范畴。

怀特的这一倾向影响着他的学生萨林斯（Marshall Sahlins），他在研究人类文化的进化历程时，显然受到怀特的影响，将定量的"科学"性的分析方法用于研究中。在《石器时代经济学》一书中，他就向读者展示了他搜集到的数据以及他在调查中亲自统计和测算所获得的老人湾和鱼溪两地居民每天工作和休息时间、成人每天平均消耗的热量，以及每天食物中营养素的含量等各类数据。并且通过对照美国国家研究委员会推荐的摄食定量标准，来判断所谓"原始社会"人群的生存劳动与真实的生活状态。通过测算，得出两个主要数据，第一是这两个狩猎采集的人群除了必要的获取食物的劳动外，他们的闲暇时间远多于其他社会的平均闲暇时间。第二是他们的日常摄食十分丰富，除了铁元素以及鱼溪人的维生素 C 的摄取量不足以外，其余的营养素均达到或者远远超过美国国家研究委员会推荐的标准，其中蛋白质的获取量是推荐值的 4.4～5.4 倍，钙质的摄取量是标准值的 1.3～3.5 倍。这样的数据分析方法，非常直观地展现了研究对象的现状，同时也十分有力地回击了当时学界对"原始社会"经济的误解，进而提出了"原初丰裕社会"的论点②。从数据的搜集和使用上来看，萨林斯在运用自然科学的定量分析方法上，比起其老师怀特来说走得更远一步。

此外，萨林斯与塞维斯（Elman R. Service）和哈定（Thomas Harding）等在论述文化的进化论时，同样将物理学的第二热力学原理和生物学的系统论的相关理

---

① 陈阳：《文化进化论与唯物史观：从进步的观点看》，黑龙江大学博士学位论文，2014年。
② ［美］马歇尔·萨林斯著，张经纬等译：《石器时代经济学》，生活·读书·新知三联书店，2009年版，第 18－34 页。

论用以解释文化对环境的适应性进化①。在《文化与进化》一书中,无论是作序的怀特,还是四位作者,都表露了他们将人类学视为自然科学的倾向。怀特的另一名学生马文·哈里斯则明确地提出,要按照自然科学的战略去发展人类学,将这一学科的定位讨论推向了一个高潮。

二、学科定位:自然科学还是人文学科

物理学经典力学理论的产生,标志着自然学科进入现代科学时代,随着物理学、化学、生物学领域理论的不断出现,由此产生的一整套关于科学意义的方法开始影响着人们的思维,同时对社会科学的研究也产生了很大的影响。从研究方法上来看,自然科学基本研究方法是"观察"和"实验",在一定的思想或理论指导下有目的地、主动地观察,通常还借助相关的科学仪器。实验方法是根据一定的研究目的,利用科学仪器设备,人为地控制或模拟自然现象,使自然过程或生产过程以纯粹的典型的形式表现出来②。这样的研究方法与以"体验"和"理解"为主要手段的社会科学很不一样,自然科学主要目标是概括出一般规律,而社会科学则通过想象和推理来还原社会事实③。在自然科学的理论和方法发展的同时,社会科学研究者将这些理论加以借鉴,并由此产生了"吹捧"自然科学研究方法、抛弃社会科学原有研究传统的现象,逐渐形成了将社会科学作为自然科学的一个分支学科的趋势。

20 世纪 70 年代,人类学界一些坚持文化研究传统的学者与新的流派之间形成了两个大的阵营。一派呼吁一种基于人文性的人类学,而另外一个阵营以马文·哈里斯为代表则倡导按照自然科学方式重新塑造人类学④。

坚持人文性的人类学家以埃文思·普理查德(Evans Pritchard)和克利福德·格尔茨等人为代表。埃文思·普理查德明确表示,"我和另一些人认为社会人类学属于人文科学而不属于自然科学。在我看来,它更像历史学研究的某一个分支——社会历史,以及史学与叙事史、政治史相对应的思想史和制度史——而不像任何自然科学"⑤。

---

① [美]托马斯·哈定等著,韩建军、商戈令译:《文化与进化》,浙江人民出版社,1987 年版。
② 刘大椿:《科学活动论》,人民出版社,1985 年版,第 30—31 页。
③ 王学典:《十九世纪的自然科学与历史学:塑造、同化与区别》,《山东社会科学》,2004 年第 2 期。
④ [美]杰里·D. 穆尔著,欧阳敏等译:《人类学家的文化见解》,商务印书馆,2009 年版,第 233 页。
⑤ [英]埃文思·普理查德著,冷凤彩译:《论社会人类学》,世界图书出版公司,2010 年版,第 43 页。

　　格尔茨则提出文化的阐释才是人类学的最终目的,他引用马克斯·韦伯的定义,认为人是悬在由他自己所编织的意义之网中的动物,而文化就是这样一些由人自己编织的意义之网,而人类学对文化的分析不是一种寻求规律的实验科学,而是一种探求意义的解释科学①。而对于人类学家采用自然科学的"实验法"来研究社会文化,格尔茨也是深表怀疑。他指出,"自然实验室"的概念同样有害,不仅因为这一类比是错误的——一个没有任何可控制的参数的地方,称得上是什么实验室呢?——而且因为它会导致错误地认为出自民族志的研究资料,较之于那些出自其他类型的社会研究的资料,更为纯正,或更为基础,或更为实在,或更少受条件制约(最受宠的字眼儿是"基本的")②。

　　而马文·哈里斯基本上因袭了他老师怀特的观点,主张用自然科学的理论和方法来替代原有的研究范式,他提出,"用基本目标、规则和假设的明晰论述,去取代那些支持着大多数人类学家的研究工作的不完全的、无意识的范式"③。对于科学的研究方法,他的语句中充满了溢美之词,"科学是西方文明独有的珍贵贡献,这并不否认其他许多文明也对科学知识做出贡献。正是在西欧,首先整理出科学方法的鉴别标准,赋予有意识的表达,并系统地把它们应用于无机的、有机的和文化的现象的全部范围。对任何一种社会的知识分子来说,低估这种成就的意义则是既愚蠢又危险的"④。

　　从怀特开始,经过他的学生萨林斯等人的发挥,到马文·哈里斯提出文化唯物主义的研究方法,人类学学科"科学化"基本完成。在科学至上的时代背景下,这一学术阵营主张将人类学划到自然科学领域具有进步意义,而且还对后来的生态人类学的发展产生了深远的影响,学者们习惯于以"科学"的理论和方法去描述和解释各民族文化中的本土知识。在这样的分析框架下,客位的科学分析发出最大的声音,而由于文化偏见,主位的发声通常被有意无意地忽视掉,显然与马文·哈里斯的主客位分析方法相悖。正因如此,人类学界开始对社会科学的"科学性"提出反思,对这一学派的批评声也越来越多。弗里德曼对文化唯物主义是庸俗唯物主

---

①　[美]克利福德·格尔茨著,韩莉译:《文化的解释》,译林出版社,2008年版,第5页。
②　[美]克利福德·格尔茨著,韩莉译:《文化的解释》,译林出版社,2008年版,第31页。
③　[美]马文·哈里著,张海洋、王曼萍译斯:《文化唯物主义》,华夏出版社,1989年版,第30页。
④　[美]马文·哈里著,张海洋、王曼萍译斯:《文化唯物主义》,华夏出版社,1989年版,第32页。

义的批判，就是基于此。赵鼎新也从自然科学与社会科学研究对象的角度论及社会科学采取自然科学的研究方法的困境。物理学、化学和生物学的研究对象具有很强的本体性，可以进行控制实验，从而考察若干个未被控制因子之间的关联及其规律。而社会科学的研究对象是人，特别是由人组成的社会的运行和变迁规律，与自然科学研究对象差异性很大，所以，"社会科学中大量学者，特别是人类学、文化历史学和定性社会学等专业方向的学者，基本上是以提新概念为己任。垃圾概念于是充斥于各种学术期刊和书籍，而它们的创造者也只能通过似是而非的复杂语言来掩盖演绎能量的缺乏，以及经验感和想象力的苍白"①。

三、研究视角：主位还是客位

马文·哈里斯读到了马克思主义的著作时，就被深深地吸引住了，他对于马克思给予了很高的评价，他认为 19 世纪所有社会科学家都不能与马克思相提并论，与其他人相比，马克思更能掌握达尔文的科学进化思想②。他先后出版了《人类学理论的兴起》（1968）与《文化唯物主义》（1979）两本著作，提出要用唯物主义的思想来研究人类社会文化，并将这一研究方法称为"文化唯物主义"。

马文·哈里斯在说明文化唯物主义的理论原则时，强调这一原则的核心源于马克思主义"社会存在决定社会意识"和"经济基础决定上层建筑"（尽管他在《文化唯物主义》一书中只提到前者，但在文中的表述隐含着后一个原则），并由此提出文化唯物主义的基本原则："客位行为的生产方式和再生产方式，盖然地决定客位行为的家庭经济和政治经济，客位行为的家庭经济和政治经济又盖然地决定行为和思想的主位上层建筑。这一原则简称为基础结构决定论原则。"③

他之所以提出这一原则，是因为在现代人类学采用马克思主义辩证唯物主义进行研究时，"生产方式"这一用语在认识论上具有模糊性，同时缺少对"再生产方式"的足够重视，特别是缺乏对主位观点与客位观点、行为方面和思想方面的区分。因此，他提出主位和客位的研究视角，来弥补此前研究理论和方法中的不足，同时也将马克思主义唯物史观进行发扬。

---

① 赵鼎新：《社会科学研究的困境：从与自然科学的区别谈起》，《社会学评论》，2015 年第 4 期。
② 杨成胜：《人类学中的文化唯物主义初探》，《民族论坛》，1996 年第 4 期。
③ ［美］马文·哈里著，张海洋、王曼萍译斯：《文化唯物主义》，华夏出版社，1989 年版，第 65 页。

在《人类学理论的兴起》一书中，马文·哈里斯专门以"主位、客位与新民族志"为标题，系统阐述了主位与客位的研究方法[①]。在该章中，他对"主位""客位"学术概念的历史以及这一术语在人类学领域的应用进行了分析。"主位""客位"最初是由语言学家派克(Kenneth Pike)于1954年提出，借用了结构语言学中的"Phonemic"(音位的或音素的)和"Phonetic"(语言的)这两个词的后缀"-emic"和"-etic"，前者指的是主位方法，后者指的是客位方法。所谓主位方法，就是提高本地消息提供者的地位，把他的描述和分析的恰当性作为最终的判断标准，而客位方法，就是提高旁观者的地位，把他在描述和分析中使用的范畴和概念作为最终判断[②]。

为了说明主位与客位的分析方法，马文·哈里斯列举了著名的"印度神牛"的案例。事实上，他在早期的著作《母牛·猪·战争·妖巫——人类文化之谜》(1971)中，就以对印度牛的田野调查资料为例，提出了自己的困惑：印度人因为崇拜母牛，宁愿饿死也不会杀牛，而且一些西方农业专家也指出，禁止屠戮母牛大大降低了印度农业生产的效率，一方面，印度有3000万头毫无用处的母牛，另一方面，公牛却十分短缺，据他统计，短缺的公牛数量高达4000万头。这样的文化现象令人费解，当他试图从地理、经济、文化、农业等各个方面，以所谓科学的客观的视角去做解释时，却发现不能得出最令人信服的答案[③]。他在随后的著作中提出，当被观察者所看到的世界与观察者所看到的世界被翻来覆去地搅得一片混乱时，所有可重复性和可检验性的概念都消失了[④]。因此只能以主位和客位的方法，从两个视角分别来分析印度南北方公牛母牛的性别比的差异性(南部喀拉拉邦的特里凡得琅地区的公牛与母牛数量比为67∶100，而在另外的一些北方邦中，公牛与母牛数量比为200∶100)，才能得到较为合理的解释。通过这一方法，可以得到以下四种相互矛盾的事实：

---

① Marvin Harris. The Rise of Anthropological Theory: A History of Theories of Culture, Thomas Y. Cromwell Company, 1968, p.568.

② [美]马文·哈里斯著，张海洋、王曼萍译：《文化唯物主义》，华夏出版社，1989年版，第37-38页。

③ [美]马文·哈里斯著，王艺、李红雨译：《母牛·猪·战争·妖巫——人类文化之谜》，上海文艺出版社，1999年版，第1-28页。

④ [美]马文·哈里斯著，张海洋、王曼萍译：《文化唯物主义》，华夏出版社，1989年版，第38-39页。

表述方式	主位的	客位的
行为的	Ⅰ	Ⅱ
思想的	Ⅲ	Ⅳ

Ⅰ　主位的/行为的:"没有小牛被饿死"

Ⅱ　客位的/行为的:"小公牛被饿死"

Ⅲ　主位的/思想的:"所有小牛都会有生存权"

Ⅳ　客位的/思想的:"当饲料不足时让小公牛饿死"①

马文·哈里斯进而从印度南北方生态环境的差异、生计方式的差异以及经济状态等各个方面,并综合考虑宗教信仰的因素,从主位和客位的角度分别加以分析和说明。这样,从两个不同的视角对观察和访谈得到的矛盾的文化事实进行分别分析,就能得到较为全面的结论。

从方法论上来看,马文·哈里斯用主客位分析法,解决了人类学长期以来在研究视角方面的问题。讨论的焦点在于田野观察的"客观性"的标准问题。长期以来,人类学家创造了一系列的概念和研究框架,试图以一种"客观"视角去分析异民族的文化,实际上是一种客位的分析视角。这样的研究视角容易产生文化偏见,因此受到人类学界的质疑。马林诺夫斯基在《西太平洋上的航海者》(1961)中就提出过,民族志研究的目的就是掌握土著人的观点、"他"与生活的关系,认识"他"对"他的"世界的看法,使读者能够从土著人的视角来看待这些事情②。萨林斯在《"土著"如何思考》(1995)中也将这种客位方法批判为"一种关于人类学诠释当年伪政治学,试图通过赋予土著人最高级的西方资产阶级价值观,来表明它与土著人的一致性"。因为作为一种关于他人如何体验世界的常识性观念时,这种"客观性"具有双重的或然性(problematic)③。

尽管马文·哈里斯的主客位研究视角在具体文化研究中还需要细化,但这种分类方法已然给人类学研究带来了新的思路,后来的学者总结了这一研究视角的

---

①　[美]马文·哈里斯著,张海洋、王曼萍译:《文化唯物主义》,华夏出版社,1989 年版,第 45 页。

②　[英]布罗尼斯拉夫·马林诺夫斯基基著,张云江译:《西太平洋上的航海者》,中国社会科学出版社,2009 年版,第 21,425 页。

③　[美]马歇尔·萨林斯著,张宏明译:《"土著"如何思考——以库克船长为例》,上海人民出版社,2003 年版,第 189,197 页。

具体操作,"大多数人类学理论问题,包括跨文化比较以及用定义的比较在内,需要客位的分类和资料收集形式,同时通过成分分析或者其他语义学分析进行的主位研究,常常可以对观察单位的实际土著定义提供有意义的指导,主位研究必须与研究者的跨文化概念(客位)相一致"①。

四、文化唯物主义:技术——环境决定论

以主客位的研究视角为基础,马文·哈里斯进而提出文化唯物主义的观点。他以马克思主义的生产力决定生产关系和经济基础决定上层建筑的理论为框架,提出了文化唯物主义策略的普遍模式,将社会文化系统划分为四个组成部分,即客位行为的基础结构、客位行为的结构、客位行为的上层建筑、思想的和主位的上层建筑②。他将文化唯物主义所主张的基础结构决定结构、结构决定上层建筑的原则称为基础结构决定论,并说明各个部分所起的作用,"基础结构、结构和上层建筑构成社会文化体系。这一体系中任何一个组成部分的变化通常都会导致其他部分的变化","结构和上层建筑在负反馈过程中显然起着维系体系的至关重要的作用,这些过程是体系得以保存的原因"③。

在论及人类社会的演化进程时,马文·哈里斯不同意马克思主义生产力与生产关系的矛盾这一理论,而是提出"技术—环境决定论"的观点,他认为,"自然和技术,而不是'生产关系'阻止了狩猎—采集者的生产能力,如果有一种辩证法在起作用,那就是一种人口与资源之间的辩证法"④。在划分不同阶段人类社会类型时,他赞成摩尔根的标准,依照不同地区的生态系统提供而获得特定的物资且各具特色,植物和动物驯化的种类、种养方式、耕种技术、工具的使用、耕种管理办法等等,都因"技术—环境"关系的差异而不同。他在《人类学理论的兴起》一书中提出"技术—环境"以及"技术—经济"的决定论原则。这种原则坚持认为,应用于相似环境的相似技术倾向于产生与生产和分配上劳动力的相似安排。而这些又导致了社会集群的相似类型,这些群体用相似的价值和信仰系统来合法化地调节他们的活动。

---

① [美]帕梯·J. 皮尔托,格丽特尔·H. 皮尔托著,胡燕子译:《人类学中的主位和客位研究法》,《民族译丛》(《世界民族》),1991年第4期。

② 黄淑娉,龚佩华:《文化人类学理论方法研究》,广东高等教育出版社,2004年版,第340—341页。

③ [美]马文·哈里斯著,张海洋、王曼萍译:《文化唯物主义》,华夏出版社,1989年版,第83,85页。

④ [美]马文·哈里斯著,张海洋、王曼萍译:《文化唯物主义》,华夏出版社,1989年版,第102—103页。

将之转换成研究策略的话，"技术—环境""技术—经济"决定主义原则将赋予对社会文化生活的物质条件进行的研究。恰如自然选择原则把优先性赋予了对成功的差异性再生产的研究一样。①

马文·哈里斯接受摩尔根的文化进化观，同时也吸收了马克思主义唯物辩证法的分析方法，因而将自己的理论称为文化唯物主义。他不仅对此前人类学的理论和方法进行了批判，甚至还对马克思主义辩证唯物主义提出疑问。"通过在辩证法的名义下强调结构和上层建筑对于基础结构的反馈效果，马克思主义的唯物论迅速地把自己还原到它所产生的资产阶级本源上去了，其过程是从辩证唯物主义退到结构主义，从结构主义退到折中主义，从折中主义退到唯心主义，再从唯心主义退到蒙昧主义"②。

从上文的表述中可以发现，文化唯物主义，或者说"技术—环境"决定论与马克思主义辩证唯物主义的最本质的差异就在于，它只承认经济基础对上层建筑的决定作用，即自然环境和技术水平决定了民族文化的发展水平，而对于上层建筑对经济基础的反作用，这一理论显然是忽略的。这显然是文化唯物主义理论的重大缺陷，它只吸收了马克思主义的唯物论，承认物质技术的基础性作用，却反对辩证法，即民族文化对自然环境的反馈作用得不到体现，这也是这一理论被后来的学者们诟病的根本原因所在。弗里德曼将文化唯物主义界定为"庸俗唯物主义"并加以批判③，正是基于将这一理论与马克思主义的辩证唯物主义比较之后得出的结论。本内特在指出"技术—环境"论的适用范围时也指出，"文化生态必须解决复杂性的问题，包括许多非技术性和非经济因素，以获得对情况的简单描述，或获取有关变化和适应的实际建议的知识"④。人类社会所面临的情况，远比实验条件下的物理学和生物学复杂得多，仅仅以技术、经济和生态等要素作为变量，来探讨这些要素和社会文化之间的关系，所得出的结论显然带有片面性。况且作为社会实体的人类社会，本身就有着固有的运行和变迁机制，忽略其自身特质去探讨变迁机制，显然不太合适。

---

① ［美］杰里·D·穆尔著，欧阳敏、邹乔、王晶晶译：《人类学家的文化见解》，商务印书馆，2009 年版，第 225 页。

② ［美］马文·哈里斯著，张海洋、王曼萍译：《文化唯物主义》，华夏出版社，1989 年版，第 189 页。

③ Friedman Jonathan. Marxism, Structuralism and Vulgar Materialism, Man, 1974, 9(3).

④ Bennett, John William. The Ecological Transition: Cultural Anthropology and Human Adaptation, Pergamon Press, 1976, P. 231 – 232.

在我国，人类学界也对马文·哈里斯的文化唯物主义做了深刻的分析，指出其中的缺陷。黄淑娉、龚佩华认为，在哈里斯所描绘的图景中，没有人的活动、人的意识的作用，认为人类的社会制度和思想观念都是自然环境的直接产物，他这些看法根本不能反映社会文化进化过程的实质[1]。夏建中则指出哈里斯的观点是反对唯物辩证法的，主张用主位方法和客位方法来代替，这是简单和机械的"技术—生态"或"技术决定论"的理论观点[2]。杨成胜直接指出，文化唯物主义否定辩证法，实际上也就否定了结构和上层建筑对基础结构的反作用，实质上是机械唯物主义[3]。

小结

马文·哈里斯的文化唯物主义是在自然科学和马克思唯物主义思想的影响下提出来的，一方面，在科学主义的影响下，希望塑造出一门以自然科学方式研究的人类学，另一方面，要归纳总结出人类文化演进的一般性规律。基于上述两个目的，"人口—技术—经济—环境"等众多因素决定人类社会发展的理论成为文化唯物主义的核心观点。该理论坚持社会存在决定社会意识、经济基础决定上层建筑的原则，具有唯物主义的特性。但它只强调经济基础对上层建筑的作用，而反对上层建筑对经济基础的反作用，这种唯物主义只能是庸俗唯物主义，与马克思主义的辩证唯物主义之间存在着本质上的差别。

在研究方法上，文化唯物主义提出用主位和客位研究的方法，从不同的视角来分析文化现象，在方法论上具有显著的价值，不仅调和了自然科学与传统人类学研究视角上的矛盾，还开创了民族文化多视角相结合的研究方法。自然科学的研究强调客观的分析，排除主观的干扰，是一种典型的客位视角的研究方法，而传统人类学的田野调查方法，则强调研究对象的主位表达和主位视角的重要性。尽管主位与客位相结合的研究方法在实际的民族文化的研究中，也会遇到困难，但这样的研究思路提供了一种全新的思考问题的方法路径。从另一方面来看，文化唯物主义提出的主客位研究方法，其目的就是以此来解决上层建筑对经济基础的反作用的问题，即被研究者的文化如何影响自然环境、技术体系以及经济发展水平等。这

---

① 黄淑娉，龚佩华：《文化人类学理论方法研究》，广东高等教育出版社，2004年版，第350页。
② 夏建中：《文化人类学理论学派》，中国人民大学出版社，1997年版，第253页。
③ 杨成胜：《人类学中的文化唯物主义初探》，《民族论坛》，1996年第4期。

种将人类社会文化缩减成为单纯的物质资料的生产与再生产的分析视域,就是文化唯物主义狭隘性的根源。

　　在文化与自然生态环境的关系方面,无论是新进化论提出的能量概念,还是文化唯物主义主张的技术发展水平,都是将自然生态环境抽象为研究的背景,尽管它们与能量的获取或者技术的进步有关,但具体的自然生态环境对文化的影响机制,并不是文化唯物主义讨论的重点。

第五章　生态人类学的新发展

20世纪70年代以后,随着自然科学的理论和方法的发展,一些新的理论和思想也被社会科学家们所采用,社会科学的研究对象也越来越广泛。在人类学领域,随着研究视角的细化,各分支学科也纷纷出现,特别是与其他学科相互借鉴和交融的分支学科越来越多。另一方面,随着科学技术的转化应用,资本主义经济也在飞速发展。与此同时,环境问题伴随着经济的发展而日益凸显,使得越来越多的学者关注人类社会的发展与自然环境保护之间的关系,特别是生态人类学,从人类社会文化与自然关系的角度出发,在这一时期更是得到了普遍的关注,出现了环境人类学等新的学科分支。

第一节　"老三论""新三论"与动态适应

一、"老三论"与"新三论"

老三论,是20世纪40年代先后创立并获得迅猛发展的三门系统理论的分支学科——一般系统论、控制论和信息论。虽然它们的发展仅有半个世纪,但在系统科学领域中已是资深望重的元老,合称"老三论"。人们摘取了这三论的英文名字的第一个字母,把它们称为 SCI 论。系统论要求把事物当成一个整体来研究,并用数学模型去描述、确定系统的结构和行为,强调整体与局部、局部与局部、自身与外部环境之间的依存、影响、制约关系,具有目的性、动态性和有序性三大基本特征。控制论研究系统的状态、功能、行为方式、变动趋势,控制系统的稳定使系统按预定目标运行。信息论用概率论和数理统计方法从量的方面来研究系统的信息如何获取、加工、处理、传输和控制。

在系统论为主体的"老三论"的影响下,生物学的生态系统生态学分支学科开始出现,学者们开始以系统为研究单元,从整体上探讨系统内不同物种之间的关系。对于社会科学而言,人类作为地球生态系统中的特殊的生命体,被纳入整个生态系统中加以分析。人类社会从自然生态系统中获得生存和发展所需的物质能量,以及人类社会的活动对自然生态环境产生的影响等,是这一时期生态人类学重点研究的方向。

"新三论"是 20 世纪 70 年代以来陆续确立并获得极快发展的三门系统理论的分支学科,即耗散结构论、协同论和突变论。它们虽然出现时间不长,却已是系统科学领域中"年少有为"的成员,故合称"新三论",也称为 DSC 论。耗散结构论认为,一个非平衡的开放系统,在外界条件变化达到某种特定的界限时,通过不断地与外界交换的运动,可能从无序状态变为一种稳定的有序状态。相互协调、共同作用谓之协同。协同论由联邦德国著名理论物理学家哈肯于 1979 年所创建。协同论研究和比较不同领域中多元系统元素间的合作效应。它的研究对象是在保证与外界有充分物质与能量交换情况下,能够自发产生有序结构的远离平衡状态的开放系统。协同论的重要贡献在于通过大量的类比和严谨的分析,论证了各种自然系统和社会系统从无序到有序的演化过程,都是组成系统的各元素之间相互影响又协调一致的结果,因而可以使用理论方案和数学模型予以处理。它的重要价值在于既为一个学科的成果推广到另一个学科提供了理论依据,又为人们从已知领域进入未知领域提供了有效手段。由于协同论正确地反映了从自然界到人类社会的各种系统不断发展和演变的机制,因而获得了广泛的应用。

突然逆转、瞬间转变谓之突变。系统科学的突变论由托姆于 1972 年所确立。其研究重点是在拓扑学、奇点理论和稳定性数学理论基础之上,通过描述系统在临界点的状态,来研究自然界系统和社会经济系统中突然变化现象的发生机制和演变规律。突变论的特点在于采用数学模型的方法来描述临界点附近外部条件的微小变化引起系统品质突然跃迁而发生质变的机制,用于追求系统高效运行和作出优化政策中防止突变发生,确保系统行为有益和可靠。在自然科学领域,突变论研究自然界各种形态、结构、社会经济活动非连续性突然变化的现象①。

我国工程控制论的创始人钱学森教授,早在 1982 年的一次系统理论讨论会上就曾提出"三论归一",即系统论、控制论和信息论可以归结为系统论。后来,他又

---

① 金晓:《"老三论"和"新三论"》,《国防科工委继续工程教育》,1987 年第 2 期。

多次撰文提出要建立系统科学体系。在系统科学体系中，系统工程、自动化技术、通信技术等属于工程技术层次，运筹学、控制论、信息论等属于技术科学层次，而系统学属于基础科学层次①。

二、自组织的适应性

根据耗散结构理论，开放系统在远离平衡态的非线性区时，在与外界不断交换物质和能量时，就会出现非平衡相变，由原来的混乱无序的状态，转变为一种在时间和空间上有序的新状态。研究系统的这种由混沌无序的初始状态向稳定有序的最终状态的演化过程和规律，就是系统的自组织理论。

关于自组织，在不同的学科里的内涵不尽相同。系统的演化有五种基本形态：自组织，自同构，自复制，自催化和自反馈②。其中，自同构指的是类似结构的系统在外界相同条件的刺激下，会形成近似结构和功能的系统；自复制指的是系统内部会随着时间推移而产生具有相似结构功能的新系统；自催化是指系统中加速或延缓系统演变速度的能力；自反馈则是系统将内外部的交流信息进行吸收和消化，再根据内外部环境的变化而不断调整系统与内外环境的关系。

相比较自然科学中定义的自组织系统，人类社会在某些方面更加符合自组织系统的特性。因为社会系统中有人这一主体存在，与自然系统之间存在着本质的差别，因为人的主体性思维和主观能动性是其他自然系统无法比拟的。在适应性方面，人类社会组成的共同体，可以形成有效的合力，在面对外界其他系统的变动时，人类社会系统的自组织特征表现得更明显。因此，社会科学将自组织理论引入以后，人类社会及其建构起来的社会组织便成为自组织系统研究的主体。

从自组织性的角度来看，人类社会系统大致由内外两个子系统构成，即"人与自然环境之间的相互作用"和"人与人之间的相互作用"。前者可以表述为"人—物"关系，而后者可以表述为"人—人"关系。在"人—物"关系中，自然环境不仅是人类社会生存、延续和发展的物质资料的供应者，而且是人类认知和改造的对象。

与无机界和一般生态系统中的自组织性相比，人类社会这一系统的自组织能力更加明显。无机界的各种系统受到两种力的作用，从而表现出自组织性，即通过

① 袁正：《"老三论""新三论"的提法不科学》，《哲学动态》，1986年第12期。
② 湛垦华、孟宪俊、张强：《自组织与系统演化》，《中国社会科学》，1986年第6期。

物理学力学中的扩散和吸引力及化学分散和合成力的作用,系统会缓慢地朝着时空上的有序性演化。在生物学的系统内,除了上述两种力的作用外,还有生物间的作用力。而人类社会系统除了受到上述三种力的影响外,社会合力往往在其中起到主要的作用。因为人类可以在认识上述三种力的基础上,发挥其主观能动性,利用系统内外各种力的关系,有目的性地改造客观世界和主观世界,从而推动着人类社会系统朝着稳态方向演进。

第二节　过程研究与新结构主义

自人类学将田野调查方法作为学科的基本研究方法以来,这一学科就以共时态的民族志为主要研究手段。虽然进化学派和传播学派也注意到文化的演进或者传播的历史,但在分析文化内外部结构关系或文化与自然环境之间关系时,所采取的都是静态的分析方法。奥特娜(Sherry Ortner)在总结人类学的研究方法转变时,提到过从 20 世纪 60 年代开始,人类学领域的理论和方法开始从静止的、共时的分析向历时的、过程的分析转变[1]。也正是在这一时期,"历史人类学"这一提法在西方开始出现,将历史的方法引入人类学领域,已经成为当时学界的热门话题。埃文思-普理查德(E. E. Evans-Pritchard)在演讲中对人类学研究中忽视历史的观点提出了批判[2],指出如果不从历史的维度研究,就不能真正了解一个民族的文化,因为一个民族的传统史构成了今人思想的一部分,从而成为人类学家能够直接观察的社会生活的一部分[3]。在生态人类学研究领域,文化适应与文化变迁本身就是一个历史的过程,从斯图尔德提出文化生态学,到拉帕波特等人的新功能主义,文化对环境的适应性研究,就是过程研究的开端。其后,众多人类学学者从历时态的角度展开文化的适应和演变的研究。以下仅以文化对生态环境的适应的研究为例,来讨论过程人类学和新结构主义。

---

① ［美］谢丽·奥特纳著,何国强译:《20 世纪下半叶的欧美人类学理论》,《青海民族研究》,2010 年第 2 期。
② Evans-Pritchard E. E., 198. Social Anthropology: Past and Present the Marett Lecture, Man, 1950,50.
③ ［英］爱德华·埃文思-普里查德著,冷凤彩译:《论社会人类学》,世界图书出版公司北京公司,2010 年版,第 133 页。

一、利奇与"动态平衡"论

在人类学界，利奇（Edmund Leach）的理论是结构主义的代表。利奇是英国著名结构学派创始人、社会人类学家马林诺夫斯基的门生，但他又对法国列维斯特劳斯的结构主义感兴趣，因此，他的理论结合了两个学派的观点，特别是他的"钟摆式"模式和"动态平衡"（moving equilibrium）理论，被人称为新结构主义。

马林诺夫斯基在晚年的时候，在结构功能主义理论的基础上提出了一个历史学视角的理论——"文化动态论"。在他去世后，由他的学生卡伯里（Phyllis M. Kaberry）整理出版的书稿《文化变迁的动力学：非洲种族关系的探讨》（1945）中[①]，向人们展现了一个变化中的欧洲大陆的三个截面：占优势的欧洲人地区，真正的非洲人地区和正在变动的地区[②]。马林诺夫斯基的"文化动态论"将人类学家对文化的静态研究转变为动态过程的研究，是社会人类学理论发展史上的重大转折点，不仅他的学生费孝通先生这样评价他的学术价值，就连对他提出过批判的亚当·库珀（Adam Kuper）也不得不承认马林诺夫斯基这种认识论的价值[③]。

马林诺夫斯基的这一理论在利奇的论著中得到了继承和发扬，利奇在其代表作《缅甸高地诸政治体系——对克钦社会结构的一项研究》中，不仅将文化动态论运用到克钦社会组织和社会结构变动的分析中，还在动态变迁的过程中总结出"动态平衡"的理论来。系统平衡的观念在英国社会学、人类学界由来已久，学者们都将人类社会系统假定为一种均衡性的系统，尽管他们也认为人类社会系统处在变动中，但他们认为均衡性是人类社会系统的自然状态。马林诺夫斯基去世以后，英国社会人类学界主要受拉德克里夫—布朗的平衡论的影响，人们似乎天然地认为社会的平衡是一种不证自明的事实（a fact of nature）。格鲁克曼（M. Gluckman）认可人类社会的"有机均衡"（organic equilibrium），认为系统内部的周期性反叛会强化这种均衡性[④]。福蒂斯（Meyer Fortes）在研究非洲政治制度时，也提出过"动

[①] 费孝通先生将其译为《文化动态论》，见费孝通：《读马林诺夫斯基〈文化动态论〉的体会》，《二十一世纪——文化自觉与跨文化对话（一）》，北京大学出版社，2001年版，第4页。

[②] 见费孝通：《读马林诺夫斯基〈文化动态论〉的体会》，《二十一世纪——文化自觉与跨文化对话（一）》，北京大学出版社，2001年版，第8页。

[③] Adam Kuper. Anthropology and Anthropologists: The Modern British School, Routledge, 1983, p. 34.

[④] M. Gluckman. Order and Rebellion in Tribal Africa, The Free Press of Glencoe, 1963, p. 35.

态平衡"的概念,"塔莱社会的每个区域,从联合家庭到边界模糊的被称为塔伦西的
集合体,展现了一种动态的平衡"①。但利奇认为,福蒂斯的这种动态均衡和自己
所提的"动态平衡"具有本质的差异,"福蒂斯所关注的动态均衡根植于植物学;他
在自己的资料中并未觉察到关于系统性秩序的哪怕是一丁点想象的成分,但是福
蒂斯的发展周期全然没有考虑到历史因素;它们被想象成一个整个系统内部的顺
序,这个系统是静态的"②。

　　利奇的"动态平衡"理论实际上是一种"钟摆"模式,即在英国殖民统治背景下,
克钦社会的政治秩序展现出两种对立形式之间的摆动,形成一种动态平衡的模
式③。这两种政治制度中一种指的是掸人的封建专制等级制的政治制度,另一种
是无政府、平等的贡劳制(gumlao)。克钦人一方面想接受掸王的封号,另一方面又
不想向山官纳贡,因此总是在这两种制度之间来回摆动。这样的来回动摇的社会
结构,形成了克钦社会中独特的贡萨制(gumsa)——一种介于封建等级制度和民
主掸制之间的妥协制度。值得关注的是,贡萨制并不符合英国传统社会人类学的
平衡论,它是一种非静止状态的模型,有时由于经济方面的考虑,克钦人会倾向于
采取掸人的统治模式,但是,当社会快要变成完全意义上的"掸制"的时候,便开始
朝着相反的贡劳制方向转变。在利奇看来,只有这种不稳定的关系才能真正反映
出克钦社会变迁的实质④。

　　利奇的动态平衡论,丰富了人类学的理论,对于深化文化变迁理论的理解有着
重要的意义。不过,由于他的理论是基于克钦人这一特殊社会而提出来的,因此,
也遭到了众多学者的质疑与批判。第一个对利奇的动态平衡理论提出疑问的是美
国人类学家纽金特(David Nugent),他在《封闭的体系和矛盾:历史记载中和记载
外的克钦人》(1982)一文中,认为利奇的理论是基于封闭的思想体系或者制造出来
的理论而提出来的,不足为信。只有在克钦社会内外变化的政治经济力量的框架

　　① [英]M.福蒂斯,E.E.埃文思-普里查德编,刘真译:《非洲的政治制度》,商务印书馆,2016年版,第
225页。
　　② [英]埃德蒙·R.利奇著,杨春宇、周歆红译:《缅甸高地诸政治体系——对克钦社会结构的一项研
究》,商务印书馆,2010年版,第7页。
　　③ 王筑生:《社会变迁与适应:中国的景颇与利奇的模式》,见《社会文化人类学讲演集》,天津人民出版
社,1996年版,第731页。
　　④ 赵旭东:《动态平衡中的社会变迁——利奇著〈上缅甸高原的政治制度〉评述》,《民俗研究》,1998年
第4期。

内,从历史的维度进行分析,才能得出可信的结论[①]。因此,纽金特的结论是,贡老秩序是克钦社会之外的经济和社会条件崩溃的结构,这些条件既为贡萨制度提供了刺激,也导致了贡老的造反[②]。弗思(Raymond Firth)也认为利奇的动态平衡理论不具有普遍性,他在《缅甸高地诸政治体系》的序言中,就明确指出,"迄今为止,利奇博士的动态理论基本上仍是一个特殊性的,而非普遍性的理论"[③]。因为,无论是缅甸北部的这些特殊的人群,还是利奇引用了其他民族志"虚构"的族群,都是非普遍的。

在讨论文化与地理环境之间关系的问题时,利奇博士最初还试图讨论生态环境、经济生活与文化之间的关系,因此,在该书的一开头,他花了大量的笔墨来介绍克钦社会的生态环境以及复杂的文化现象。将这一区域内生活在不同生态环境下的人群划分为居住在河谷以种植水稻为生的"缅人"和"掸人"、居住在山地采用游耕技术(shifting cultivation)的"克钦人"[④]。但是,当他分析不同族群的演化和文化的变迁现象时,却明确提出,"生态因素对于克钦人和掸人不同的生活方式有着重要的影响,但政治史也起到了重要的作用,对于社会秩序,生态环境是一个限制性的,而非决定性的因素"[⑤]。换而言之,政治因素才是其决定性的因素。他的这一结论,说明了影响民族文化的因素可分为两类——自然因素和社会因素,但社会因素在文化变迁中起着关键作用。

二、弗里德曼与结构主义的马克思主义

在研究人类社会动态变化的成果中,弗里德曼(Jonathan Friedman)的结论尽管也带有结构主义的影子,但其分析方法和结论更趋向于马克思主义的唯物主义。因此,后人将弗里德曼的理论称为"结构主义的马克思主义"。结构主义的马克思

---

① [美]戴维·纽金特著,李开贤译:《封闭的体系和矛盾:历史记载中和记载外的克钦人》,《民族研究译丛》第八期,云南省民族研究所编印,1983年版,第138-164页。

② 王筑生:《社会变迁与适应:中国的景颇与利奇的模式》,见《社会文化人类学讲演集》,天津人民出版社,1996年版,第734页。

③ [英]埃德蒙·R.利奇著,杨春宇、周歆红译:《缅甸高地诸政治体系——对克钦社会结构的一项研究》,商务印书馆,2010年版,第3页。

④ [英]埃德蒙·R.利奇著,杨春宇、周歆红译:《缅甸高地诸政治体系——对克钦社会结构的一项研究》,商务印书馆,2010年版,第32-33页。

⑤ [英]埃德蒙·R.利奇著,杨春宇、周歆红译:《缅甸高地诸政治体系——对克钦社会结构的一项研究》,商务印书馆,2010年版,第39页。

主义是在运用马克思主义的经济基础和上层建筑关系的理论,分析前资本主义的
社会结构和社会关系时,由于在"经济"等概念上的理解差异,仍然采用法国结构主
义的分析方法。它除了强调生产模式与社会结构外,也强调上层结构和下层结构
各有其相对自主性,以及其间的辩证关系。甚至,在上层结构里,包括了神话、法
律、艺术等,都有其相对自主性①。

　　这一学派通过把唯物辩证法奠定在生产逻辑的根基上,认为生产关系(结构)
是建立在一定的生产力基础之上的人与人之间的实践形成的"主体间性"结构,是
可理解的 "文化结构",而不是与人的实践无关的"抽象逻辑结构"。一般认为,结
构主义的马克思主义使历史唯物主义本体论化,夸大它的物质特性,总体上掩盖了
生产关系和社会关系的文化特性。通过把思想和交际性相互作用转换成工具行动
的行为系统功能,这种理论阐述损害了历史唯物主义的文化维度②。

　　同样也是研究克钦人的社会制度,弗里德曼的研究与利奇有所不同,他特别强
调克钦社会在整个地区中的结构地位,他将克钦人的社会制度界定为一个再生产
的整体(reproduction totality),是一种由竞争而平等的结构向马克思的亚细亚社
会生产方式性质的圆锥形氏族的国家构造(conical-clan state formation)过渡的等
级化过程③。与利奇仅关注自然生态环境对文化造成的影响不同,弗里德曼将整
个克钦社会的变迁因素分为两类——经济因素和社会因素,其中,他认为经济因素
对于克钦人社会结构的影响十分重要。不同的生态环境中所产生的生计方式,影
响着克钦人的社会结构,如在山地游耕农业的条件下,就包含着潜在的经济增长与
再生产的物质条件之间的矛盾。"当以往的再生产条件可以由增长人口的分散而
重新建立,一种等级化—造反—平等—等级化的循环趋向会出现;当以往的生产条
件由于人口密度的增大和生态环境恶化而不能重新建立,一种政治上的无首领和
战乱的状态就会出现;在允许增加集约经营而无生产率显著下降的平地农业环境
中,等级化趋向会朝着'亚细亚形'的国家结构发展"④。

---

　　①　黄应贵:《反景入深林:人类学的观照、理论与实践》,商务印书馆,2010 年版,第 66 页。
　　②　[美]罗伯特·C. 尤林著,何国强译:《理解文化》,北京大学出版社,2005 年版,第 191 页。
　　③　Friedman, J. System, Structure and Contradiction: The Evolution of 'Asiatic' Social Formations,
The National Museum of Denmark, 1979, p.9.
　　④　王筑生:《社会变迁与适应:中国的景颇与利奇的模式》,见《社会文化人类学讲演集》,天津人民出版
社,1996 年版,第 736 页。

弗里德曼的社会结构的理论，带有明显的马克思唯物主义的特点，主要遵循着经济基础决定上层建筑的原理，将物质资料生产和再生产视为影响人类社会结构的主要因素。1979 年，他用"中心—边缘"的二元结构论替代了之前三种结构类型的模型，重新解释了克钦人社会结构。王筑生总结了弗里德曼的观点，"克钦类型的结构存在于边缘结构之外，占据着多多少少是位于各个中心之间的地带。由于他们追随大的河谷文明的发展这一位置的相对稳定性，克钦型的结构在历史上保存了一套基本的生存机制：克钦是更大的经济的主要掠夺者，他们的虏获物或进入内部的循环，或用于特权和身份的积累。正是这些特点使得克钦结构成为古老部落结构的残存结构，因而具有进化的意义"①。

他在另一篇文章《马克思主义、结构主义与庸俗唯物主义》(1974)中也提到，生产功能的特征对于决定一个社会制度的发展方式以及设定该发展的极限至关重要，生产效率提升和产品的富余可以用以解释在任何地理环境中都可以发展封建或其他形式的国家。但是，"人口—技术—环境"的模型不能充分解释社会形成的存在。相反，社会制度本身的特性对于决定其发展以及其在特定技术范围内的当前行为是至关重要的②。

总之，无论是利奇关于自然环境和社会环境对克钦人社会结构影响的分析，还是弗里德曼归纳的经济基础和社会环境两种影响因素，二者有着共同的特点。首先，都注意到了生态环境对民族生计的影响，进而影响着民族文化中的物质文化的样态。其次，认为物质基础对社会结构的影响也是决定性的。尽管如此，他们从结构主义社会学的理论出发，都坚持认为，社会因素才是影响社会系统结构的关键因素，这一观点与马克思主义辩证唯物主义观截然相反。

三、巴斯与生态位理论

挪威人类学家巴斯(Fredrik Barth)是利奇的学生，受老师"动态平衡"论的影响，他对文化变迁的研究也带有明显历史维度的过程人类学的痕迹。他在《社会变迁的研究》(1967)一文中，就提到过程研究对文化变迁的重要性，"为了理解社会变

---

① 王筑生：《社会变迁与适应：中国的景颇与利奇的模式》，见《社会文化人类学讲演集》，天津人民出版社，1996 年版，第 738 页。

② Friedman Jonathan. Marxism, Structuralism and Vulgar Materialism, Man, 1974, 9(3).

化,作为社会人类学家,我们需要做的是用这样的术语来描述整个社会,让我们看到它是如何持续存在,维持自己,并随着时间而变化的"①。他在分析同一区域内各民族间的关系时,提出了"族群与边界"的概念,并且以他个人在中东地区的田野调查资料和调查结论为基础,综合了其他学者的相关研究成果,汇编成《族群与边界——文化差异下的社会组织》(1969)一书,并且在序言中总结了族际关系的互动、社会组织结构以及族群边界等相关理论。在论及族际关系的时候,他借用了生态学中的生态位(Niche)的概念,来说明不同民族间的相互关系②。这种相互依赖可以部分地从文化生态的观点进行分析,同时,与别的文化的别的人群对接的有关行为区域可能被看作是群体所适应的生态位(niche)。这种生态上的相互依赖表现出几个不同形式,利用它人们可以建立一个粗略的类型学。在两个或更多族群有联系的地方,不同民族可能包括下列形式:

(1)他们在自然环境中明显地点据了独特的生态位,在最低程度的竞争中占有生态资源。在这种情况下,虽然同居在某一地区,他们的相互依赖是有限的,而且主要倾向于通过贸易,或者是礼仪性的交往进行对接。

(2)他们会占据一个地区,在有些个案中,他们的这种或为资源竞争,或沿边界和可能沿其他地区的对接会卷入政治斗争。

(3)他们会互相提供重要的物品和服务,即占有不同的、共有的但联系密切的职业。如果他们在政治领域联系不是很紧密,这就包括一个典型的共生状况和一种可能的连接领域。如果他们也通过不同的生产方式垄断者而竞争和生存,这就必须包括一种紧密的政治、经济联系,也伴随着产生其他相互依存形式的公开可能性。

(4)这些选择有赖于稳定的环境。但经常地,你也会发现第四种主要形式:在那里,两个或更多分散的群体实际上在同一生态位内部至少存在部分竞争。随着时间推移,人们将期待着这一群体取代另一群体,或者期待一个包含着不断互补和相互依赖的聚居群得以发展。③

对于第一种类型的族际关系,可以以巴斯以及其他研究者对富尔人(Fur)的调

① Fredrik Barth. On the Study of Social Change, American Anthropologist, 1967,69(6).

② [挪威]弗雷德里克·巴斯主编,李丽琴译:《族群与边界——文化差异下的社会组织》,商务印书馆,2014年版,第10－11页。

③ [挪威]弗雷德里克·巴斯著,高崇译:《族群与边界》,《广西人类学院学报(哲学社会科学版)》,1999年第1期。

查资料和研究结论为例证。巴斯在《社会变迁的研究》一文中，以富尔人的经济生产体系的变迁为线索，分析了社会结构的变化历程和原因。富尔人生存的土地主要生产小米为主的生存作物和西红柿、大蒜、洋葱等经济作物。他们的生产和交换系统也是围绕着这两类作物展开的，生存作物的生产和交换以互惠为原则，而经济作物的生产和交换则是以市场为主导。他们通过"啤酒会"（beer party）来实现劳动力的交换，经济作物则是通过市场交易实现货币的交换。在这样的生产与交换系统中，富尔人的社会系统表现出完全的封闭性，并且处于平衡的状态。但这样的封闭和平衡的状态，随着外来市场的交换而被打破，果树的种植使得原有的族际关系的平衡也被打破，甚至一位留下来过冬的外地商人从遥远市场上购买的西红柿和啤酒，也即将打破传统"啤酒会"带来的食物和劳动力的交换关系①。

　　第二种类型的族际关系，则可以从巴斯对巴基斯坦北部斯瓦特地区（Swat）巴坦人（Pathans）的调查研究中找到很好的证据，他通过对该地区的社会结构的动态研究，完成了博士论文的撰写。斯瓦特河谷的社会结构和社会制度在历史上就是一个不平衡的状态，在该地区的巴坦人中，存在着两种权威——巴克图（Pakhtun，一种政治地位较高的种姓，笔者注）首领和圣徒。巴克图首领的权威主要来自财富和征服，而圣徒的权威则来自他们作为调停者的身份和法律规定②。在斯瓦特河谷中，土地构成了该地区整个组织体系的基础，土地是政治势力的直接资源，同时，拥有土地也意味着该阶层拥有更多的财富，财富也是政治权力的第二个来源③。他们获取土地和财富的方式通常是通过交易或者掠夺，这就在当地造成了一种紧张的氛围。这样，就为圣徒和首领的出现创造了一个契机。这两类权威呈现出一种两极互补（polar complement）的关系——首领慷慨大方与圣徒吝啬小气，圣徒穿着洁白的衣服，而许多首领则穿着花哨的外套④。此外，这两类权威除了互为补充之外，也存在着竞争的关系。追随他们的群体通常是相互重叠的，那些追随首领的

---

　　① ［英］莱顿著，蒙养山人译：《他者的眼光：人类学理论入门》，华夏出版社，2005 年版，第 99－101 页。

　　② ［挪威］弗雷德里克·巴特著，黄建生译：《斯瓦特巴坦人的政治过程：一个社会人类学研究的范例》，上海人民出版社，第 193 页。

　　③ ［挪威］弗雷德里克·巴特著，黄建生译：《斯瓦特巴坦人的政治过程：一个社会人类学研究的范例》，上海人民出版社，第 107，111 页。

　　④ ［挪威］弗雷德里克·巴特著，黄建生译：《斯瓦特巴坦人的政治过程：一个社会人类学研究的范例》，上海人民出版社，第 194 页。

人,同时也是圣徒的追随者,反之亦然。当首领之间发生矛盾冲突时,圣徒就充当调停者,调解他们之间无法自己解决的紧张关系。通过分析,巴斯最后得出结论,斯瓦特政治体系是一个不断调整的平衡的过程,他们之间的平衡是通过增长的过程、个人领导下的各个群体之间的最终分离并伴随着从一个集团向另一个集团转化等方式来实现的①。

第三种类型的族际关系可以从贡纳尔·哈兰教授调查的富尔人与巴加拉人(Baggara)的互动关系中找到答案。这两类人群在几个世纪以来一直都有接触,但他们在文化上仍然保持着各自独特的特质,在生计模式、生活方式、语言、居住条件以及评价标准等方面都存在着很大的差异。两个民族之间能长期保持这种互动制衡的关系,主要是因为二者所利用的自然生态环境和主要的生计模式不同,且生计上具有互补性,他们可以通过各自生产的产品的交换来实现生计的互补。富尔人主要从事锄耕农业,以种植小米为主的粮食作物为生,而巴加拉人则从事放牧。在市场上,富尔人出售农产品,巴加拉人主要出售牛奶和牲畜。因此,富尔人和巴加拉人的对接(articulation)主要建立在与他们不同的生存方式有关的商品与各种服务的互补性基础上②。

对于人类社会体系中这种既相互补充,又相互竞争的结构,巴斯引入生态学中的生态位的概念,将人类社会体系中的个体和社会组织,类比为生态学中的生物个体和群落。生态位的生态学定义是指一个种群在生态系统中,在时间空间上所占据的位置及其与相关种群之间的功能关系与作用。不仅包括生物占有的物理空间,还包括其在群落中的功能作用以及其在生存条件的环境变化梯度中的位置③。

不仅如此,他还试图将生态学的理论引入人类学的分析框架,以此分析同一区域内,不同族群如何利用不同的生态系统,采取不同的生计模式,形成不同文化,从而构成不同的人类社会结构。他在《巴基斯坦北部斯瓦特族群的生态关系》(1956)的一文中,对巴基斯坦北部斯瓦特地区的三个族群——农耕的巴坦人(Pathans)和农牧兼营的柯西斯坦人(Kohistanis),以及典型的游牧民古加尔人(Gujars),由于

---

① ［挪威］弗雷德里克·巴特著,黄建生译:《斯瓦特巴坦人的政治过程:一个社会人类学研究的范例》,上海人民出版社,第 195 页。

② ［挪威］贡纳尔·哈兰著:《民族过程中的经济决定因素》,见［挪威］弗雷德里克·巴斯主编,李丽琴译:《族群与边界——文化差异下的社会组织》,商务印书馆,2014 年版,第 50 页。

③ ［美］奥德姆、巴雷特著,陆健健、王伟等译:《生态学基础》(第五版),高等教育出版社,2009 年版,第281 页。

不同的生计模式，在同一个区域内的生态环境中的资源利用产生互补和竞争的关系，形成独特的社会结构进行了阐述①。具体表现为：巴坦人占据一年两熟的耕地后，用武力将柯西斯坦人赶走，迫使柯西斯坦人迁徙到了高山地区。由于古加尔人只会游牧，因而无法与巴坦人、柯西斯坦人这两个部落竞争与抗衡，于是在农忙季节古加尔人就成为巴坦人的佃农。这样一来，在巴斯特地区生态位各不相同的三个部落，通过各自的适应策略都在当地延续下来。当然，族群的生态位并不局限于资源的开发。当地三个部落通过族群间的竞争，调整了资源的占有格局，三方都获得了较满意的分界。巴斯在整体环境中引入了起到分野族群作用的"生态位"概念，借以说明竞争者之间的资源占有关系。他认为应当根据空间位置去理解竞争者之间的关系，进而说明政治集团的形成及其维护也应当考虑资源要素，认为文化的生态适应对族群的分布是具有极大影响力的因素，族群分布的边界还需要考虑其相邻程度与孤立程度。②

至于生态环境与文化之间的关系，巴斯在另外一篇文章《巴坦人的认同与维持》(1965) 中提到，尽管生态环境的不同在一定程度上影响了不同地区巴坦人的生计方式，但是并没有使他们认为各分支不再属于一个群体。这个地方上的多样性大体可以总结为四种类型：首先是一种农耕地区与山麓地区混合的生态样式，其在政治上呈现为一种由奉行（小群体间）平等主义的父系分支世系群体所组成的无政府性质的政治模式；第二种类型则主要包括定居在河谷和平原地区的人，经营密集农业，在政治上有类型一中的那种无政府主义，但也有相当一部分开始受制于中央政府的管理；而第三类巴坦人则是那些生活在阿富汗或巴基斯坦城镇中、从事着不同职业的人，他们基本上已经融入当地社会；最后一个类型是游牧的巴坦人，政治上奉行较为自由的部落制度③。

总体来看，巴斯注意到了生态环境对文化有着重要的影响作用，但他始终将社会因素对人类社会系统的影响放在首位，而对生态环境的论述较少。他虽然将"生态位"的概念引入到人类社会的研究，却并没有将人类社会看成是整个生态系统中

---

① 罗康隆，陈茜：《西方人类学生态与文化关系研究述评》，《世界民族》，2022 年第 4 期。

② Fredrik Barth, "Ecological Relationship of Ethnic Groups in Swat, North Pakistan", American Anthropologist, New Series, vol. 58, No. 6, 1956.

③ 夏希原：《巴特的行动者理论与族群族界观》，《世界民族》，2013 年第 4 期。

的一个特殊生态位,而与生态系统中的其他生物发生联系,仅仅是将同一个区域内的不同族群类比为生态系统中的不同生物群落,其重点还是以结构主义人类学的理论来分析人类社会的关系。从动态人类社会系统动态性的研究来看,他的研究思路和方法依然属于利奇等人提倡的动态平衡的结构主义人类学。

四、英戈尔德的栖居视角(dwelling perspective)

提姆·英戈尔德(Tim Ingold)从进入人类学研究领域开始,就致力于寻找一种可以打破人与自然、人文学科与自然学科二元对立的途径[①]。他是当代英国著名的人类学家,在后现代主义人类学的思潮影响下,他试图从各种不同的视角来阐明一个多视角的人类学学科。他从对技术人类学的讨论到人与动物的关系的研究,从栖居的视角到本体论转向的研究,其最终目的都在于从多个视角对传统人类学的"二元结构"理论进行解构[②]。其中,比较有代表性的论著有:《技术人类学的八个主题》(1997)、《人类研究中的动物》(1988)、《环境感知:论生计、栖居和技艺》(2000)、《一位广为人知的本体论博物馆学的自然学家》(2016)、《从科学到艺术与再次回归:摇摆中的人类学家》(2016)等。

尽管英戈尔德自己不承认自己是"新式本体论者"[③],但从他广泛的研究内容

---

① 邹乔:《另类生态人类学——浅议提姆·英戈尔德(Tim Ingold)的环境观》,《中国农业大学学报(社会科学版)》,2007年第2期。

② 此类论著按时间顺序排列如下:Hunters, Pastoralists and Ranchers: Reindeer Economies and Their Transformations(1980);The Architect and the Bee: Reflections on the Work of Animals and Men(1983);The Appropriation of Nature: Essays on Human Ecology and Social Relations(1986a);Evolution and Social Life (1986b);Notes on the Foraging Mode of Production. In Hunters and Gatherers : History, Evolution and Social Change. (1988a);The Animal in the Study of Humanity. In What is an Animal? (1988b);The Social and Environmental Relations of Human Beings and Other Animals(1989);An Anthropologist Looks at Biology (1990);Becoming Persons: Consciousness and Sociality in Human Evolution(1991);Culture and the Perception of the Environment(1992a);Comment on Nurit Bird-David(1992b);Foraging for Data, Camping with Theories: Hunter-gatherers and Nomadic Pastoralists Inarchaeology and Anthropology(1992c);The Art of Translation in a Continuous World(1993a);The Reindeerman's Lasso(1993b);Human Worlds are Culturally Constructed: Against the Motion(1996a);Social Relations, Human Ecology and the Evolution of Culture: an Exploration of Concepts and Definitions(1996b);The Painting is not the Terrain: Maps, Pictures and the Dwelt-in World(1997);Evolution of Society(1998);On the Social Relations of the Hunter-gatherer Band (1999);A Naturalist Abroad in the Museum of Ontology: Philippe Descola's Beyond Nature and Culture (2016a);From Science to Art and Back Again: The Pendulum of an Anthropologist(2016b).

③ 白美妃:《超越自然与人文的一种努力——论英格尔德的"栖居视角"》,《青海民族大学学报(社会科学版)》,2017年第4期。

来看，他都是围绕着多重主体视角下的人类与动物、环境、生计、技术等各种要素之间的联系进行研究的。由于他的很多研究都强调技术在探讨人类社会与自然环境之间关系时的中介作用，因此，也有学者将他的人类学理论称为"技术人类学"①。当我们综览他的观点时，不难发现其试图打破此前学术界早已定型的人与自然、自然科学与人文科学之间二元对立的结构主义思想的宏志。他将自己研究的六个关键词戏称为"蜘蛛理论"，因为这六个关键词的首字母恰好组成 spider（蜘蛛）这个单词，它们分别是技能（skill）、实践（practice）、包含（involve）、发展（development）、具身（embody）、响应（responsiveness）②。而在他的《环境感知：论生计、栖居和技艺》一书中，集中体现了这一想法，他试图用"栖居的视角"来沟通人与自然环境、人与其他生物之间的关系。

英戈尔德表明他的"栖居的视角"是受海德格尔（Martin Heidegger）哲学思想的影响而提出来的，后者在 1971 年提出"建造和栖居思维"（Building Dwelling Thinking），并且区分了"建造视角"和"栖居视角"在理解人类社会与周围环境之间关系时所产生的不同观点③。"建造视角"基于世界在被居住之前就已经存在，而"栖居视角"则将环境中的能动者作为出发点，将此前人类学二元对立观中的人类，重新复原为有机生命体④。从人的生物性与文化性的同一性出发，英戈尔德提出了人与环境互相浸入、互相协变的理论。他所理解的人类"生物性""文化性"相统一，以及人和生态环境相互浸入和互相协变的状态，在生态人类学看来，即生态系统（自然）和人的文化（文化）同样也不可分割，相互浸入和相互协变，最终达成耦合状态⑤。

此外，英戈尔德在论述人类的生计模式（livelihood）选择的时候，特别是在讨论狩猎采集文化选择时，赞同贝廷杰（Bettinger）提出的"最佳觅食模式"（the optimal foraging model）。贝廷杰从物理学的视角，从劳动投入时间和收获物的卡路里的比值出发，认定农业起源并非人类乐于尝试和衷心向往的生存手段，而是由外力促

① 王皓：《技术的整体论思考：英戈尔德的技术人类学》，《北方民族大学学报》，2020 年第 3 期。
② Knappett C, Malafouris L, eds. Material Agenc: Towards a Non-Anthropocentric Approach, Springer Science Business Media, 2008, pp. 209 - 215.
③ Tim Ingold. The Perception of the Environment: Essays on Livelihood, Dwelling and Skill, Routledge Press, 2000, pp. 185 - 188.
④ 白美妃：《超越自然与人文的一种努力——论英戈尔德的"栖居视角"》，《青海民族大学学报（社会科学版）》，2017 年第 4 期。
⑤ 罗康隆，何治民：《论"民族生境"的生态人类学价值》，《民族研究》，2021 年第 2 期。

使其不得不做出的选择,这样的选择符合最佳觅食模式①。英戈尔德则利用其原理来说明,人类社会选择某种生计模式,是基于两种原因——理性选择和自然选择。他将人类的意图和行动置于人与环境之间相互构成且持续参与的背景下进行分析,认为环境和理性成就了"最佳觅食者"(optimal forager)②。他的这一论点,同样也在说明人类的生物性(从环境中获得物质和能量的特性)与社会性(人类会因繁衍和规避风险而做出理性的选择)的一致性。

对于技术(skill)的研究,同样也体现了人类社会与自然环境的同一性。英戈尔德的技术环境观是一种整体化、语境化的技术观。人类的社会属性与自然属性不再割裂,技术也不再是人类用以沟通外部世界之物。社会、自然和技术不需要建立关联,因为技术本身就已经昭示了这种关联。技术和人类是不可分割的复合体,没有必要强行区分。技术本身就是语境化的,构建出以技术为中心的关系网络,就可以展现人的完整意义③。

总而言之,英戈尔德从生计、栖居和技术的角度,对人类学长期以来的"自然—文化"二元对立的结构假设提出了强有力的反驳,将人类的生物性和文化性统一起来。在他的理论框架中,人被看成是生物性和社会性的存在(biosocial beings),作为社会存在的人和作为生物个体的有机体是合一的而非二分的。人类的生活实际上是在两个领域同时进行的,一个是人际关系的社会领域,一个是有机体间关系的生态领域,人类学的关键在于理解它们之间的相互作用。英戈尔德认为自然与文化二分的对立论仍旧在肢解人类学,分化知识,而人类学要成为真正意义上的"人的科学",就要将它重新建构为在社会文化倾向与生物体质倾向上寻找新的平衡点的学科④。英戈尔德将这种全新的思考生物及其与环境的关系方式,称为"新生态学"(newecology)⑤。

① Bettinger R.L. Explanation/Predictive Models of Hunter-Gather Adaptation, Advances in Archaeological Method and Theory,1980(3).

② Knappett C,Malafouris L,eds. Material Agenc:Towards a Non-Anthropocentric Approach,Springer Science Business Media,2008,p.33.

③ 王皓:《技术的整体论思考:英戈尔德的技术人类学》,《北方民族大学学报》,2020年第3期。

④ 舒瑜:《英戈尔德"新生态学"视角下的景观研究》,《广西民族大学学报(哲学社会科学版)》,2022年第4期。

⑤ Tim Ingold. The Perception of the Environment:Essays on livelihood, dwelling and skill,Routledge Press,2000,p.173.

第三节　文化分类体系与民族生态学

从 20 世纪 50 年代起,在生态人类学文化适应理论的影响下,一批学者开始以各民族文化为研究的基点,将认知人类学和解释人类学与民族文化分类体系结合起来,着重研究各民族文化对所处自然生态环境的认知、分类、命名、利用和解释等内容。这样的分类体系对于西方科学界奉行的普同性"科学知识"提出了质疑,提出了跨文化的文化相对主义的解释,从学理上回击了西方"文化霸权主义"。这一研究取向经过众多学者的努力,逐渐形成了人类学的一个分支学科——民族生态学(ethno-ecology)。民族生态学不同于生态人类学,其研究方法和内容与生态人类学互有借鉴,又有实质性的区别。其中最关键的区别在于,民族生态学的学科落脚点是生态学,主要研究的是民族文化在动植物的分类体系方面的作用,重在分类体系的研究,生态人类学的分类体系同样对该分支学科有重要的影响。而在民族文化对动植物的认知和利用方面,则和生态人类学的研究有交集,只不过后者更强调对文化与自然生态环境之间的适应和互动机制的研究。因为民族生态学与生态人类学在研究方法和研究领域方面存在相通性,学界常有混淆二者的情况出现。由于受学术传统的影响,民族生态学形成了美国学派和苏联学派,前者着重分类体系和文化意义的研究,而后者在马克思主义辩证唯物主义的影响下,更关注民族生态资源在经济中的作用,进而影响经济基础和上层建筑,更偏重政治学。苏联学派的研究取向和方法,对于我国生态人类学的影响深远。

一、认知人类学与分类体系

二战以后,在存在主义哲学思想的影响下,对于资本主义构建的现代社会,西方学界开始反思现代性所造成的人的异化现象,提出个人的存在是一切其他存在物的依据的存在主义思想。基于这一哲学思想,人类学界以各个民族为本体,对周围世界提出符合文化逻辑的解释,形成了认知人类学(cognitive anthropology)。这一学科的源头可以追溯到语言学,爱德华·萨丕尔(Edward Sapir)最初在研究语言时,注意到土著人的思维模式会受到其语言结构的影响,他提到,语言似乎是通向思维的唯一途径①。他和他的学生沃夫(Benjamin Lee Whorf)共同提出的"萨丕尔—沃夫假说"(Sapir-Whorf hypothesis),即语言相对论(Sapir-Whorf principle of linguistic relativity)。他们认为,语言不仅是交往的媒介,而且形成认知以及使每个社会各具独特的宇宙观,语言的认知领域是直接与文化相关联,是影响文化行为的②。

萨丕尔的语言学研究对列维—斯特劳斯的结构主义人类学,以及后来形成的认知人类学都产生了重要的影响。由于认知人类学主要是将人类文化进行解构,并按照一定的逻辑进行分类,所以,认知人类学也被称为民俗分类学(folk classification/taxonomy),或者新民族志(new ethnography)和民族科学(ethnoscience)。这一分支学科主要研究各个社会的分类体系,或者说某一文化的典型的"知识和认知体系"。民族生态学就是基于认知人类学的分类体系的研究方法,研究各民族对其自身环境模式的理解,包括植物分类学③④、动物分类学⑤⑥、土地形式⑦等等不同的研究领域。

认知人类学的分类体系,在许多人类学家特别是生态人类学家看来,具有很大的局限性。首先,饱受批评的是他们使用"民族"(ethno-)这一前缀,被认为是"民族中心主义"的标志⑧。因为这将意味着其他没有打上"民族"标签的知识体系,也就是西方所谓的普同性的知识体系,被赋予了特权。此外,认知人类学和民族生态

① [美]爱德华·萨丕尔著,陆卓元译:《语言论——言语研究导论》,商务印书馆,1985年版,第14页。
② 黄淑娉、龚佩华:《文化人类学理论方法研究》,广东高等教育出版社,2004年版,第376页。
③ Berlin, B., Breedlove, D. E. and Raven, P. H. Principles of Tzeltal Plant Classification: An Introduction to the Botanical Ethnography of a Mayan-speaking People of Highland Chiapas, Academic Press, 1974. (《泽尔塔尔植物分类原则:恰帕斯高原玛雅语民族植物学概论》,1974)
④ Friedberg, C. 'Socially Significant Plant Species and Their Taxonomic Position Among the Bunaq of Central Timor', in R. Ellen and D. Reason (eds), Classifications in their Social Context, Academic Press, 1979.(《中帝汶布那克族中具有社会意义的植物物种及其分类地位》,1979)
⑤ Bulmer, R. A Primitive Ornithology, Australian Museum Magazine, 1957(12).(《原始鸟类学》,1957);Bulmer, R. Why is the Cassowary not a Bird? A Problem of Zoological Taxonomy Among the Karam of the New Guinea Highlands, Man(NS), 1967(2).(《为什么鹤鸵不是鸟? 新几内亚高地卡拉姆地区的动物分类学问题》,1967)
⑥ Kesby, J. D. The Rangi Classification of Animals and Plants, in R. Ellen and D. Reason (eds), Classifications in Their Social Context, Academic Press, 1979.(《Rangi人的动植物分类》,1979)
⑦ Conklin H C. Some Aspects of Ethnographic Research in Ifugao, Transactions of the New York Academy of Sciences, 1967, 30(1).(《伊夫高民族志研究的几个方面》,1967)
⑧ Shiva, V. Monocultures of the Mind:Perspectives on Biodiversity Biotechnology, Zed Books, 1993a, p.10.(《思想的单一文化:生物多样性生物技术的观点》,1993)

学的研究方法也被传统的生态人类学家所诟病。米尔顿就是其中的典型代表，他认为，认知人类学的分类体系的形成主要依靠的是搜集资料的方法，而在人类的日常生活中，人类对世界的认知主要表现在琐碎的小事情上。因此，无论人类学家花多长的时间进行观察，他们永远无法观察到特定民族文化中特殊事物的每一个细节。当然，民族生态学家可以利用资料卡片或者其他记录谱系的方法来搜集和整理资料，但这种研究方法的转变，使认知人类学在很大程度上丧失了独特性①。在传统人类学家的观念中，民族文化对其周围环境的感知和分类，仅仅是人类学描述文化的一小部分工作而已，更重要的是要阐释和描述文化对生态环境的影响机制，这才是人类学研究的最主要的目的。

二、美国式民族生态学

美国人类学家福勒（Catherine Fowler）是较早地试图从理论上总结民族生态学发展历程的学者。早在 1977 年，她在为《生态人类学》写作的"民族生态学"专章中叙述了民族生态学的历史、概念、方法论、招致的批评以及其他方面的民族生态学研究。正是在这一专章中，福勒把民族生态学描述为：一种关注本土人环境概念的独特的人类生态学进路，它主要采纳民族科学的方法，尝试证实对应环境的本土术语系统与那些概念化之间的条理关系。从福勒的上述界定可以看出，民族生态学在当时仅仅是人类生态学的一个分支。对福勒来说，其关键在于要从被研究群体的自观点（own point of view）去看问题，这样民族生态学就变成了一个群体从其自观出发的生物相互联系的观念②。福勒还指出，虽然民族生态学因缺乏关注其方法的行为含义而招致了许多批评，但它却始终坚持自身能够更完全和完整地描述土著人与其环境之间的相互关系。

在福勒之后，布罗修斯（J. Peter Brosius）等人对民族生态学有一个更为清晰的界定。他们认为民族生态学（ethnoecology）是民族科学的一个亚学科，它研究的是传统群体如何组织和分类他们的环境知识和环境过程③。布罗修斯等人在文章

---

① ［英］米尔顿著，袁同凯、周建新译：《环境决定论与文化理论：对环境话语中的人类学角色的探讨》，民族出版社，2007 年版，第 63 - 64 页。

② Catherine S. Fowler. Ethnoecology, in D. Hardesty. Ecological Anthropology, Wiley, 1977.

③ J. Peter Brosius, George W. Lovelace, and Gerald G. Marten. Ethnoecology: An Approach to Understanding Traditional Agricultural Knowledge, in Gerald G. Marten ed. Traditional Agriculture in Southeast Asia, Westview Press, 1986, pp. 187 - 188.

中认为,民族生态学的一个重要方面就是描述和呈现文化内观的知识,而不能止步不前。就像弗雷克(Charles O. Frake)所言,"民族志学者不能仅仅满足于西方科学式的文化生态系统元素的分类。他必须像他们自己所理解的那样按照被研究者民族科学的种类去描述其环境"①。由于《文化生态学与民族志》一文着眼于如何运用民族生态学去探讨传统农业知识,而不是重在民族生态学理论上的探讨,因此这篇文章的最大贡献也许在于指出了本土知识系统中分享的民间智慧和个体经验组合的动态性和复杂性本质。当然,布罗修斯等人在文章中亦指出,在以后的民族生态学研究中,要把研究的注意点从名词转向动词。因为动词本身暗示着过程和其语言认知,它对人类适应的概念化也十分重要。

美国式的民族生态学就是在认知人类学的基础上产生并发展起来的一个人类学分支学科。尽管通过文献考据,早在 1875 年,美国学者鲍尔斯提出过"土著植物学"(aboriginal botany)的概念,法国学者于 1879 年提出了"植物民族志"(ethnographic botanique)等术语,以及哈尔斯贝格提出了"民族植物学"(enthno-botany)等术语,但学界一般认为,"民族生态学"这一学科术语的首次出现,是在康克林于 1954 年发表的一篇文章中,在他的博士论文《哈努诺文化与植物世界的关系》中,他对菲律宾的哈努诺文化中对植物的认知、命名和分类系统做了细致的研究②。

哈努诺语的色彩分类与命名方式,不仅受到生理学和光学意义上色度因素的影响,还受到所指物体表面状态,如湿润度与干燥度(wetness vs dryness)的制约。后一种条件的形成,显然同色彩语码研究中的物理学和气象学意义特征有关。例如,哈努诺语里,共有四个基本色彩词语:(ma)lagti?,(ma)biru,(ma)rara?和(ma)latuy,分别表示白色、黑色、红色和绿色。但是,关系到这四种基本色彩词汇的具体使用情况之时,其间又有细微差异。首先,我们注意到,在哈努诺文化中,色彩的明暗决定了黑白两色的对立。因此,在这种语言中,所有的浅淡色彩都可用白色来指代,而诸如蓝色、暗绿色、紫色这样的深色必须用黑色来指称。其次,植物存在的生命状态,决定了红绿两种色彩的使用。所以,在哈努诺这一特定的语境中,所有生长着的植物都可以称为绿色,甚至表面湿润的浅褐色嫩竹,只要还处于生长着的状

① Charles O. Frake. Cultural ecology and ethnography, American Anthropologist, 1962(1).
② 罗意:《生态人类学理论与方法》,科学出版社,2021 年版,第 77 页。

态，自然也可以称为绿色①。但是，以民族生态学方法来分析民族的文化事项，则是将民族生态学从认知人类学的研究范畴中跳脱出来的尝试，因为民族生态学的方法不仅可以用于动植物的分类体系，而且可以用于解释和分析文化与生态环境之间的关系。因此，有学者认为，康克林和他的后继者只是花费了大量的精力去记录动植物的名称，以及它们在哈努诺人的文化中的使用情况，并没有延伸到更深层次的研究②，这一判断显然有失公允。

康克林在 1954 年又发表了一篇文章，《人类学片段：一个轮歇农业的民族生态学方法》，他在文中提出了民族生态学的方法③。在该文中，他利用了民族生态学的方法来重新解释哈努诺人的轮歇（shifting）农业，最后他得出与此前的研究者完全不同的结论。轮歇农业也被称为斯威顿（swidden）农业、田林轮作（field-forest rotation）农业④，在我国也被称为"刀耕火种"农业。此前的研究者将这种农业耕种方式界定为危险的、破坏性的、低效率的、资源浪费的、原始的耕种方式。康克林根据哈努诺人所在的地理环境的特点，收集轮歇农业的具体操作技术等田野调查材料，改变了此前的认知。他得出结论，斯威顿农民有时比以温和的民族中心主义的作家更了解当地文化和自然现象的相互关系⑤。

因此，我们可以得出这样一个结论，康克林所提出的民族生态学的概念和民政所体现的方法，不仅开创了认知人类学的研究，也是民族生态学这一人类学分支学科的开端，同时还对欧洲结构主义人类学的产生和发展起到了积极的作用。后继者们在康克林的理论和方法的影响下，继续深化民族生态学的研究，推动了美国式民族生态学的发展。

沿着动植物分类研究思路的美国式的民族生态学者有柏林（Brent Berlin），他长期在墨西哥南部和秘鲁的广大地区进行田野调查，尤其对墨西哥讲玛雅语的泽

---

① Conklin, H. C. Hanunoo color categories, in Pell Hymes, Language in Culture and Society: A Reader in Linguistics and Anthropology, Harper&Row. 1955/1964, p. 189 - 192.

② 付广华：《美国式民族生态学：概念、预设与特征——"民族生态学理论与方法研究"之一》，《广西民族研究》，2011 年第 1 期。

③⑤ Harold C. Conklin. Section of Anthropology: an Ethnoecological Approach to Shifting Agriculture, Transactions of the New York Academy of Sciences, 1954, 17(2).

④ Pelzer, K. J. Pioneer Settlement in the Asiatic Tropics, American Geographical Society, Special Publication No. 29. International Secretariat, Institute of Pacific Relations. New York, N. Y. 1945.

尔沱人（Tzeltal）的植物分类进行了详细研究,在《科学》等杂志上发表了多篇有关民族文化与分类体系的文章,阐述了其民族生态学的思想。其中的《民间分类学与生物分类》(1966)[①],《分类学的起源》(1971)[②]和《植物与人类》(1979)[③]三篇文章最能代表其分类学的思想。在这前两篇文章中,几位学者通过对泽尔沱人的民间植物分类和生物科学的分类进行比较分析,总结出民间分类的三种类型:亚分类(under-differentiation,包括两种或以上物种)、完全对应类(one-to-one fashion)和过度分类(over-differentiation,一对多的分类,几种特性集中于某一植物上)。这是典型的以生物科学原理来解释民族文化的实证研究,为的是证明民间分类体系的"科学性"。而他在《植物与人类》这篇文章中,提出了一些有关民族植物学的性质与地位的论点,认为无文字民族在利用和管理周围植物资源时,对他们环境的高度复杂的生物和生态的精准理解,形成了民族文化与环境之间良性互动的关系,不无遗憾之处在于,这种民族传统的植物分类与利用的技术,曾遭逢着断层且濒临失传的危险,最后他呼吁全世界都应该重视并承担起保持生物多样性的责任,体现出民族生态学家的强烈的责任意识。

美国的另外一位人类学家弗雷克(Charles O. Frake)同样也从事少数民族的语言和文化研究,他从语言学的角度来分析民族文化对周围世界的分类和认知体系,强调人类学家"应该努力根据他的研究对象的观念体系来定义客观事物"[④],也就是说以"主位"的视角来研究民族文化。

加拿大人类学家莱斯利·梅恩·约翰逊(Leslie Main Johnson)研究了吉特桑人(Gitksan)的分类系统,与他们的土地制度有着密切的关系。他在《吉特桑人景观感知和民族生态学》(2000)一文中,通过对景观感知和民族生态学的分类,以及对地名的研究,揭示出民族与土地关系的复杂性和美感[⑤]。

民族生态学家塞西尔·布朗(Cecil H. Brown)对民间植物分类中的重要分类

---

① Berlin B,Breedlove D E,Raven P H. Folk Taxonomies and Biological Classification, Science (New York, N. Y.),1966,154(3746).

② Peter H. Raven,Brent Berlin, Dennis E. Breedlove. The Origins of Taxonomy, Science,1971,174(4015).

③ Berlin B. Plants and Humans, Science (New York, N. Y.),1979,206(4425).

④ Frake,C.O. Language and Cultural Description, Stanford University Press, 1980,p. 2.

⑤ Leslie Main Johnson, "A Place That's Good, " Gitksan Landscape Perception and Ethnoecology, Human Ecology,2000,28(2).

依据——生活型(lifeforms)的认知研究取得突破。他在统计了世界上 105 种语言中有关植物生活型术语后,提出了民间植物生活型名称的演化过程,即人类对植物生活型的认知顺序的规律性[1]。

随着环境问题的日益凸显,美国式的民族生态学面临着越来越严峻的挑战,最初的民族分类学的研究范式,显然已经不能适应时代的需要了。为了解决环境恶化和人类可持续发展等问题,需要从宏观的视角来理顺人类社会与所处的环境的关系,解决人类社会的发展与环境保护问题,反思普同性科学知识与民族性的地方性知识的价值等。面对这些问题,美国式民族生态学也开始关注"自然与文化""环境与发展"等议题,提出从传统地方性环境知识为人类理解和解决环境恶化问题提供一种可能的思路。在这些研究中,私立托(P. Sillitoe)、比克利(A. Bicker)和鲍狄埃(J. Pottier)等人撰写的《发展中的参与》(2002)[2]和《发展与当地知识》(2004)[3]就是其中典型的代表。民族生态学也发生了转型,转向环境人类学的研究。

三、苏/俄式民族生态学

与美国式民族生态学一样,苏/俄式民族生态学的理论渊源也较为复杂。在苏联存续后期,苏维埃人类学家们认为人类学是一门以研究世界民族为对象的学科。不过,由于民族总是在一定区域内逐渐形成的,受到所在地区生态环境的制约,需采用各种方式去适应这样的自然条件,因此民族文化常常具备适应环境的特点。科兹洛夫认为"可以把处于目前这种状态下的人类学明确为其研究范围包括民族共同体这一最稳固和最重要的人们集体生活形式之一的产生和存在的各个方面的综合性学科"。这样,摒弃了传统研究范围"本位主义"态度以后,人类学家们积极地参加了反映社会需要的新领域的工作,民族生态学的形成正是如此。苏联民族生态学的奠基人之一——勃罗姆列伊(Julian Bromley)也指出:"当代人类学由于自己的主要研究课题的多样性,实际在某种程度上同民族(民族社会)过程各方面

---

[1] Cecil H. Brown. Growth and Development of Folk Botanical Life Forms in the Mayan Language Family, American Ethnologist, 1979, 6(2).

[2] P. Sillitoe, A Bicker and J. Pottier, ed. Participating in Development: Approaches to Indigenous Knowledge, Routledge, 2002.

[3] P. Sillitoe and J. Pottier, ed. Development and Local Knowledge: New Approaches to Issues in Natural Resources Management, Conservation and Agriculture, Routledge, 2004.

的研究都有关系。这对于围绕人类学所形成的日益众多的相邻学科——从民族经济学和民族生态学到民族社会学和民族心理学,尤其如此。"

事实上,早在 1981 年,勃罗姆列伊就发表了《人类生态学的民族方面》一文,虽然文中尚未提到"民族生态学"这一术语,但其中关于各民族利用自然环境的特点、各民族对自然环境影响的特殊性等民族生态学原理已在这篇论文中得到充分运用。与此同时,苏联科学院历史研究所集体编写的《社会与自然》一书中也已包含民族生态学的许多原理,比如该书强调指出了历代民族文化传统对保护生态是有意义的。勃罗姆列伊还在 1982 年俄文版的《人类学基础》第三章"非洲各族"中单列"地理环境"一目,其中言道:"非洲的地理条件十分复杂,各种自然因素及其区域性配合都很协调,为非洲境内各民族的生存提供了必要的生态条件和相应的食物和技术资源。几千年来,人们适应自然和征服自然的过程,构成非洲各民族全部经济文化史的物质基础。"在借鉴同仁们理论、观点的基础上,科兹洛夫充分吸收了来自人类生态学的思想,于 1983 年正式提出了名为"民族生态学"的学科。科兹洛夫认为,民族生态学是一门由人类学和人类生态学相互渗透而形成的学科。由于与人类生态学的密切联系,民族生态学的形成取决于作为人的特殊共同体的民族的特点,而且这一特点既表现在生物方面,也特别表现在社会文化方面。民族生态学形成得比较缓慢,是在吸收民族地理学、民族人类学、民族人口学等与人类生态学有关的内容的基础上形成的。1978 年开始的由美苏两国人类学家、人口学家、体质人类学家等共同参与的"为提高各民族和民族群体长寿率开展人类学和民族社会学的综合研究",对苏联民族生态学的形成具有促进作用[①]。

与美国有所不同,苏联式民族生态学研究最初就是围绕民族(ethnos)来展开的,因此任何跟民族有关的人类生态学问题的研究当然是其职责所在。这里的"ethnos"不同于英语中的"nation"或者"people",用苏/俄式民族生态学奠基人之一的勃罗姆列伊的话说就是指"历史上形成的具有共同相对稳定的文化特点、确定独立的心理特点以及区别于其他类似共同体的联合意识的人们共同体"。一般来说,"ethnos"大致相当于英语学界流行的"ethnic group"。正是根据这样的理解,科

---

① 付广华:《美、苏两种传统的民族生态学之比较——"民族生态学理论与方法研究"之二》,《广西民族研究》,2011 年第 3 期。

兹洛夫认为民族生态学的形成取决于作为人的特殊共同体的民族（ethnos）的特点，而且其所涉及的问题超出了民族地理学、民族人类学和民族人口学的范围。"该学科的主要任务是研究族群或族共同体在所居住地区的自然条件和社会文化条件下谋取生存的传统方式和特点，当地生态系统对人体产生的影响，族群或族共同体同大自然作斗争的特点及对自然界的影响，它们合理利用自然资源的传统，民族生态系统形成和发挥职能作用的规律，等等"。

到1991年，科兹洛夫主编出版了名为《民族生态学：理论和实践》的论文集，共汇集16篇论文。除涉及生存保障体系外，它还与地理学、人口学、生物学、医学和心理学等学科相交叉，阐述特殊的地理环境对各民族的生计、饮食、物质文化、精神文化、体质、人口再生产和心理等方面的影响。科兹洛夫在这本书的前言中写道：民族生态学的主要任务是研究在自然和社会—文化条件下生活的各民族共同体的传统生存保障体系的特点，复杂的生态联系对人们健康的影响；研究各民族利用自然环境以及对自然环境的影响，生态系统形成的规律和功能。实际上讲的就是各民族与自然生态环境之间的互动作用。科兹洛夫接着论述道，首先要研究人们对自然环境的生物适应和与他们的经济活动相联系的社会—文化适应，这些适应反映在物质文化特点（饮食、服装等）中，甚至反映在民族植物学和民族医学中；其次研究人们在个体和集团层面对周围环境和异民族的社会—文化环境之心理适应的主要方式，预防或降低环境压力的传统方法等；最后还需研究族群和自然的关系，对生态恐怖、生态灾难趋势的预测并借助利用那些物质资源的传统进行生态学教育和其他目的的教育。

与1983年发表的两篇论文相对照，科兹洛夫在1991年的这篇前言中对民族生态学的研究对象和范围作了进一步的论述，补充了一些原来尚未涉及的内容，如"预防或降低环境压力的传统方法""对生态恐怖、生态灾难趋势的预测"等。对于苏/俄式民族生态学的研究对象和范围，中央民族大学任国英教授认为其"不仅仅局限于人类学与生态学两学科的交叉，他们（指苏联/俄罗斯的民族生态学家）的学术理念是将生态环境与各民族的方方面面都纳入本学科的研究框架内"，堪称一语中的。两相比较，我们不难看出：美国式民族生态学仅仅是民族科学（认知人类学）的一个研究领域，其研究对象也基本上限制为传统的居民群体，范围主要围绕这些群体的植物、动物、土地的分类与利用以及他们资源管理的实践等传统生态知识。

而苏/俄式民族生态学研究对象界定为族群或族共同体,范围是与族群或族共同体有关的生态环境的方方面面,十分广泛。从这个意义上讲,苏/俄式民族生态学与当前欧美人类学界流行的生态人类学的研究对象和范围基本类似。

苏联人类学家们认为直接观察是获取人类学情报资料的基本方法,但苏联人类学界起初转向"综合集约调查法",后来则以夏季短期的小组或个人旅行来排斥综合调查,总的来看是逐渐放弃了"定点"的直接观察方法。苏联解体后,人类学也遭受前所未有的学科危机。正是在这个阶段,科兹洛夫总结了苏联民族生态学的发展历程。在1994年出版的《民族生态学——学科形成和问题史》一书中,科兹洛夫全面阐述了苏联民族生态学的学科性质、基本理论、流派和研究方法及与其他学科间的关系。从前人翻译的两篇论文和任国英教授的总结来看,苏/俄式民族生态学仍然坚持人类学的田野调查方法,同时吸收了人类生态学的方法,从而在方法论上有了自身一定的支撑。20世纪末以来,由于西方的人类学理论与方法的传入,俄罗斯的民族生态学研究注意同国际接轨,研究中借鉴和引用西方的理论观点,在研究方法上更加注重实地调查,将定性和定量研究相结合。

第四节　可持续发展与环境人类学

随着工业文明的飞速发展,人类在享受经济飞速发展所带来的红利时,同样也无可避免地要面对一些普遍存在的环境问题,如生态的退变、恶化甚至灾变,这些问题已经严重影响到人类社会的可持续发展。不同学科的学者从本学科的研究领域和研究视角出发,利用学科理论和方法,对环境问题的原因进行了分析,并且力图找到解决问题的根本之道。人类学一直以来都关注着民族文化对生态环境的影响,特别是生态人类学,更是将人类社会与生态环境之间的关系问题作为学科的研究基点。因此,20世纪90年代以来,一个新的学科名称——环境人类学开始频繁出现在人类学的研究领域中,并且逐渐成为学界普遍关注的热点话题。

经过30余年的发展,环境人类学从最初生态人类学的一个研究方向,俨然已经形成为一个独立于生态人类学的分支学科。尽管二者之间在研究领域、研究对象和研究方法等方面都存在有交叉性,但二者之间还是存在着明显的分界线。美国人类学家布罗修斯(J. Peter Brosius)指出,环境人类学与传统生态人类学之间存在"十分明显的断裂"①。生态人类学关注特定生态系统的地方适应，强调适应的重要性。环境人类学则从社会与文化的后结构理论、政治经济学、跨国主义与全球化理论中汲取营养，关注权力与不平等、文化历史形态的偶然性、知识生产体制和跨地域进程加速的重要性②。

一、工业文明与环境问题的出现

近代西方科学技术的飞速发展，特别是西方经济的高速发展，带来了物质生活资料的极大丰富，同时也带来了对环境的极大破坏。杨圣敏教授在为王天津、田广所著的《环境人类学》作序时指出，"西方工业化国家虽然建立了发达的经济体系、享有较高的生活水平，但是其生产方式却一直过度地消耗着环境资源，破坏着地球原本存在的良性生态循环"③。这一总结从生态人类学和经济人类学的理论视角出发，指出了当前环境问题出现的根本性原因。

马克思历史唯物主义早已指出，在工业文明出现以前，人类社会已经历经了狩猎采集社会、游耕游牧社会以及固定农耕社会集中文明样态。前工业文明的生计方式，都与生态环境密切相关，换句话来说，所有的这些文明样态都要依靠各民族所处的生态环境为文明的生存、延续和发展提供必需的物质和能量。前工业文明的三种文明，从生产技术发展的角度来看，呈现出技术水平从低级向高级演化的规律性。而从文明对生态环境影响程度的角度来说，同样呈现出由弱到强的规律性。

在狩猎采集社会中，人类社会对所处的自然生态环境的依赖性最大，各民族的生存和发展的物质资料的供应，全部来自自然生态环境的供应。在这样的文明中，所产生的文化仅在于对环境的精准认知，并在认知的基础上，按照该民族文化所需，对自然资源加以合理利用。或者在认识和利用的基础上，对生态环境稍加维护，以达到可持续利用的目的。在狩猎采集文明中，文化与环境的关系显著表现为文化对环境的适应性，即在不同的资源利用方式下，形成不同的民族文化。至于文化对环境的破坏性方面，由于这一时期生产力处于较低水平，民族文化对环境的影响程度也是最低的，人类仅仅被视为生态系统中的一个特定生态位而已，与系统内

---

① J. Peter Brosius. Analyses and Interventions, Current Anthropology, 1999, 40(3).

② 罗意：《反思、参与和对话：当代环境人类学的发展》，《云南师范大学学报（哲学社会科学版）》，2018年第1期。

③ 王天津、田广：《环境人类学》，宁夏人民出版社，2012年版，序第1页。

其他生物的区别不大。

　　以动植物驯化为主要特征的游耕游牧文明,生产力水平较之狩猎采集文明已经有了很大的提升,同时,对环境的影响力也得到了明显加强。但总体而言,人类社会对环境的干预和影响处于可控的状态。得益于生产力水平的提高,该文明会在特定的时间对生态环境中的某些特定区域内的资源集中利用,从而会引起生态系统的暂时性、局部性的资源短缺。只要及时中止对环境资源的利用,生态系统本身的调节功能就会起作用,生态系统最终会恢复到被利用之前的状态。因此,在游耕游牧文明之下,民族文化并不会对生态环境造成永久性的影响。

　　固定农耕出现以后,人类社会及其形成的民族文化与生态环境之间的关系则发生了显著的变化。在这一文明下,人类能够从自然界获取和驾驭的能量比狩猎采集文明和游耕游牧文明要多得多。土地作为该文明的主要载体,不仅为各民族提供物质所需,也将人类固定在土地之上。这样的生计方式会带来两种结果,第一是固定的人群形成的社会能获得稳定的社会合力;第二是社会合力能够有效地成片地改变自然生态环境,让人类驯化的有限作物种类在人力控驭下按照民族的意志生长,以利于人类的最高限度获取①。这两种影响互为前提,又互相促进,社会合力越大,对环境的改变能量越强,获得的物质能量也就越多,同时又增加了社会合力的形成。但这一文明形态却从根本上给生态环境问题埋下了爆发的引线,固定农耕文明越发达,生态隐患越严重。因为这一文明的实质就是对生态环境的改变,使之按照人类社会的需要去改变。生态环境改变的幅度一旦超过人类社会合力驾驭的能力范围,不可复位的生态危机随即就会形成。

　　工业文明是人类生计方式中获取能量水平最高的文明类型,相较于此前的几种文明类型,自然生态环境对工业文明的影响最小。从狩猎采集文明到固定农耕文明,人类社会都是在与自然生态系统打交道,人类文化与自然生态环境之间发生物质、能量和信息的交换。民族文化的产生和发展延续离不开生态环境,因此前工业文明都打上了生态环境的烙印。而工业文明则不同,人类凭借控驭的能量和技能人为地在自然生境之外,另外划定或者创造各种小范围的环境,供作人类生产产

---

　　① 罗康隆:《文化适应与文化制衡》,民族出版社,2007年版,第113页。

品之用，使自然产物按照人类的要求特化，创造出大量非自然产物①。也就是说，工业文明与自然生态环境的关系不再密切，更多的是依靠其自身创造的人造环境。资金、人力资源、市场环境、科学技术手段、物流、政策等非自然的环境因素才是工业文明更关注的要素。

随着化石能源的开发和利用，工业产品更多的是通过人工合成的方式生产出来的非"自然"的产品，这就是工业文明对自然生态环境依赖性小的根本原因。不过，尽管如此，地理环境也或多或少地影响着工业文明的发展水平。除了地理因素影响物流交通和市场流通以外，某些工业产品所需的原材料也受到矿产资源分布不均的限制，劳动力成本也会影响工业文明的发展方向。然而，由于资金、技术等影响工业文明的要素可以脱离自然生态系统而独立存在，且工业文明所追求的是产品产量的极大化、生产效率的不断提升、投入产出比最优化等，与生态环境的关系则降至次要的地位，甚至在某些时期被人为地忽略，也就出现了对自然资源的过度利用的问题，造成资源的枯竭，引发生态失衡。工业文明对生态系统平衡破坏的另一个重要表现为，工业生产中所产生的大量污染物造成环境问题的出现，"非自然"的工业产品在自然状态下被自然环境分解和吸收的时间超长，慢慢积累的污染物破坏了自然生态环境的平衡。资金和技术的可移动性，工业发展过程中的环境破坏问题，都可以通过项目转移的方式达到"规避"的目的，甚至某些西方发达国家会特意将一些高污染、高能耗的项目转移到发展中国家和地区，用以树立其"负责人"的形象。这样"治标不治本"的权宜之计，不仅于生态环境恶化的问题解决于事无补，甚至还对前工业文明的民族和国家的发展产生消极影响。

因此，有学者从生态灾变形成的历史和文化原因入手，分析了不同文明形态对生态问题形成的文化机制，最终得出生态灾变是工业文明负效应的结论。"当代社会热议的生态危机、环境污染等似乎无法化解的难题，就终极意义而言，都与工业文明负效应相关联。工业文明一手制造的负效应自身无法化解，而是堂而皇之地抛洒给全社会去承担，特别是让其他文明诸形态的人们去承担起严重后果"②。

在后现代主义思潮的影响下，人们开始反思工业文明的价值体系，"发展经济

---

① 罗康隆：《文化适应与文化制衡》，民族出版社，2007年版，第116页。
② 杨庭硕：《生态扶贫导论》，湖南人民出版社，2017年版，第58-59页。

学"聚焦于民族文化资本在当前经济发展中的作用,哲学领域开始关注"生态伦理",生态学更是将生态危机和环境污染等问题的研究作为学科领域内的重点方向。人类学则是从民族文化与生态环境的关系着手,将政治、经济、文化、生态联系成为一个整体去加以研究,并从环境和人类可持续发展的视角提出解决之道,形成了"环境人类学"的新的分支学科。

1972年6月,在瑞典的斯德哥尔摩召开联合国环境会议,会上通过了第一个人类环境宣言——《联合国人类环境会议宣言》,也称为《斯德哥尔摩宣言》,旨在取得共同的看法和制定共同的原则,以鼓舞和指导世界各国人民保护和改善人类环境。宣言一共有26条,涉及环境保护、经济发展、资源利用、人口增长、环境科学研究、环境损害赔偿、销毁核武器等多项议题①。尽管该宣言的讨论和通过的过程充满了各大国之间的政治博弈,整个宣言也没有规定对各国政府的约束性,而是以政府承诺的形式体现在各条款之中,但这一宣言的签署,作为环境保护的各国共识,在推动全球生态环境保护工作中起到了重要作用。时任《斯德哥尔摩宣言》的起草协调人的汉斯·布利克斯(Hans Blix)宣称,"从远古的时候起,世界上的人民就为互相毁灭而努力,现在他们把毁灭环境也纳入他们的努力。1972年的斯德哥尔摩会议是对付这个更大问题的良好开端"②。宣言的通过标志着人类环境保护意识的增强,生态问题被正式提上了国际社会的议事日程,全世界人们开始共同行动,合力解决地球生态环境问题。

此后,联合国又召开过多次有关气候和环境保护的专门会议,制定讨论了相关条约,为促进环境保护全球范围内的合作做出努力。1997年12月的《联合国气候变化框架公约》(简称《京都议定书》)、2009年12月联合国气候变化大会制定并讨论的《哥本哈根协议》、2015年12月第21届联合国气候变化大会签署的《巴黎协定》等文件,在促进节能减排、应对全球气候变暖等关系到全人类的环境问题上,逐渐达成国际合作框架协议。在这样的环境保护的时代背景下,人类学逐步形成了研究环境问题的分支学科。

---

① 《斯德哥尔摩人类环境会议宣言》,《世界环境》,1983年第1期。
② 汉斯·布利克斯著,王曦译:《〈斯德哥尔摩宣言〉的历史》,《中国地质大学学报(社会科学版)》,2012年第12期。

二、环境人类学及其研究范式

在生态灾变等环境问题日益突出的背景下，生态人类学家开始关注环境保护问题，在环境问题出现的原因分析、对现代性发展的批判以及可持续发展等问题上，人类学家展开了讨论。

（一）环境问题出现的原因探析

当近代科学技术和发明日益丰富着当代人的生活时，一场改变人类社会生活的危机也在悄然酝酿着，20世纪30年代，席卷美国西部草原的人类前所未见的黑色风暴出现，三天三夜的风暴所过之处，井水枯竭、溪水断流、庄稼枯死、牲畜大量死亡，有千万人流离失所。20世纪50年代英国伦敦上空被浓厚的烟雾笼罩，交通瘫痪、市民生病，成千上万人死于此次大气污染事件。这些直接危害到人类生命安全的事故并非个例，出现的频次也明显增加，尤其是在资本主义经济最发达的国家和地区反复出现。这些环境问题的背后到底隐藏着什么样的原因？环境恶化与经济发展之间是否存在某种必然的联系？种种疑问在学术界被提出来，不同的学科从自己的研究视角出发，开始去寻找生态环境恶化的根本原因，同时也在反思人类社会与自然生态环境之间究竟需要形成一个什么样的关系。

1962年，一本题名为《寂静的春天》的著作在市面上引起了强烈反响，人们形成两种截然相反的观点，广大读者对于书中的内容表示赞同，而一些企业却对该书的作者蕾切尔·卡逊（Rachel Carson）深恶痛绝，甚至采取污蔑毁谤的手段，用以制止该图书的发行。因为在该书中，作者揭露了一个生态事实，当DDT作为农药被广泛应用于农田杀虫的时候，无形中引发了生态环境恶化的事件。DDT除了能高效杀灭昆虫类作物害虫以外，同时也造成了生态系统内其他野生动物死亡，甚至人类也深受其害，作者本人也可能受到农药毒性的影响而患病。因此，作者大声疾呼人类要爱护自己的生存环境，要对自己的智能活动负责，要具有理性思维能力并与自然和睦相处①。

卡逊女士的著作启发了学者们去思考，在此之前，西方学界受现代思潮的影响，将一切科学技术上的进步都视为现代性的标志，认为技术革新会增强人类征服自然的能力，提高生产效率，带给人类便捷的生活，而不会给人类带来危机。而这

---

① ［美］蕾切尔·卡逊著，邓延陆编选，《寂静的春天》，湖南教育出版社，2009年版，第11页。

一著作将矛头直指当时先进的杀虫技术,揭示了该技术对于生态环境潜在的和现实的危险性。这一观点显然出乎所有人的意料,人们从来没有想过技术革新会带来人类社会的灾难,学者们也开始反思技术进步的意义,进而对资本主义现代性进行反思,试图从技术层面和制度层面来解释环境问题出现的根本原因。

加勒特·哈丁(Garrett Hardin)认为,个人为了自己的利益而占用资源的社会过程,形成了"公地悲剧",是游牧文明环境退化、生态灾变出现的原因[1]。本内特也从人类欲望和政治制度方面来解释生态灾变出现的原因,"由于人类需求的政治纠葛以及满足这些需求所带来的政治和金钱利益,有害的物质在缓慢地积累,自然资源的供应将继续减少,种种生态问题不是简单的单独出现,发展至今,它嵌入人类社会的所有活动中,特别是近几十年来变得快速增长"[2]。

韩国人类学家全京秀将这些观点总结为"文明批判论",认为他们将人类学中"人类中心主义"观点作为主要批判对象,"正如西欧人靠破坏其他民族及其生活去制造的文明一样,人类的文化也在追求人类生存和文明的名义下,以破坏生态系统为前提去制造发展模式","文明批判者认为技术、理念及组织构成的文明是导致世间众多是非的元凶"[3]。他本人进而认为,人类中心主义是西欧中心主义延伸的产物,它根源于文明论,将制造与破坏矛盾集合体扩张并转移到生态系统中,这一矛盾结合体在威胁着整个生态圈的安全[4]。

(二) 对现代性的批判

二战以后,西方学术界掀起了现代化的热潮,以沃勒斯坦(Immanuel Maurice Wallerstein)为主要代表的学者们将视野扩大到整个世界,并且以西方发达资本主义世界的视角为出发点,构建出以"中心—边缘"为基础结构的"现代世界体系"。他在《现代世界体系:十六世纪的资本主义农业和欧洲世界经济》(1974)一书中将这一体系进行了系统阐述,引起了整个社会科学领域的震动。这一理论是弗兰克

---

[1]　Hardin. The Cybernetics of Competition: A Biologist's View of Society, Perspectives in Biology and Medicine,1963(7).

[2]　Bennett, John William. The Ecological Transition:Cultural Anthropology and Human Adaptation, Pergamon Press, 1976,p.13.

[3][4]　[韩]全京秀著,崔海洋译:《环境·人类·亲和》,贵州人民出版社,2007年版,第30页。

(Gunder Frank)和多斯桑托斯(Dos Santos)①"依附理论"的进一步发展。"依附理论"主要是从不发达的第三世界国家的根源探讨出发,认为外部环境,即发达资本主义国家对第三世界国家资源和劳动力的掠夺和盘剥,是造成第三世界国家一直处于经济发展边缘地位的根本原因。

斯科特(James C. Scott)通过实地调研,对西方发达国家以"援助"和"产业革命"为借口,实际上对欠发达国家和地区实施资源掠夺的行为,提出了一针见血的批判。他在其著作《弱者的武器》②(1985)一书中,介绍了马来西亚乡村社会在西方农业"绿色革命"的援助下,传统的道义经济学面临崩溃,乡村社会中的贫富差距越来越大。与西方资本相比,农民处于绝对弱者的地位,因此他们只能通过懒惰拖沓、纵火、假装顺从、装腔作势、蓄意破坏等抵抗行为来表达他们的不满。而在《国家的视角》③(1998)一书中,作者试图寻找那些由国家计划完成的社会工程失败的原因,认为同样也是由于处在社会底层的弱者反抗的结果。

类似的情况在海地也有发生,人类学家默里(Gerald Murray)在他的《海地植被恢复的应用人类学研究》(1987)一文中,梳理了海地森林破坏的历史。以法国人为首的欧洲移民,通过砍伐成片林地来获得可以种植甘蔗和咖啡等经济作物的土地,从而创立以蔗糖出口为支柱的殖民经济体系。19世纪海地独立以后,外国的木材公司仍然在境内经营伐木和出口硬木的业务。在这种情况下,海地的森林面积日趋缩小,植被大面积消失,令人触目惊心。然而,在作者参与的恢复海地植被的项目执行过程中,却出现了当地农民因害怕林地收归国有而消极怠工的情况④。

对于现代化的批判,人类学家将视角转向发展中国家的经济发展实情,认为在现代化的发展语境下,代表着的是西方文化霸权的世界观,而发展中国家则无法摆脱弱者的地位,无法独立思考和寻求符合自己利益的发展道路。在这些研究中,埃

① [巴西]特奥托尼奥·多斯桑托斯著,杨衍永等译:《帝国主义与依附》,社会科学文献出版社,2016年版。

② [美]詹姆斯·C.斯科特著,郑广怀、张敏、何江穗译:《弱者的武器:农民反抗的日常形式》,译林出版社,2007年版。

③ [美]詹姆斯·C.斯科特著,王晓毅译:《国家的视角:那些试图改善人类状况的项目是如何失败的》,社会科学文献出版社,2019年版。

④ Murray, Gerald. The Domestication of Wood in Haiti: A Case Study of Applied Evolution. In Anthropological Praxis: Translating Knowledge into Action. Robert M Wuff and Shirley J. Fiske, eds. Boulders: Westview Press. 1987, p. 233 - 240.

斯科巴(Arturo Escobar)和弗格森(Ferguson)的研究比较有代表性。埃斯科巴在《权力与可见度：发展以及第三世界的发现和管理》(1988)一文中指出,发达国家以现代化的理念,借助发展的概念,以世界银行和国际货币基金组织等为代理人,向发展中国家和地区灌输西方现代化的发展观念。发展的话语不但成为管理第三世界的机制,还有构建甚至制造有关第三世界真相的功能①。

　　弗格森在他的代表作《反政治机器:莱索托的"发展"、非政治化和官僚权力》(1990)中,对世界银行在莱索托开展的农村发展项目进行了深入的分析。在莱索托实施的农村发展项目,若与原本设定的目标相比较,无疑是失败了的,但项目却产生了其他方面的重要结果,包括国家权力的进一步巩固、农村社会关系的重整、西方现代化影响的加深、各种问题的去政治化(depoliticization),等等。弗格森认为,必须在上述这些结果的层面上评估这一发展机器的有效性②。

　　此外,诺贝尔经济学奖获得者阿马蒂亚·森(Amartya Sen)也提到西方资本主义世界的发展观念对发展中国家文化的影响,"当今全球化的世界对本土文化的威胁,在相当大程度上,是不可避免的","应该由那个社会来决定它是否要采取行动、采取什么行动来保存旧的生活方式,或许甚至为此付出相当大的经济代价"③。在该书中,阿马蒂亚·森基本的立场是站在西方发达国家的立场,以西方所谓的"发展"的观念来审视发展中国家经济发展的问题,并且将西方的"自由"的思想贯穿于整本书的论述中。但对于发展中国家在经济发展过程中,走西方发展道路而引发的本土文化的变迁,他则是以批判的视角来看待发展带来的负效应,认为在这一问题上,发展中国家的人民并没有决定权,这也是不自由的表现。从这一意义上看,阿马蒂亚·森对于现代化所带来的负面影响,也是持批判态度的。

　　戴蒙德(Diamond Jared)在《枪炮、病菌与钢铁》(1997)一书中也对现代性提出了质疑与批判,"我并不想当然地认为工业化国家就一定比狩猎采集部落'好',不认为放弃狩猎采集的生活方式换取以使用铁器为基础的国家地位就代表'进步',

---

　　① Arturo Escobar. Power and Visibility: Development and the Invention and Management of the Third World, Cultural Anthropology,1988,3(4).

　　② [美]阿图罗·埃斯科瓦尔著,汪淳玉、吴惠芳等译:《遭遇发展——第三世界的形成与瓦解》,社会科学文献出版社,2011年版,第12页。

　　③ [印]阿马蒂亚·森著,任赜、于真译:《以自由看待发展》,中国人民大学出版社,2002年版,第242－243页。

也不认为就是这种进步为人类带来了越来越多的幸福"①。

(三) 可持续发展的讨论

1968 年,一群科学家和社会科学领域的学者组成了一个民间学术团体——"罗马俱乐部"(Club of Rome),致力于有关全球性问题的宣传、预测和研究活动。从成立之日起,俱乐部就将人类社会的可持续发展问题作为主要议题加以研究和讨论。俱乐部成员关于可持续发展的研究成果也影响着学术界、政界和普通民众,在他们的影响下,可持续发展的观念逐渐深入人心,成了当代热点讨论的话题之一。他们从最初提出"人类困境"并为此探讨众多解决办法,进而提出"零增长"的理论,再过渡到"有机增长"的理论,最后形成了"可持续发展"思想②。

可持续发展思想是以地球资源有限的假设为前提的,在人口无限增长和对地球资源的无节制地开发的情况下,人类社会甚至地球生命体系会受到严重的威胁。德内拉·梅多斯(Donella Meadows)、乔根·兰德斯(Jorgen Randers)和丹尼斯·梅多斯(Dennis Meadows)三位合著的《增长的极限》(1972)一书中,提出"一个有限的世界"的概念,他们指出,"地球是有限的,任何人类活动愈是接近地球支撑这种活动的能力限度,对不能同时兼顾的因素的权衡就变得更加明显和不能解决"③。经济学家西蒙(Julian Simon)在其《终极资源》(1981)一书中,将人类大脑作为终极资源,乐观地假设人类的技术创新最终会克服对资源的依赖,从而使得经济能无限度地增长,并且不会造成环境的伤害④。

当全人类都在讨论可持续发展的问题时,一些持批评态度的人类学家、社会学家却在反思可持续发展模式实践背后的话语体系争夺的问题。事实上,在讨论全球可持续发展的问题时,西方发达国家和发展中国家面对地区经济发展问题时,就到底按照什么样的模式发展,展开了尖锐的争论。最终从对发展模式的讨论,变成了对发展话语权的争论问题的讨论。因此,有学者对"可持续发展"的矛盾各方进行了反思和总结。"环保精英们在要求土著居民放弃传统的经济和文化活动(如猎鲸和伐木)的同时,却并没有指明可行的替代出路。与发展项目决策者一样,资源

---

① [美]贾雷德·戴蒙德著,谢延光译:《枪炮、病菌与钢铁》,上海译文出版社,2000 年版,第 7 页。
② 吴雷钊:《"全球良知"——罗马俱乐部思想研究》,中国政法大学博士学位论文,2011 年。
③ (美)德内拉·梅多斯等著,李宝恒译:《增长的极限》,四川人民出版社,1983 年版,第 95 页。
④ Julian L. Simon. The Ultimate Resource, Princeton university Press,1981.

保护计划的执行者们也喜欢将自己的意愿强加于人。而历史经验告诉我们，一旦当地人的基本生计受到了威胁，奋起反抗也就是情理之中的结果。而土著居民在全球环保运动中的'失语'，极有可能使'可持续发展'成为一纸空文。在全球化的语境中，可持续发展似乎已经成了能将发展实践的积极推动者和批判者在同一桌面上进行相互理论的神奇话语"①。

当我们把发展和生态环境联系在一起时，特别是在西方的发展话语体系下看待全球生态变迁和生态危机的时候，就不难发现，生态问题的出现，其根源在于西方资本主义发展过程中对生态的脱控，不从思想的根源上解决人类文明与生态环境的关系问题，可持续发展问题就是一句永远没有办法落实的口号而已。正如经济民族学专家陈庆德教授说的那样："造成当代生态危机的真正根源，是主导现代社会的生活方式、经济体系和价值伦理所共同塑造的总体性生存模式。寄托于这种特定生活模式的可持续发展，不仅是没有出路的，而且它延缓或稀释了一些根本性问题。""既然生态环境是人类共同体生存中不可扬弃的一个基本因素，那么，生态的多样性及其本质联系，也就使人类社会发展的多样性和多线性成为必然。"②

从生态可持续发展的本质性要求来看，西方资本主义经济"单向度"的发展思路，以人为中心的生态理念，是造成地球资源利用不均、过度利用等问题的根源，也是经济发展不可持续的根本原因所在。因此，当代生态人类学立足生态本位，倡导在研究中注意发展的本体性转向，提出生态多样性、文化多样性以及与此相关联的适合本国国情的发展道路等发展理念，打破西方现代发展的话语霸权，才能真正找到可持续发展的正确道路。

三、环境人类学的发展

随着人们对环境问题的关注度越来越高，包括人类学在内的众多人文社会科学和自然科学都对环境问题展开了深入的研究。特别是人类学，在借鉴众多自然科学研究成果的基础上，采取多学科的研究方法，从多角度阐明人类社会与环境之间的内在联系，形成了一些新的研究分支学科。

---

① 潘天舒：《发展人类学概论》，华东理工大学出版社，2009 年版，第 224 页。
② 陈庆德、潘春梅、郑宇：《经济人类学》，人民出版社，2012 年版，第 168、170 页。

(一) 环境史研究

将历史学的研究理论与方法与人类学的田野调查方法结合起来,从法国年鉴学派起就一直盛行于西方理论学界。面对越来越严重的自然环境退变形成的灾难,人类学界、历史学界以及社会学界开始从文化的角度来探讨灾害形成的原因。对于人类社会发展对环境造成的影响问题,学者们开始研究人类历史发展的不同阶段在环境问题上的历史问题。美国学者罗德里克·纳什(Roderick Nash)于1967年出版了《荒野与美国思想》(1967),第一次使用了"环境史"这一学术概念,一般而言,这本书的出版标志着美国环境史研究的开始,也是美国环境保护运动深入发展的产物。他采用经济学中最常用的附加值的概念和图示法,来说明人类社会在发展过程中,人们对自然和文明社会态度的变化,从一开始,文明社会所附加的值要远高于荒野的数值,随着时间的推移,人类文明发展威胁了人们的身心健康,在此情况下,人们倾向于输入自然[①]。

美国学者唐纳德·沃斯特(Donald Worster)的《自然的经济体系——生态思想史》(1977)和英国的学者克莱夫·庞廷(Pontiong C.)的《绿色世界史——环境与伟大文明的衰落》(1991)是环境史研究的重要代表。前者通过比较系统地探讨生态学的渊源与演变,阐释人类在自然界中的地位,从而使人们能够清醒地认识到人类和自然的关系,并且能够把自然看作是需要尊重和热爱的伙伴,以一种平等的态度去对待它们。他认为,通过对不断变化的过去的认识,即对一个人类和自然总是相互联系为一个整体的历史的认识,使我们能够在并不完美的人类理性的帮助下,发现我们珍惜和正在保卫的一切[②]。后者则想写"绿色"层面的人类历史,主要内容是人类及其创造的各种社会与存在于其中的环境、生态系统之间的关系演变及其后果。人类的行为塑造了一代接一代的人类和居住于其中的环境,人类逐渐强化人工改变环境、干预自然生态系统的过程。

庞廷以辉煌一时的复活节岛文明的崩溃为引子,进而发问人类若此又将何去何从? 他描绘了人类诞生之初的生态环境,以及历经百万年的采集狩猎活动,讲述了采集狩猎向传统农业生产方式转变的成因,分析了这些伟大文明在人口激增与

---

① [美]罗德里克·弗雷泽·纳什著,侯文蕙、侯钧译:《荒野与美国思想》,中国环境科学出版社,2012年版,第318—319页。

② [美]唐纳德·沃斯特著,侯文蕙译:《自然的经济体系》,商务印书馆,1999年版。

有限资源的博弈中"盛极而衰"的过程,并且从哲学的高度探讨了人与自然的终极关系,讲述人类如何奠定了工业文明的生态观。他认为,在近现代,人们为了满足自己的私利,过度向环境索取,因此造成了生态环境的灾难。作者重新审视这些灾难出现的原因,指出这些灾难除了对生态的"无意识"之外,还多了政治上的"故意",通过对灾难性疾病在人类历史上肆虐的回顾,指出人口激增的工业社会对环境所产生的巨大压力,并最终得出人类面对资源压力的"下下之策"——贪婪之心操纵下的科学技术只能带来恶性循环①。

(二) 人类命运共同体

如果说环境人类学对于现代化的批判,是站在人类学学科本身的视角来审视人类社会的发展对于生态环境所造成的影响,并由此分析出生态退变、生态危机出现的根源性问题,而人类命运共同体概念的提出,则是对人类学学科本身进行反思的结果。人类学在出现之初,就是将文化作为本学科的研究对象。而文化概念的提出,本身就是人类思维结构中"人与自然二分法"框架的结果,因为文化是人类社会所独有的社会事实,是人类在和自然界打交道的过程中形成的,是与自然形成的观念相对的观念体系。而且作为人类社会特有的文化,本身就意味着人类超越自然界的优越感,也正是由于这样的优越感,导致"以人为本"的观念出现了异化。"人本主义"最初是针对欧洲中世纪在神学思想统治下的以神为本的思想而提出来的口号,旨在强调人类的自由性与能动性,这在当时的社会条件下具有明显的进步意义。然而,西方思想界在这一指导思想下,衍生出人类"唯我独尊"的自私观念,过度地向大自然索取,西方发达国家甚至有意识地将生态危机转嫁到发展中国家和地区。这其实是极度自私的表现,也是人本主义异化的结果。其最直接的结果就是,人类社会与自然界的矛盾越来越深,随着科学技术的不断更新,人类认识、改造和利用自然的能力也越来越强,给环境造成的破坏也会越来越严重,最终直接影响到人类社会的可持续发展。

化解人类社会与生态环境之间的矛盾,就是要从根本上解决将二者对立起来的观念,将二者视为一个整体。人类社会的生存和发展,离不开生态环境。人类是生态环境中的一环,且是最重要的环节。生态环境是人类社会构成中不可或缺的

---

① ［英］庞廷著,王毅译:《绿色世界史——环境与伟大文明的衰落》,上海人民出版社,2016年版。

环节,与人类社会休戚相关。在这样的思想指导下,人类社会与自然生态环境形成了关系密切的共同体,重新回归人类社会与生态系统的和谐共生关系,尊重生态系统中价值多元融通,将人的全面发展与生态系统的可持续运行有机结合起来。

学界公认最早提出环境伦理理念的是美国环保主义者利奥波德(Aldo Leopold),他在1949年出版的《沙乡年鉴》一书中,第一次提出"土地共同体"这一概念①,认为土地不光是土壤,还包括气候、水、植物和动物。而土地道德则是要把人类从以土地征服者自居的角色,变成这个共同体中平等的一员和公民。它暗含着对每个成员的尊敬,也包括对这个共同体本身的尊敬,任何对土地的掠夺性行为都将带来灾难性后果。利奥波德反思了人类的文明,认为真正的文明"是人类与其他动物、植物、土壤互为依存的合作状态",真正的伦理应当是大地伦理,是将人类视为"生物共同体中的一个成员"并自觉维护大地共同体的伦理。"我们尊重整个大地,不仅是因为它有用,而且是因为它是活的生命存在体"。他进一步提出了生态整体主义的核心准则:"有助于维持生命共同体的和谐、稳定和美丽的事就是正确的,否则就是错误的。"这个准则的提出是人类思想史上石破天惊的大事,它标志着生态整体主义的正式确立,标志着人类的思想经过数千年以人类为中心的发展之后,终于超越了人类自身的局限,开始从生态整体的宏观视野来思考问题了。

马尔库塞(Herbert Marcuse)在他的《反革命与造反》(1972)一书中,将大自然看成是人类的奴隶,他对马克思关于人的解放与自然的解放的思想进行了讨论,将自然引入人的解放的一个领域,把"大自然解放"当做是"人的解放"的手段②。马克思在《1844年经济学哲学手稿》中提到"感觉的解放",不仅包含建立新的人与人的关系,也包含建立新的人与物的关系和人与自然的关系。马尔库塞指出,资本主义把和人民简化成了具有严格功利价值的原材料,因此,他最终发出呼吁,"大自然也等待着革命"。

此后,地球优先组织的发起者大卫·弗尔曼(Dave Foreman)在《生态捍卫:捣乱行为指南》(1985)中总结了环境主义的好战行为,"是行动的时候了,让我们用英雄主义的、且据说是违法的方式来保护荒野,把捣乱行为投入那毁灭着大自然的多

---

① [美]奥尔多·利奥波德著,侯文蕙译:《沙乡年鉴》,商务印书馆,2016年版,第231页。
② 陈学明:《二十世纪的思想库——马尔库塞的六本书》,云南人民出版社,1989年版,第168页。

样性的机器齿轮中"①。

罗德里克·纳什在他的一部著作《大自然的权利:环境伦理学史》(1989)中,将人类的两种生态观进行了区分,即以人类为中心的生态观和以环境为中心的生态观,并且以这两种生态观为线索,梳理了近代西方的思想史。纳什旗帜鲜明地表明了他的生态伦理的观点,"伦理学应从只关心人(或他们的上帝)扩展到关心动物、植物、岩石,甚至一般意义上的大自然或环境"②。因此,他提出了环境伦理学的概念,这一概念意味着从人类利益的角度看,保护大自然是正确的,而滥用大自然(或其组成部分)则是错误的,大自然拥有内在价值,因而也至少拥有存在的权利③。

总体来看,从环境保护和人类可持续发展的角度来看,若不化解人类与自然生态系统之间的矛盾,生态危机将永远无法解决,人类社会也无法实现可持续发展。因此,人类学家开始把视野转向学科本身,从观念的改变入手,重新审视人类与自然环境之间的关系。抛弃传统的"人类—自然"二元对立的思维框架,而是将二者视为同一个整体,"人类命运共同体"的观念也就应运而生。

"人类命运共同体"理念的最初提出者是中国,在中共十八大的报告中明确提出人类命运共同体的理念,并阐释了其内涵。2017 年 3 月 17 日,这一思想首次进入联合国安理会决议,自此以后,人类命运共同体的理念和价值诉求逐渐得到了全世界人民的认同和支持,逐步达成了人类共识。特别是在应对人类社会周边的环境污染等关系到全人类的前途和命运的大事面前,人们迫切需要以"命运共同体"的思维去审视人与自然的关系问题、人类社会可持续发展问题、全人类共同进步等问题。这意味着要彻底抛弃西方异化了的人本主义的价值体系,放弃二元对立的对抗观念,抛掉零和思维,寻求合作共赢的人类社会的永续发展道路。

---

① [美]纳什著,杨通进译:《大自然的权利:环境伦理学史》,青岛出版社,1999 年版,第 235 页。
② [美]纳什著,杨通进译:《大自然的权利:环境伦理学史》,青岛出版社,1999 年版,第 2 页。
③ [美]纳什著,杨通进译:《大自然的权利:环境伦理学史》,青岛出版社,1999 年版,第 9 页。

第六章　生态人类学与中国学派

人类学学科最早是在西方出现的,这一学科进入中国的时间比较晚。在 20 世纪初,西方人类学理论与马克思历史唯物主义一同传入中国,最初是作为研究人类社会发展阶段的学术理念,其中古典进化学派的观点在传入时期影响更为深远。其后中国人类学学科在较长的时间内,受到苏联人类学的学科理论与方法的影响较深,在民族问题研究和社会问题研究方面,基本上是苏联学派的翻版。直到改革开放以后,近现代的人类学理论才逐渐被大众所接受。一大批西方人类学理论被介绍到国内,各种学派的著作被翻译成汉语出版。中国学者结合中国的实际情况,在借鉴和批判西方理论和方法的同时,逐渐形成了具有中国特色的人类学学科。特别是在生态人类学这一分支学科上,立足于中国多民族和生态多样性的社会事实,形成了生态人类学的中国学派。

第一节　中国人类学与生态人类学的发展

一、人类学传入中国

20 世纪初,处于社会大转型时期的中国,在西学东渐的影响下,引入西方人类学、社会学中有关人类社会演化规律的理论,满足了社会变革的政治需求。其中,以达尔文和赫胥黎(Thomas Henry Huxley)思想为代表的社会进化论思想契合当时的中国社会变革的需要,达尔文的《人类的由来及性选择》(1871)[①]和赫胥黎的《人类在自然界的位置》(1863)[②]两本书是社会进化观的代表作。因此,这两位学者的观点,在中国学者中引起了广泛的关注,中国学者不仅积极推介他们的学术观

[①]　[英]达尔文著,叶笃庄、杨习之译:《人类的由来及性选择》,北京大学出版社,2009 年版。
[②]　[英]赫胥黎著,蔡重阳等译:《人类在自然界的位置》,北京大学出版社,2010 年版。

点,并且将他们的理论用于指导中国社会的变革实践。

据考证,中国最早引入有关人类学理论和知识的文章,是 1892 年由傅兰雅(John Fryer)主编的《格致汇编》(第七年第三卷)中的一篇不署名的《人分五类说》的专文,介绍了西方的体质人类学的研究结论。1897 年 11 月 22 日上海出版的《译书公会报》第五册,刊登了一篇原载于日本《地学杂志》的《地球人类区分》的中文译本。而 1902 年由陈天华、黄兴、杨守仁等创办的"湖南编译社"将威尔逊《人类学》的日译本转译为中文①,正式以"人类学"的名称定义这一学科,也标志着人类学作为一门专门的学科正式被引进中国。

而严复于 1896 年首译赫胥黎的《天演论》,则是从英文原著译为中文,在时下中国学界得到广泛关注,一时间成为社会改良者们推崇的学术思想。进化论的观点,也为后来马克思历史唯物主义的传入奠定了思想基础。1903 年清政府颁布的《奏定学堂章程》中,文学科的课程中有规定主修课"人种及人类学"和选修课"人类学"的规定,人类学成为当时学生学习的重要课程。

在这以后,更多人类学论著被译成中文,方便国人更多了解西方人类学理论。如,林纾、魏易翻译的《民种学》,就是从罗威翻译德国人类学家哈伯兰的著作《人类学》的英文版转译而来的②。孙学悟于 1916 年在《科学》杂志上发表《人类学之概略》一文,对欧美人类学的学术观点进行了简要介绍。蔡元培先生在德国留学时专门学习过人类学,他于 1926 年发表《说民族学》一文,指明了人类学的研究方向,"人类学是一种考察各民族的文化而从事于记录或比较的学问""注重于各民族文化的异同"的研究③。中国学界将人类学作为学科的名称,也正是源于此文。

20 世纪 20—30 年代,西方经典的人类学著作基本上都有学者进行中文翻译出版,如许德珩翻译出版了涂尔干的《社会分工论》(1925),宫廷璋翻译的《人类与文化进步史》(1926)就是泰勒《人类学》的翻译本,杨东莼、张栗原合译了摩尔根的《古代社会》(1929),王亚南翻译了韦斯特马克的《人类婚姻史》(1930),吕叔湘翻译了罗维的《初民社会》(1935)和《文明与野蛮》(1935),钟兆麟翻译了威斯勒的《社会人类学概论》(1935),杨成志翻译了博厄斯的《人类学与现代生活》(1945),等等。

---

① 张寿祺:《19 世纪末 20 世纪初"人类学"传入中国考》,《社会科学战线》,1992 年第 3 期。
② 杨堃:《民族学概论》,中国社会科学出版社,1984 年版,第 22 页。
③ 蔡元培:《蔡元培全集》(第 5 卷),中华书局,1988 年版,第 103、108 页。

除了翻译经典著作外，在西方人类学理论和方法指导下，中国学者还开展了一系列的实践研究，将人类学的田野调查应用于中国少数民族地区的研究。有代表性的调研报告包括颜复礼、商承祖的《广西凌云瑶人调查报告》(1929)，杨成志的《云南民族调查报告》(1930)，林惠祥的《台湾番族之原始文化》(1930)，凌纯声的《松花江下游的赫哲族》(1934)以及他与芮逸夫共同调查的《湘西苗族调查报告》(1937)，费孝通的《花蓝瑶社会组织》(1936)等。

随着西方人类学理论的传入，中国学人中也因赞成或者翻译某一学派的学术著作而形成了不同的学派。陈永龄、王晓义归纳了西方人类学的几个主流学派及中国的代表学者：

第一是进化学派。这是最早被引进中国的人类学学派，也是影响中国学界最广的学派，林纾、魏易、蒋智由，以及蔡元培等人因先后翻译该学派的著作，而被看成是这一学派的代表。

第二是传播学派。鉴于语言的因素以及该学科的观点，这一学派在中国人类学界受支持的极少，陶云逵是为数不多的运用传播学派思想分析中国民族现状的中国学人。

第三是美国批评学派（文化历史学派）。这一学派与社会学联系紧密，因此在中国的学者中影响较大，孙本文、黄文山、戴裔煊、吴泽霖、潘光旦、吴文藻等都受到这一学派思想的影响。

第四是法国人类学派。由于这一学派的研究方法在民族地区的调查实践中得以借鉴，因此，中国学者中这一学派的代表人物比较多。包括杨堃、凌纯声、杨成志、徐益棠、卫惠林、芮逸夫等，他们对民族地区的调研成果影响深远，加上他们在研究工作和教学工作中也推介这一学派，因此，法国人类学派在中国的影响力也很大。但由于这些学者较为分散，并未形成法国人类学派的体系。

第五是英国功能学派。该学派在中国的传播始于1935年，学派的创始人之一布朗应燕京大学社会学系的邀请到中国做了为期三个月的讲学，其间吴文藻、杨开道、李有义、左景媛、林耀华、张东荪、费孝通、田汝康、李安宅等学者的论著、调研报告等都体现出功能学派的思想。中国功能学派逐渐形成了自己的理论体系和研究方法，其影响力远远超越其他学派。特别是费孝通先生的著作，是最早将社会人类学的研究方法用于中国现代农村社会的研究，深受国际上社会学、人类学的重视和好评①。

中华人民共和国成立以后的一段时间内,一方面,人类学曾被作为西方资产阶级的反动学科看待,几所大学里的人类学系也被撤销。另一方面,刚成立的社会主义国家将苏联作为自己学习的榜样,不仅在经济社会发展道路方面向苏联学习,在学术上,同样受到苏联学科理论的影响。苏联学派将人类学和民族学截然分开,将研究人类体质的学科定义为人类学,而研究人类社会文化的学科定义为民族学。因此,人类学作为一个学科的名称保留了下来,但其中的基本研究领域及指导理论和方法完全参照苏联人类学的模式。为此,苏联人类学家切博克萨罗夫等应邀到中央民族学院进行为期两年多的讲学,培养了一批人类学研究生。这些学生中许多成为人类学的骨干力量,加上老一辈的人类学家吴文藻、杨成志、费孝通、林耀华、潘光旦、吴泽霖等先后被调集到中央民族学院,很快使得中央民族学院成为中国人类学研究的中心。

摆在中国人类学学者面前的是新中国成立后的两件重要的民族问题——民族识别的调查研究工作和少数民族社会历史的调查工作。集中调查工作大致始于1953年,到1956年基本完成。在民族识别的调查研究中,人类学者深入各少数民族地区,在大量实地调研材料的基础上,以斯大林对于民族的定义为标准,从20世纪50年代申报的400多个民族中识别出50多个民族。斯大林的民族定义为,"人们在历史上形成的一个有共同语言、共同地域、共同经济生活以及表现在共同文化上的共同心理素质的稳定的共同体"②。按照这一定义,只有符合定义中的全部四个"共同",才被识别为一个单一民族。

与民族识别工作同时进行的另一项重要工作就是全国少数民族社会历史的调查。通过调查,主要解决两个主要问题:一是明确了新中国成立前各少数民族社会的性质,二是为每个少数民族编写了简史简志③。

总的来说,这一时期中国的人类学在马克思主义的指导下,开展研究和民族地区社会文化的调查工作,为我国民族工作和少数民族地区的经济社会发展工作奠定了坚实的基础。后来,在"左"的思想的影响下,人类学学科也被扣上了复辟资本

---

① 陈永龄、王晓义:《二十世纪前期的中国民族学》,《民族学研究》,1981第1辑。
② 《斯大林选集》(上册),人民出版社,1981年版,第64页。
③ 黄淑娉、龚佩华:《文化人类学理论方法研究》,广东高等教育出版社,2004年版,第448页。

主义的帽子而被撤销,老一辈的人类学家在"文革"中都受到过不同程度的批判。而且,这一时期的人类学受到苏联人类学思想的影响很深,重视经济基础,轻视上层建筑等。当时,也正是在这样的思想影响下,中国人类学学科形成了独特的发展道路,特别是在民族识别和少数民族经济社会历史的大调查中,逐渐形成了"经济文化类型"和"历史民族区"的理论。而经济文化类型概念的提出,以及在中国民族问题研究中的重要作用,逐渐形成了中国特色的生态人类学理论体系。

二、经济文化类型

"经济文化类型"概念所反映的是一种中国多民族文化与多样环境之间关系的理论,由苏联的人类学家切博克萨罗夫和我国人类学家林耀华先生于 20 世纪 50 年代共同提出,1961 年发表了俄文版《中国的经济文化类型》一文,1985 年该文被译介到中国并公开发表[①]。

切博克萨罗夫最初使用经济文化类型的时候,指出前资本主义时候存在三种基本的经济文化类型:狩猎采集或渔猎经济、锄耕农业和畜牧业、犁耕农业。他也注意到,同一类型的文化在不同的生态环境中又可以划分为不同的类型[②]。这样的划分,与欧洲和美国"文化区""文化圈"的概念存在着类似性,都是将生计模式或经济模式作为划分文化类型的主要标准,只不过苏式的经济文化类型从马克思主义的经济基础决定上层建筑的原理出发,强调经济基础对文化类型的决定性作用,标准更加统一,也体现出这一概念的辩证唯物主义的性质。历史民族区的概念则强调相邻民族间由于长期交往,出于相互影响而形成了相似的文化生活的特点[③]。相对应经济文化类型强调经济基础的作用,历史民族区则揭示了民族文化的相对独立发展的特性。

经济文化类型概念经过我国民族学者的研究和实践的发展,与最初苏联模式中强调经济基础的概念不同,而是将经济、环境、文化、民族、历史等众多因素综合考虑的概念,"经济文化类型是指居住在相似的生态环境之下,并操持相同生计

---

① 巫达、王广瑞:《经济文化类型理论的学术图谱与当代际遇》,《西北民族研究》2019 年第 3 期。
② 黄淑娉、龚佩华:《文化人类学理论方法研究》,广东高等教育出版社,2004 年版,第 409 页。
③ 〔苏〕切博克萨罗夫、切博克萨罗娃著,赵俊智、金天明译:《民族·种族·文化》,东方出版社,1989 年版,第 251 页。

方式的各民族在历史上形成的具有共同经济和文化特点的综合体"①。这一概念强调了划分经济文化类型时,要考虑到经济发展方向与该民族所处地理环境之间的关系,而且,经济文化类型的形成还有着特殊的历史过程。只有综合考虑这些因素,才能正确把握经济文化类型的内涵。从这一意义上来看,中国的经济文化类型包含有生态人类学和经济人类学的相关要素。

事实上,苏联学者对于经济文化类型的概念也提出了修正,如奥斯曼诺夫认为,这一概念适用于大尺度范围内民族特征的划分,但在具体的局部的经济文化类型的研究中却不太适合,因此他提出"经济文化区"的概念②。即研究区域范围内的民族经济文化时,要综合考虑生态—经济—文化三者的特点和传统③。

三、中国生态人类学的发展

生态人类学作为一门学科在中国有着较长时间的发展历程。庄孔韶在 1981 年完成了硕士论文《父系家庭公社的平行与系列比较——以近现代亚欧大陆的三个地理区域为例》,同年发表《基诺族"大房子"诸类型剖析》,1987 年,庄孔韶又发表了《云南山地民族(游耕社会)人类生态学初探》,对云南少数民族地区的游耕生态系统、游耕文化系统特征及其与文化的关系进行了深入的研究。这被认为是中国生态人类学的开创性篇章。中国最早直接将生态人类学纳入人类学的学者应该是宋蜀华先生。他早年留学大洋洲,接受过生态人类学的系统训练,并在我国西南地区进行过深入的田野调查,将西方理论与中国实际有机结合,最终得出自己对生态人类学的独特理解。他认为生态人类学是应用人类学的一个分支学科,是从生态的角度研究民族共同体及其文化与其所处的生态环境之间的关系的学科,即研究族群与生态环境之间的相互影响的特点、方式和规律,并寻求合理地利用和改造环境的方式④。

---

① 林耀华主编:《民族学通论》,中央民族大学出版社,1997 年版,第 80 页。

② M. O. 奥斯曼诺夫著,吴家多译:《经济文化类型研究的一些问题》,《民族译丛》(《世界民族》),1992 年第 5 期。

③ 时少华:《经济文化类型理论进展评析》,《北方论丛》,2009 年第 6 期。

④ 专著有宋蜀华、陈克进:《中国民族概论》,中央民族大学出版社,2003,《民族学的理论与方法》,中央民族大学出版社,1998;宋蜀华、白振声:《民族学理论与方法》,中央民族大学出版社,1998,《中国民族学理论探索与实践》,中央民族大学出版社,1999。主要论文有:《论中国的民族文化、生态环境与可持续发展的关系》,《贵州民族研究》,2002(4);《论中国的饮食文化与生态环境》.《中央民族大学学报》,2001(1);《民族学的应用与中国民族地区现代化》,《中央民族大学学报》,2000(5):1-9;《我国民族地区现代化建设中民族学与生态环境和传统文化的关系研究》,《人类学研究》第 11 辑。

　　与宋蜀华先生的生态人类学的观点类似，云南大学尹绍亭教授、云南师范大学崔明昆教授等则用民族生态学的学科概念来进行学科构建。尹绍亭教授对云南边境地区多民族的刀耕火种进行了深入的研究，出版了《一个充满争议的文化生态体系——云南刀耕火种研究》。该书系统地阐释了云南边境地区多民族的刀耕火种及其与所处生态环境、特定生计的关系。此外，尹绍亭先生还出版了《森林孕育的农耕文化——云南刀耕火种志》《人与森林——生态人类学视野中的刀耕火种》《文化生态与物质文化》等，对云南边境地区的刀耕火种、传统生计、环境、防灾减灾、生态村建设等有重要探讨。他认为刀耕火种是一种具有结构和功能的"民族生态系统"，是当地文化和生态系统的组成部分[1]，由此开启了我国西南地区生态人类学研究的先河。郭家骥研究员发表了《西双版纳傣族的稻作文化研究》《生态文化与可持续发展》《发展的反思——澜沧江流域少数民族变迁的人类学研究》等，对西双版纳稻作文化、澜沧江—湄公河流域环境与发展的关系进行了系统的研究[2]。

　　20世纪80年代，我国学者马世骏提出"社会—经济—自然复合生态系统"概念[3]，并阐述了这一概念的内涵、特征、评估指标等[4]，这标志着人与自然关系的认识取得了突破性的进展，认识到人类的活动在与所处生态系统互动过程中的价值和作用[5]。"人类活动已在大范围地改变着自然环境，形成许多交错带和隔离带，使原来的景观界面发生变化"[6]。这些概念的提出，显示出中国学者在文化与自然环境的互动关系上的认知，从中可以看到人类活动对自然环境产生了巨大的影响。

　　此外，我国人类学家还先后提出了"适应模式""双重困境""发展的代价""地方性生态知识""灾害人类学""生态环境史""地方社会脆弱性"等一系列核心概念[7]。

　　1992年杨庭硕、罗康隆等提出了"民族生境"的概念，将前人在文化与环境研究领域内的概念进行了整合，并围绕着"民族""文化"和"生境"这三个核心内容，阐

---

① 尹绍亭：《一个充满争议的生态文化体系——云南刀耕火种研究》，云南人民出版社，1991年版。

② 郭家骥：《西双版纳傣族的稻作文化研究》，云南大学出版，1998年版；郭家骥：《生态文化与可持续发展》，中国书籍出版社，2004年版；郭家骥：《发展的反思——澜沧江流域少数民族变迁的人类学研究》，云南人民出版社，2008年版。

③⑤ 马世骏：《经济生态学原则在工农业建设中的应用》，《农业经济问题》，1983年第1期。

④ 马世骏、王如松：《社会—经济—自然复合生态系统》，《生态学报》，1984年第1期。

⑥ 马世骏：《展望九十年代的生态学》，《中国科学院院刊》，1990年第1期。

⑦ 曾少聪、罗意：《中国生态人类学的发展与反思》，《中央民族大学学报（哲学社会科学版）》，2021年第1期。

述"民族生境"的内涵,为生态人类学的研究开辟了崭新的研究思路①。

杨庭硕、罗康隆等教授团队对石漠化地区的生态治理与传统知识的关系进行了深入的研究,认为在治理石漠化生态灾害的过程中需要重视传统知识,不可忽视少数民族的生态智慧和技术技能,这些传统生态知识能够有效地控制石漠化灾变,使"土地癌症"得到有效治理。该团队还长期对侗族稻鱼鸭共生体系进行了深入、系统的研究,呈现出了一批高质量的研究成果。此外,杨圣敏、崔延虎对西北干旱草原生态文化的研究,麻国庆、色音、宝力格、孟和乌力吉、敖仁其、吴合显等对内蒙草原生态文化的研究,曾少聪对海洋生态文化的研究,在生态人类学界也具有重大的学术价值与学术影响力。

我国人类学学者在从事实际问题研究的同时,对民族生态学理论进行了积极的建构,杨庭硕教授的《生态人类学导论》可以说得上是我国第一部对生态民族学理论进行系统阐释的理论著作,罗康隆的《文化适应与文化制衡》以"文化制衡"开启了生态人类学的中国话语,此后又出版了《生态人类学理论探索》,对中国话语的生态人类学理论与方法进行了系统阐释,对生态人类学的理论构建具有重要的现实意义。云南师范大学崔明昆教授撰写了《民族生态学理论方法与个案研究》。冯金朝、薛达元、龙春林对中国国内的民族生态学进展也进行了追踪,冯金朝、周宜君、刘裕明等认为,民族生态学是应用生态学原理分析和探讨典型地区不同民族的生产方式、生活方式、文化习俗及其形成过程,以及对当地生态环境影响的结果,阐明了不同民族的生产方式、生活方式、文化习俗等对环境的影响以及解决环境问题的生态途径。他们系统地探讨了民族生态学的学科概念、研究对象、研究方法等,对生态人类学的发展起到了积极的推动作用。

在 2008 年世界人类学民族学联合会在昆明举行的第 16 届世界大会上,以中国学者罗康隆为代表开设的"生态民族学研究专场",引起国内外学者的高度关注。十余年来,我国的生态人类学得到长足的发展,在我国人类学界中占有重要的位置,涉及生态人类学的国家社科基金项目就有近 300 项。围绕生态人类学的专著也陆续涌现,出版著作达 200 余部,公开发表有关生态人类学的科研论文上万篇,

---

① 艾菊红、罗康隆:《生态民族学何以落地生根——罗康隆教授采访记(下)》,《三峡论坛》,2019 年第4 期。

其中硕士、博士学位论文有近 5 000 篇。这一时期我国生态人类学研究的代表人物有中国社会科学院曾少聪教授、新疆师范大学罗意教授、中南民族大学陈祥军教授、云南社会科学院李永祥教授、云南大学何俊教授、广西民族大学付广华教授、贵州大学崔海洋教授、凯里学院罗康智教授等。尤其值得一提的是，吉首大学的罗康隆、杨庭硕领导的生态人类学研究团队，成为中国生态民族学研究的重镇，在国内外具有广泛的学术影响力。中国的生态民族学在不断完善理论与方法的过程中，也在不断地拓展研究领域，在总结民族学和生态民族学一个多世纪以来研究经验的前提下，中国生态人类学提出了自己的理论与方法，其理论主要有"文化经济类型"、民族生境论、文化制衡论等；其研究方法主要有"历时性与共时性"的研究方法、终端验证法、乡村日志与学者跟踪的资料收集方法。

第二节 "民族生境"论

一、民族生境的提出

"民族生境"的概念中将人类生存的环境分为"自然生境"和"社会生境"两大类。作为地球上生命体存在的人类，当然和地球上其他的生物一样，离不开自然环境的制约。虽然随着科学技术的进步，人类对自然的改造能力逐渐加强，人类可以在短时段内超越自然环境的约束，实现跨生态系统的生产活动，甚至可以在实验状态下，脱离地球的环境，在外太空进行生物体的培植。但从长时段和大尺度的视角来看，人类终究没有办法完全突破自然环境的藩篱而独自生存。民族文化总是受制于自然生态环境，又带有明显的自然环境的印记。纷繁复杂的自然生态系统，造就了千姿百态的民族文化。这种各民族赖以生存的自然环境的总和，就是民族文化的自然生境。

与此同时，人类作为社会性群居而存在，也得和不同的群体打交道。国家产生以后，各民族还要面临着更为复杂的政策、市场、族际关系与国际关系等。面对复杂多样的社会环境，各民族的选择不同，也会形成不同的民族文化。

自然生境与社会生境的耦合是靠文化凝集起来的社会合力去实现的，以在文化运行中维持民族生境的稳态延续①。可见,在民族生境中,不仅有自然生态系统中的生物生命形态存在,而且有社会生态系统中的生命形态存在,是自然的产物,也是人类社会的产物②。

"民族生境"概念的提出,在人类学的理论和实践中,对解决以下三个问题作出了贡献。

首先是文化与生态环境对立的问题。"自然生境"的概念将人类社会的生物属性与文化属性有机统一起来,既说明人类社会不能脱离所处自然生态背景而独立存在,也规定了自然生态环境的文化属性,即自然生境是在文化的干预下为人类社会服务的生态环境。

从生物属性来看,人类和其他生物一样,具有能动适应自然生境的本能。现代体质人类学的研究成果表明,人类体质特征与所处自然生境中的纬度、气温以及其他自然条件相关③。如低纬度地区的人们普遍比高纬度地区的人们的皮肤颜色要深,因为低纬度地区的紫外线强,这一地区的人们需要分泌大量的黑色素来吸收阳光中的紫外线,形成保护层,使得机体内其他器官免遭紫外线的伤害。蒙古人种的内眦皱褶,可能是一种与其居住在亚洲腹地,风沙较多和干旱多雪地带有关的保护性结构。该结构可以保护眼睛免受风沙的侵袭,并且防止多雪地区的雪光反射对眼部造成的伤害。生活在非洲南部卡拉哈里沙漠中的布须曼人所具有的狭窄的眼裂也可以用同样的理由来加以解释。对苏拉威西岛东部海域的一支巴瑶人的研究中发现,当地巴瑶人的脾脏比其旁边的萨卢安人大 50%,这使得巴瑶人在潜水时,脾脏会提供更多的氧气。因为巴瑶人生活的区域是海洋,他们在日常生活中需要经常潜入深海捕鱼以获得生活资源,大尺寸的脾脏能为巴瑶人提供更多的氧气,足以支持他们在海中潜水更长时间。从人类生物属性的角度来看,人类与其他生物适应生态环境的方式并无本质差别,遵循的是达尔文所说的"物竞天择,适者生存"的自然法则。

然而,自然环境与民族文化之间存在着一种交互关系,自然环境制约着民族文化的内容和式样,与此同时,民族文化从其产生的那一天开始,对所处的自然环

---

① 杨庭硕、罗康隆、潘盛之:《民族　文化与生境》,贵州人民出版社,1992 年版,第 78-79 页。

② 罗康隆:《文化适应与文化制衡:基于人类文化生态的思考》,民族出版社,2007 年版,第 89 页。

③ 朱泓:《体质人类学》,高等教育出版社,2004 年版,第 333 页。

境进行改造，按照该民族的生存、延续与发展的需要，进行人为利用和改造，最终达到一种耦合状态。从社会属性来看，人类创造的文化，本身就是在利用自然资源的过程中实现的。沃斯特将这种人类在以自然为前提的条件下所创造出来的生态环境称为"第二自然"（second nature），即"技术环境"，它是人类文化的产物[①]。

"民族生境"乃是经过民族文化系统干预过后而形成的次生生态环境，即生存环境[②]。受到民族文化影响的生态环境与生物学所研究的纯粹的自然生态环境已经具有本质的区别，自然生态环境按照自然的规律运行，而人文生态环境的运行，除了遵循一般的自然规律外，还要受到民族文化的干预和影响。在当下，人类的活动范围已经遍及地球的大部分地方，自然状态下的生态系统基本上已经被人为生态系统所替代，地球上已经几乎找不到不受人类社会影响的自然生态系统了。大量的民族志表明，哪怕是在狩猎采集社会，对自然生态环境也会根据不同民族所需，按照不同时间、不同功用等标准对其进行分类[③]。

民族文化对于所处的自然生境中的资源，并非需要完全利用，而是按照其文化所需，选取其中一部分资源加以利用而已。这就使得民族文化具有特殊的演化过程，因此具有社会属性。生活在相同的或者相似的生态环境中的不同民族，由于利用资源的方式不同，可能形成完全不同的民族文化。如武陵山区，生活着苗族、土家族和汉族等，苗族生活在高山区段，传统的生计方式为利用山地丛林地带的资源实施游耕。相较于苗族游耕的生活方式，土家族则是更多地采用农业、林业、畜牧养殖业共同发的生计方式，采集渔猎有效补充[④]。而汉族则生活在滨水的平坝地区，采取以固定农耕为主的生计方式。

面对类似的生态系统，由于不同的民族所利用的资源不同，其文化与生态系统的互动和适应手段也各不相同。尽管不同民族呈现出不同的文化事项，但其要达到的目的却殊途同归。不同的民族文化所展现出来的不同文化事项，其内涵都包

---

① ［美］唐纳德·沃斯特著，侯文蕙译：《自然的经济体系：生态思想史》，商务印书馆，1999 年版，第5页。

② 杨曾辉、李银艳：《论文化生态与自然生态的区别与联系》，《云南师范大学学报（哲学社会科学版）》，2013 年第 2 期。

③ 杜星梅、陈庆德：《经济人类学视野中的采集经济——来自独龙江峡谷的调查与分析》，《民族研究》，2016 年第 1 期。

④ 姜爱：《山地生态与土家族的文化适应》，《黑龙江民族丛刊》，2015 年第 5 期。

含着维护生境的自然平衡,民族文化与自然生境之间达成一种动态的耦合关系①。这种耦合关系在生态人类学的学术术语中,被称为"文化生态共同体"(cultural ecology)②,这一概念从根本上解决了此前人类学界将文化与生态环境看成是二元对立的矛盾。在文化生态共同体的理论架构内,文化与生态环境成为互为支撑的统一体。

其次是文化传播中文化适应的问题。自从博厄斯提出文化重塑的概念以来,人类学界对于文化传播中适应机制的研究就成为讨论的重点内容。博厄斯本人倾向于人类被动适应环境,威斯勒认为影响文化传播的因素除了自然环境外,种族环境即文化背景才是起重大作用的因素③,斯图尔德环境适应的观点则强调关注那些对地方性特色文化相关的生态环境。而关于社会环境对民族文化的影响,博厄斯学派基本上都没有论及。

民族文化的"社会生境"指的是围绕在各民族周围的各种社会环境,与自然环境共同构成"民族生境"。民族生境的形成,本身就是文化适应的结果,自然生境体现了文化对自然环境的适应,社会生境则表现为文化对社会环境的适应。民族文化的形成与传播,除了与自然环境有关以外,社会环境也是重要影响因素。在我国,苗族一般都生活在亚热带山地丛林生态系统中,自然生境基本相似。而苗族语言可分为东部、中部和西部三大方言区,有70多种语言支系,各方言区的语言差异很大。其中重要的原因是,各个区域内苗族的社会生境不同,西部方言区内苗族与彝族共存,语言受彝语发音的影响,都带有鼻冠音。东部方言区湘西地区的苗族与土家族共同生活,属于氐羌语族的土家族语带有鼻冠音,因而此地苗语也带有鼻冠音。而中部方言区黔东南的苗族与侗族、水族、布依族等共同生活,这些民族语言中没有鼻冠音,也没有送气音,因而黔东南地区的苗语中也无鼻冠音④。

语言的互动借用只是民族文化受社会生境影响的一个方面,在文化传播过程中,族际的互动包括饮食、节庆、习俗、信仰等多个方面,罗康隆教授在其著作《族际

---

① 罗康隆:《文化适应与文化制衡:基于人类文化生态的思考》,民族出版社,2007年版,第55页。

② 〔美〕史徒华著,张恭启译:《文化变迁的理论》,远流出版公司,1989年版,第39页。

③ 〔美〕克拉克·威斯勒著,钱岗南、傅志强译:《人与文化》,商务印书馆,2004年版,第294页。

④ 罗康隆、杨庭硕、吴合显:《从生态民族学到生境民族学的思考》,《原生态民族文化学刊》,2022年第1期.

关系论》中,将族际互动模式归纳为"互动链""互动圈"和"互动层"①。各民族通过各种互动关系,在相互制约、相互依存中形成一个整体,并获得持续发展。

在文化传播的族际互动中,有些互动是民族间在交往、交流、交融中自然形成的,如生计方式、饮食习惯、语言风俗等,相同区域内各民族在相同的自然和社会生境中形成了相似的文化事实。有些互动是在政治经济政策影响下完成的,清初为保证贵族所需皮毛的稳定供给,调整鄂伦春族的赋税政策,结果保证了鄂伦春人稳定的狩猎文化;清朝政府为加大对西藏的控制力度,提高了藏传佛教格鲁派的地位,格鲁派僧侣可以到蒙古各部传教,最终使得藏传佛教格鲁派成为蒙古族中的主要宗教派别。西方学者的民族志研究中有关印第安文化中生计方式的转型、语言的变化、社会结构的变迁等,事实上也不外乎自然生境与社会生境在其间发挥作用。

"民族生境"概念将民族文化的自然属性和社会属性有机结合起来,指的是特定民族在文化的作用下应对其所处自然环境、社会环境,且在本民族历史过程中获得的成功经验与失败教训中建构起来的独特文化。民族生境脱胎于地球自然生态系统,但其内部各要素又与自然生态系统要素不同,都是经过文化"化"了的结果,包括经过文化作用后的各自然要素与社会要素,都为人类自身生存发展延续服务。

最后是生态系统中文化应起到的作用问题。在民族生境论的观念中,民族文化根植于特定的自然生态系统,但作为独立运行的系统,有着固定的运行规律。民族文化和自然生态环境是两个独立运行的自组织系统,在民族文化的协同演化过程中,这两个系统会出现不相兼容的情况,表现为民族文化系统与自然生态系统的相互偏离,偏离的结果就造成了生态问题的出现。

人类社会与所处自然生态系统的偏离是民族文化生存发展与延续的内在要求。通常情况下,民族文化在其运行过程中,表现为文化与所处自然生态系统的耦合状态。但人类社会与自然生态系统保持一定程度的偏离不仅是容许的,而且是必需的。人类社会寄生于自然生态系统又超越自然生态系统,与自然生态系统长期和谐共存,并确保各民族的文化建构与所处自然生态系统的偏离保持在一定的范围内,人类社会与自然生态系统就可以稳态延续。人类与所处自然生态系统虽

---

① 罗康隆:《族际关系论》,贵州民族出版社,1998 年版,第 324 - 340 页。

然容许存在偏离,但是如果这种偏离超出了可以容许的范围就会破坏人类社会与自然之间的和谐,那么将导致人类的灾难。

自然生态系统复杂多样,其中的资源十分丰富,但不同人类社会所利用的资源却十分有限。在同一自然生态系统中,不同的民族文化利用的资源不同,或者利用相同资源时,不同民族文化所采取的利用方式也各异,这就造成了民族文化的多样性。而这种多样性的存在,本身就意味着民族文化对自然生态系统的偏离。民族文化与自然生态系统的偏离从定性的角度看,有这样的特点:一方面,民族文化中的物种肯定比生态系统中要少得多,至于少到什么程度则与民族的文化属性有关联。另一方面,生物物种间的关系也会因人类的干预在生境中变得简单化,被简单地划分为好的和坏的、有用的和无用的、高贵的和低贱的,等等。在这种划分中,文化的价值取向起着重要的作用。再一方面,物质与能量的转换也在人类干预下被分为两部分,一部分按照生物法则转换,另一部分按照社会法则转换[①]。

如何解决生态问题?长期以来,一些学科将文化与生态割裂开来,自然主义者甚至将文化与生态对立起来,试图从生态系统的角度单方面去解决生态危机的难题,显然忽略了文化与生态事实上构成了命运共同体这一事实。"解铃还须系铃人",既然生态问题是由文化造成的,那么对生态环境的维护,文化显然负有不可推卸的责任。

有效控制文化对生态环境的"偏离",使之不至于扩大到对文化的发展造成影响,其最终的动力来自文化本身的回归倾向,而文化的回归倾向并不违反文化建构的基本原则。当文化的偏离扩大化时,人类社会从具体的民族生存环境获取生命物质和能量的代价就会提高。为了经济实惠,文化会很自然地仿效自然生态系统的运作,缩小偏离。同样地,当这种偏离的扩大影响到一个民族的内聚力时,文化同样会仿效自然生态系统的运行方式启动反向调适的机制去提高民族成员之间的凝聚力。在正常情况下,任何一个民族文化对自然生态系统都具有利用与维护的功能。文化与所处自然生态系统的并存格局,决定了其可以依靠也只能依靠文化的持有者来不断修复文化与生态环境的偏离。

---

① 罗康隆:《文化适应与文化制衡:基于人类文化生态的思考》,民族出版社,2007年版,第59页。

二、民族生境的内涵

生境是指物种或物种群体赖以生存的生态环境。生境（habitat、biotope）指生物的个体、种群或群落生活地域的环境，包括必需的生存条件和其他对生物起作用的生态因素。生境原本是生态学中环境的概念，又称栖息地，是生物出现的环境空间范围，一般指生物居住的地方，或是生物生活的生态地理环境。生境的构成因素上有各种无机因素和各种生物因素。特定生物为了某一生存目的（如觅食、迁移、繁殖或逃避敌害等），在可达的生境之间寻找一个最适宜的生境。也就是说野生动物通过对生境中生境要素与生境结构作出反应，以确定它们的适宜生境。在群落内部，构成群落的生物相互混杂，各选择自己的生境，自然也就形成了不同生物的生境。

人类作为地球生态系统中的一个物种，直到今天也只能生存于地球表面，依靠地球生态系统提供的能量赖以生存。就生物性来说，人与其他动物一样，需要空气、阳光、食物等，也需要自身繁衍，延续种族。就社会性来说，人是一种在社会中生存的动物，只能按社会的要求去生活，接受社会的模塑，需要把社会要求传递给同一社会的其他成员。由于人类依靠自身的文化有了社会，人类的繁衍便在社会中完成，这进一步加大了人类与其他动物的区别。人类能做到这些以致成为地球上无敌的生物界主宰，凭借的乃是人类的特有创造物——文化。有了文化，人类就能结成社会。在文化的作用下，长期生活在同一生境中的人群为了征服和利用生境的需要，在其世代延续中创造出文化事实来，以之维系成独特的人们共同体，这样的人们共同体在经济生活、语言、习俗、社会组织、认知方式、技术技艺、族名、信仰、伦理道德等诸方面构成一个和谐的系统，便与别的人们共同体区别开来，这样的人们共同体就是一个民族。

生存于地球表面的各个民族其生存环境极不相同。地球生命体系提供给人类的生物物种极其丰富复杂，地球表面差异极大，有高山雪域、有沙漠、有大海、有岛屿、有江河湖泊、有平原、有高原、有草原、有森林、有湿地，等等。这些现存的各种生态系统，对地球生命体系而言无优劣高下之分，它们都是有价值的，对地球生命体系的平衡都是有用的，因为这些生态系统并不是为人类而存在，更不是为人类所独享。也就是说，地球上的生态系统本身无脆弱性，也没有什么脆弱环节。但对人类而言却不完全是这样。在处于分立式发展阶段的当代,人类乃是以文化事实体系为分野。人类以自己的文化为工具,不断地超越生态系统的限度,使人类这一物种能够满布到地球的每个角落。人类作为一种独特的生物种群,占据了多个生态位。更重要的还在于,人类还有自己的价值观,从自己所处的不同的生态位出发,对已有的生态系统赋予不同的价值等次。从这样的角度出发,对任何一个民族来说,它一定占有一片特定的自然空间,并不断地以自身文化去调适所处的自然空间,这样一来,地球上的各个生态系统都被打上了文化烙印,赋以民族文化的内涵。这片自然空间中所有自然特性就构成了该民族特有的生存环境,这一生存环境就是该民族的自然生境。

人类学界对"生境"一词的理解有个发展的过程,早期的人类学家们仅仅把生境理解为纯自然的生存空间,因而没有把生境作为民族的特征来看待和加以研究。随着人类学研究的深入,人们逐步认识到,围绕在一个民族外部的环境并非纯客观的自然空间,而是经由人类加工改造的结果,使自然生态系统带上了社会性,于是,民族的生境就不再是纯客观的自然环境,而是社会模塑了的人为体系。民族生境这一概念弥合了以往那种将"文化"与"环境"割裂的现象,将二者融为一个整体去加以考察。

围绕着一个民族的外部环境——自然环境与社会环境,是一个纷繁复杂的物质与精神的随机组合。每一个民族必须凭借其自成体系的文化,向这个随机组合体索取生存物质,寻找精神寄托,以换取自身的生存延续和发展。就这个意义而言,文化成了工具,外部环境则是加工对象,加工者则是民族自身。经过加工后的外部环境,是社会活动的结果,原先没有系统的随机组合演变成了与该民族文化相适应的体系,这就是该民族人为的外部空间体系。这个经由特定文化加工,并与特定文化相应的人为外部空间体系,才是该民族的生境。一个民族的生存环境当然包括由自然和社会两大组成部分,两者的结合才是完整的该民族的生境①。

一个民族的生境,与该民族所处的客观外部环境之间有着原则性的区别,相比之下,一个民族的生境必须具有如下三重特性:

首先,一个民族的生境具有社会性。一个民族对其客观的外部环境并非

---

① 杨庭硕、罗康隆、潘盛之:《民族 文化与生境》,贵州人民出版社,1992年版,第90页。

100%的加以利用，而是按照该民族自身的文化特征，去有选择地利用其中容易利用的部分。一个民族对其外部环境的加工改造手段往往与其他民族不同，加工手段则是该民族文化制约的结果。一个民族要加工改造外部环境，还需要本民族成员的协调工作，不同民族的协调方式各不相同，其加工改造外部环境的结果也必然互有区别。

其次，一个民族的生境具有特定的文化归属性。鉴于与特定民族发生关系的外部环境，已经不是纯客观的外部世界，而是留下了该民族在其文化归属下选择汰选加工和整理的痕迹，并使之协调化系统化的特有生存空间，这样的生存空间是社会的产物，也是社会的需要，它与社会紧密结合，成为该民族社会的一个有机组成部分，这才是该民族的生存生境。生境的社会性植根在该民族的文化之中，与该民族文化的其他组成部分协同运作，因而一个民族的生存生境必然是该民族文化的有机组成部分。没有文化归属的民族生存生境是不存在的，这就是生存生境的文化归属性。生存生境的这一特性，在杂居于同一生存空间的几个民族中表现得尤为突出。我国的回族和汉族相互交错杂居在极为相似的地域空间内，若不就文化的归属性而言，似乎他们的生存生境之间没有区别。然而，只要仔细分辨这两个民族因文化而造成的生存空间差异后，必然发现他们之间互有区别。回族文化的重商倾向，必然导致回族对外部环境中的农田、水利等的关系比重农倾向的汉族要淡漠得多。同样地，由于回族文化拒绝接受猪肉而传统上食用牛羊肉，加工牛羊的畜产品又必然导致回族与我国西北各游牧民族的契合程度高过于汉族与这些民族的关系。这就证明围绕在回族周围的生境，随着回族文化的取向而转移，回族生境之于回族文化，自然显示出一种部分与整体的关系，而与汉族生境明显地区别开来。由于民族文化的差异，他们与周围各民族和自然环境的利用趋势也随各自的文化而转移，造成了归属于各自特有文化的民族生境。

再次，民族的生境具有系统性。一个民族生境的文化归属性，又必然导致该民族与其外部环境中各组成部分的关系呈现出层次性的差异。换句话说，一个民族对其纷繁复杂的外部环境各组成部分，有的关系密切，有的较为疏远，有的甚至完全无关，这种层次性的差异就是该民族生境的系统性。比如生存于蒙古草原上的蒙古族，其文化植根于畜牧与草原的关系之上，牲畜、草原、水源与他们的关系至为密切，草原上的野生动物、灌木与他们的关系就较为疏远，干涸的戈壁、山崖、岩石与他们的关系则更为疏远。由此我们不难看到,在蒙古族周围呈现出一套亲疏有别的环境圈,每一个环境圈内都包含着若干种自然构成要素,每一个这样的环境圈都自成生境的一个子系统,亲疏有别的若干环境圈共同构成一个大系统,这也即是一个自然生境。蒙古族在其文化影响下,对这个大系统进行有层次的利用和有等次的信息交流。其他民族也是如此,即每个民族的生境绝非杂乱无章的拼合,而是有系统的有机结构。

生存在特定自然生境的民族,还与其他民族发生不同类型的关系。历史上,所有的民族都是在相互交往中成长起来的,从来没有自我封闭的民族,也不存在什么完全自给自足的经济体系,那种"鸡犬相闻,终死不相往来"的情景都只是想象中的。每个民族都会根据自身生存发展延续的需要,与周边的民族建立起各式各样的关系。比如我国西南少数民族与汉族的关系是通过国家政权这一渠道而达成的;而中亚阿拉伯人和我国伊斯兰教信徒的关系则是通过宗教礼仪而联系的;我国回族与蒙古族、哈萨克族、撒拉族、藏族等民族和汉族所结成的关系则是通过贸易渠道。总体说来,就以民族之间的关系类型来说,由于民族之间发生关系的作用力大小的不同,作用力方向的不同,发挥作用的空间半径不同,以及由此而造成的作用渠道有别,导致了民族关系的复杂化。一般说来,民族之间可以形成平行关系、互补关系、包裹关系、依附关系、联动关系和涵化关系[①]。由上可以看出,这些围绕在一个具体民族周围的全部社会实体,在特定民族中都会发挥特定的作用,影响着特定民族的发展趋势。我们将这种社会实体称为该民族的社会生境。

一个民族的自然生境和社会生境都是特有的,这二者的有机结合就成为该民族的生境,我们简称为生境[②]。可见,一个民族的生境,是该民族社会运作的产物,是其特有文化的组成部分,因而生境之于民族是特有的,不能与其他民族互换共有,是特定民族的生存环境。

三、对文化与文化事实的再认识

生存于不同生境的民族,创造出了自己的文化。同一民族的成员凭借其特有文化去选择、改造、利用和协调其生境,以创造所有成员的全部生存条件,来维系该

---

① 罗康隆:《族际关系论》,贵州民族出版社,1998年版,第97页。
② 参见杨庭硕、罗康隆、潘盛之:《民族 文化与生境》,贵州人民出版社,1992年版,第1页。

民族的延续与发展。于是生境、民族、文化形成一个连环套。在这个连环套中,文化是最关键的环节。所以,文化是人类学中最基本的概念。在人类学发展史上,前人对文化的理解不尽相同。"文化"一词源于拉丁语 Cultura,意为耕作、培养、教育、发展、尊重等,它实际涵盖了人类社会全部生活内容。英国人类学家泰勒(Edward B. Tylor)所指出的文化的定义就涵盖了人类经历的各个方面:"文化……是一个复合的整体,它包括知识、信仰、艺术、道德、法律、风俗以及作为社会成员的人所获得的其他任何能力与习惯。"① 因此,文化涉及人类活动的计划、规则、专门技能和生计策略。英国人类学家马林诺夫斯基发展了泰勒的文化定义,于20 世纪 30 年代著《文化论》一书,认为"文化是指那一群传统的器物、货品、技术、思想、习惯及价值而言的,这概念包容着及调节着一切社会科学"② 。英国人类学家 A·R.拉德克利夫—布朗认为,文化是人们在相互交往中获得知识、技能、体验、观念、信仰和情操的过程③ 。文化是一系列规则或标准,当社会成员按其行动时,所产生的行为属于社会成员认为适合和可以接受的范畴之中④ 。美国文化人类学家 A·L.克罗伯和 K.科拉克洪在 1952 年发表的《文化:一个概念定义的考评》中,分析考察了 100 多种文化定义,然后他们对文化下了一个综合定义:"文化存在于各种内隐的和外显的模式之中,借助符号的运用得以学习与传播,并构成人类群体的特殊成就,这些成就包括他们制造物品的各种具体式样,文化的基本要素是传统(通过历史衍生和由选择得到的)思想观念和价值,其中尤以价值观最为重要。"⑤克罗伯和科拉克洪的文化定义为现代西方许多学者所接受。

由上观之,学术界对文化的定义不胜枚举,但也意味着学术界对文化这一定义还存在很大的分歧,并没有对这一定义形成统一的看法。作为一个物或一件事,从逻辑上说只能有一个定义,必须具有其唯一性与周遍性,我们才能去认知这样的物或事。但人类学界对文化的定义并没有唯一性与周遍性,因而出现了 160 多种定义,这就说明学界对文化的定义是具有歧义,是很有必要值得深究的。前人通过对

① Edward B. Tylor:Primitive Culture, Harper&Row, 1958(1871).

② [英]马林诺夫斯基著,费孝通等译:《文化论》,中国民间文艺出版社,1987 年版,第 2 页。

③ 《中国大百科全书(社会卷)》,中国大百科全书出版社,2004 年版,第 409 - 410 页.

④ William A. Haviland:Cultural Anthropology, Orlando, Florda Harcourt, 1993,p.30.

⑤ A.L. Kroeber ect., Culture: a Critical Review of Concepts and Definition, Harvard University Press,1952.

有关文化定义的分析,尤其对文化要素与文化特征的研究,似乎仍然没有找到文化的实质:有的是从文化的要素出发去定义文化,把文化要素当做了文化;有的是从文化的特征出发去定义文化,进而把文化特征当成了文化。也即是从文化的部分定义了文化的整体,或是把文化的部分当成了文化的整体。从严格意义上说,前人是从文化事实出发去描述、定义文化,并在这种基础上建立起对文化运行规律研究的框架。笔者认为他们探讨的不是文化本身,而只是文化事实。为此,很有必要深究文化与文化事实。需要厘清了这二者的关系,二者不可混淆,处于不同的层面,必须加以区分。这样一来,人类学这门学科的研究对象、研究起点、研究框架、研究路径才能明了于世。

我们首先要追问的问题是:人类为什么要创造文化? 人类具有两重性,既是自然生物,也是社会生物。人类社会脱胎于自然生态系统,但始终寄生于自然生态系统,人类创造文化就是要挣脱自然的束缚,也即是让自然退却,即社会化。人类创造文化的过程就是使自然退却的过程,建构并不断丰富其社会性,且在丰富其社会性的过程中凝聚起更大的力量去挣脱自然束缚。但由于人类自然属性的存在,决定了这样的努力是无法挣脱自然的束缚的,但人类又是社会性的动物,这样的努力永远不会放弃。人类要生存就要创造文化,人类要延续就要创造文化,人类要发展就要创造文化。因此,人类创造文化的活动也是不会停止的。

人类创造文化既然是必然的,那么,我们需要进一步追问的是人类是如何创造文化的? 人类创造文化是为了自身生存、延续与发展的需要,人类的生存延续与发展乃是在其所处的自然生境与社会生境中实现的。"文化根本是一种'手段性的现实',为满足人类需要而存在,其所采取的方式却远胜于一切对于环境的直接适应"①。因此,人类创造文化也只能在其所处的自然生境与社会生境中进行。人类所处的自然生境与社会生境是一个巨大无比的空间,人类在不同历史时期利用哪些自然环境与社会环境因素来建构文化也是难以确定的。这就需要依靠人类固有信息系统与自然生境和社会生境的信息系统进行交流,在这样的信息交流中,人类建构起能够实现自身生存、延续与发展的信息系统,然后以这样的信息系统再去应对所处的自然生境与社会生境,以满足人类的生存、延续与发展之需。根据这样的

---

① 张维明:《信息系统原理与工程》,电子工业出版社,2004年版,第99页。

理解，笔者认为人类的文化就是人类追求生存、延续与发展的人为信息系统。

在这里之所以强调文化这一信息系统是人为的，是因为地球生命体系有很多信息，但是这个信息不是人造的，而是在自然的运行中自然产生的。文化则是人的类本质活动的对象化，是人类积累的创造物，是人特有的思维创造出来的。人类的活动是有序的，不管处在何种层次的人群，都无一例外同时兼备生物性和社会性，所以每个人体，按照生物学的定义，都包含了生物物质，有各种化学元素，以能量的形式在运动，并按照需要进行调控与节制。所以，文化是在这套信息系统下使所节制的物质和能量的有序运行的机制，目标在于维系这个体系稳态延续并不断壮大。因此，文化是一种生命现象。

文化是人创造出来的，是人为的信息系统，而指挥人的思维、创造智慧的是人的大脑。人脑是文化信息系统的载体，人脑具有制造信息、接收信息、改写信息、破译信息、反馈信息的能力。人为信息系统在接收和利用信息时，始终具有选择性。人为的信息是通过传播信息的渠道，在习得过程中不断改写与创新。它不断创新，不断把这个体系扩大化，从而使文化在社会建构中越来越复杂，使社会运动也越来越有效①。从人类的发展史来看，人为的信息系统是贯穿于整个人类社会，跨越了时空，以人脑为载体凭借习得去延续，并不断创新重构而逐步定型下来。不同民族所处的生境不同，其所构造出的文化事实千差万别，从而建构起了人类文化的多样性。这些多样性则又凭借人脑的指挥作用扩散、传播、交流、交融、改写、创新，从而又使信息系统更趋完善，也使文化多样性更加丰富。

人类面对所处的自然生境与社会生境，通过人脑的处理来加工有用信息，去应对生境的变化。文化这样一个信息系统在选择、认识、应对自然生境时，就可以建构出与自然生境相关的文化事实出来，诸如狩猎文化、采集文化、刀耕火种文化、游牧文化、农耕文化，等等。在这些文化事实之下还可以细分出若干的文化要素。比如狩猎文化又包含辨识狩猎对象、狩猎空间、狩猎时间、狩猎工具、狩猎队伍、猎物分配、猎物食用等。采集文化也是如此，包含采集对象、采集空间、采集时间、采集工具、采集物的使用等。刀耕火种文化包含刀耕火种的区域、路线、时间、作物种类与匹配、作物收割、作物加工、作物食用、作物储存、种子的保存、野兽的驱赶等。游

---

① 杨庭硕：《生态人类学导论》，民族出版社，2007年版，第35—39页。

牧文化包含游牧种类与匹配、游牧线路、草原的牧草种类、森林与水源、牲畜肉制品、奶制品、皮毛制品、有害野生动物的防备与驱赶、有害天气的规避等。农耕文化包含耕田的建构、作物的培育与选种、作物的栽培、中耕管理、收割与储存、加工与食用，以及与农业生产周期匹配的二十四节气等。比如人类之所以这样穿着服饰，是因为气候、习惯、信仰等作用于大脑，然后经过人脑理性选择。如游牧民族多居于高原，气候多变化，因此多以皮毛为服饰原料；赫哲族用鱼皮、兽皮作服饰原料，因为他们主要从事捕鱼和狩猎，便于取材；山地民族多以植物纤维做服饰原料，因为他们时常与这些植物打交道，对植物纤维比较熟悉，而且取材便捷。这样了解之后，我们就把握了文化自身的逻辑关系了。

文化这样一个信息系统在认识、应对社会生境时，可以建构出与社会生境相关的文化事实，诸如语言、称谓、家庭、婚姻、人生礼仪、习俗、年节集会、社会组织、宗教信仰、伦理道德、文学艺术，等等。例如什么时候过节，大家什么时候聚在一起或唱歌、吃饭、举行仪式等，也是由信息控制的，如没有控制的话，人们相互之间就不知道对方在干什么，因而也就无法加入进去完成正常完整的人类生活过程。

基于这样的理解，笔者认为，人类学界的学者在定义文化时，似乎是把文化事实当做文化去对待了。如果以这样的范畴去定义文化的话，文化的内容还会不断地增加。因为在文化对生境的作用下，还会建构出更多的文化事实出来。因此，我们认为对文化与文化事实的区分不仅十分重要，而且十分必要。从某种意义上说，人类学研究的文化乃是特定民族的文化事实体系。

四、自然生境与民族文化建构

自然生境既是具体文化的生存依托，又是该文化的制约因素，同时还是该文化的加工对象。自然生境不能创造文化，但可以稳定文化的延续，使得民族文化在地球表面的分布具有稳定性，原因在于各种生态系统在地球表面的分布也有很高的稳定性，加之民族文化的分布与特定自然生境存在着密切关系，其密切程度远远超过人类社会的其他构成单元，致使不同民族文化与相关自然生境形成了一个个较为稳定的网点。各个网点、各网点之间的关系表现为复杂体系之间的互动稳态延伸，这是一种在特定场域内可以无限延续的动态过程。在整个过程存在的时空域内，相关体系的结构原则上保持相对稳定，但是其构成内容与结构方式却是千差万别的。以至于从大尺度上观察，相关体系分别表现为自立稳态延续系统，但其构成内容却一直在进行着不可重复的演替。其结构原则是凭借体系内的动态制衡，去确保该体系外观上的稳态延续，同时体系间的互动关系却贯彻始终。

民族文化的建构从一开始就一直是立足于它所处的那个自然生境去展开的，在对该自然生境的选择、认知的基础上而发育出一套该文化特有的信息体系，以此去规约该文化中的社会个人，与所处自然生境保持一定程度的兼容。然后，随着对自然生境认识能力与水平的提升，不断地去修正、完善与扩充这一信息体系，这就标志着文化自身在发展。这一步的迈出，是以其所处自然生境为参照系。这一步一旦迈出，就从自然生境中拉出了一道"裂痕"，开始偏离其自然生境。这是极其艰辛的过程，每走出一步都要付出一定的代价。在经历无数次尝试后，对失败的教训与对成功的经验进行总结，一旦这样的尝试形成定格，在文化中形成规范后，才算是对偏离生境的成功①。一种习俗的形成，对一种植物的认识、利用与表达等，都是经历数百上千次的磨难之后才定型下来。如果没有这样的总结，人类就和普通物种一样，绝对不可能有人类社会的繁荣昌盛，更不会有人类对这种偏离过程所形成的科学知识积累。

自然生境的多样性，从本质上规约了居住在地球不同地方的人们的生计方式不可能划一。人类生计方式的多样性既是一个客观的事实，又是人类活动的必然结果。人类为了谋求自身的生存与发展，并求得共同繁荣，在漫长的历史过程中凭借自身特有的智能和智能传递建构起了丰富多彩的文化，以对付千差万别的自然生境。文化的多样化，既是人类对付自然生境的结果，又是人类主观能动创造发明的产物。"文化成为人类的适应方式，文化为利用自然能量，为人类服务提供了技术，以及完成这种过程的社会和意识方法"②。人类的文化在对自然生境的适应过程中所形成的绝不只是一种文明，而是"类型"与"样式"极其多样的文化事实体系，也即是类型与样式多样的人类文明形态。也就是说，在特定文化规约下的民族生计方式也绝不是只有一种，而是无数种。在这个意义上说，没有文化的多样性，没有多样文化规约的人类多样化的生计方式，也就不会有人类的今天和人类世界的

---

① 罗康隆：《文化适应与文化制衡：基于人类文化生态的思考》，民族出版社，2007年版，第57-63页。
② ［美］托马斯·哈定等著，韩建军等译：《文化与进化》，浙江人民出版社，1987年版，第20页。

繁荣。

由于任何"一种文化种系发生演变的原物质来源于周围文化的特点、那些文化自身和那些在其超有机体环境中可资利用或借鉴的因素。演变的进化过程便是对攫取自然资源、协调外来文化影响这些特点的适应过程"①。如果说文化是人类适应环境的工具的话，那么各民族文化规约下的生计方式便会随着自然生境的不同而走上不同的道路，随着自然生境的变迁，其生计方式也将发生变化而呈现出系统性差异。人类生计方式的系统性"差异在于整体定位的不同方向。它们沿着不同的道路前进，追求着不同的目的，而且，在一种社会中的目的和手段不能以另一社会的目的和手段来判断，因为从本质上讲，它们是不可比的"②。因此，各民族文化在适应不同自然生境中所形成的特有生计方式，对于特定自然生境而言是极其有效的。这也正像涂尔干在《社会分工论》中谈到的那样，对动物来说也一样，它们之间的差别越大，就越不容易发生争斗。在一棵橡树上，我们可以找到两百种昆虫，它们好像结成了邻里关系，彼此和睦相处。它们有的靠橡树汁为生，有的靠橡树叶为生，有的吃橡树的皮，有的吃橡树的根，它们分别以橡树的不同成分为生存对象。但是如果它们都属于同一物种，都只以橡树的皮或叶为生，那么这些昆虫是绝对不可能生活在一棵大树上的③。人类更是如此，如果人类都执行一种生计方式，如都以小麦或水稻为生活资料，这种生产的单一化，消费习俗、消费方式的划一化，必然会引起地球表面生态的失衡与破坏，最终将毁掉人类生存的基础。自然生境本身具有多样性，人类文化多样性模塑出人类生计方式的多样性，人类生计方式的多样性也必然会创造出利用资源的多元化途径来。

每一个民族所处的自然生境都是特定的，在其特定的自然生境中获得生存与延续，首先就要从其自然生境中获取生存物质。在与自然生境的偏离中，逐渐地确立起本民族的生存空间体系、经济生活方式、语言系统、社会组织、习俗、宗教信仰、伦理道德规范、科学技艺等"知识体系"，即民族文化事实体系。从这一理解出发，我们可以说当代世界各民族文化的多样性，在一定程度上是不同文化偏离其所处的自然生境而导致的结果。

① ［美］托马斯·哈定等著，韩建军等译：《文化与进化》，浙江人民出版社，1987年版，第20页。
② ［美］露丝·本尼迪克特著，何锡章、黄欢译：《文化模式》，华夏出版社1987年版，第173页。
③ ［法］埃米尔·涂尔干著，渠东译：《社会分工论》，三联书店，2000年版，第224页。

人类与所处自然生境虽然容许存在偏离,但如果这种偏离超出了可以容许的范围就会破坏人类社会与自然之间的和谐,将导致人类的灾难。因此,有效的控制这种"偏离",实现文化对生态系统的"回归",也就成为人类文化的主要功能之一。人类文化对自然生境的"回归"过程,也是极其艰难的。由于文化惯性的作用,任何一种文化一旦开始了对其自然生境的偏离后,就成为一种趋势而不断扩大,从中摄取更多的生存物质。尽管其摄取的成本越来越大,但由于在其偏离的过程中已经积累了大量能量,可以为进一步的偏离提供能量,以抵消在偏离过程中的成本。[①]一方面,自然生境中遭逢自然灾变总是无法避免的,人类文化在防范自然风险上具有明显的优势。另一方面,文化可以通过改变自然资源的利用方式去避开风险。可以说,各民族在文化的指引下不断地对其自然生境进行偏离与回归,在偏离与回归中建构出特定民族的文化事实体系,特定文化事实体系一旦被建构起来,这样的文化事实体系就会出对其自然生境进行高效利用与精心维护。

在中国 960 多万平方公里的大地上,有海拔最高的珠穆朗玛峰,有海拔最低的吐鲁番盆地,有浩瀚的沙漠,有一望无际的草原,有茫茫的林海,有漫长的海岸线,有举世闻名的长江黄河,有以喀斯特地貌著称的云贵高原,有河网纵横交错的江南水乡。有史以来中华民族在这片大地上繁衍生息,各民族总结出了应对不同自然生境的历史经验与教训,由此建构出了多姿多彩的中华各民族文化,但我们需要明白一点的是,文化对各民族所处的自然生境来说,犹如病毒之于人的身体,病毒大多数时候对人的身体无害,但一旦这个病毒在人体虚弱时就容易对人体造成伤害。因为,各民族的文化总是在偏离该民族所处的自然生境,但又在不断地回归其自然生境。正是该民族的文化在与自然生境中的偏离和回归中认识了自然自我与他者,由此建构起了独特的民族文化事实体系。

藏族为了应对与利用青藏高原环境而建构起了独特的藏族文化。藏族文化与其自然生境之间呈现出多层面、多形式的综合适应状况。在生境资源利用方面,藏族文化以其特有的农牧相辅方式,从耕牧品种到耕牧制度,以至与技术传承相联系的一整套生产范式最大限度地利用气候多变的高山荒漠资源。从习俗方面看,衣着中的披着式长袍,防日晒的润肤酥油,厚重多功用的毡毯,共同构成了足以抗拒

---

① 杨庭硕、罗康隆、潘盛之:《民族　文化与生境》,贵州人民出版社.1992 年版,第 266 页。

恶劣气候的综合体系①。饮食方式中,为克服高原气压低的环境,食物制品中采用了烘焙炊事法,肉食为保证特需维生素不至于在加工中散失,往往采用生食,乳制品的酸制法,起到"一乳多用"的效果,饮料中的含盐酥油茶,目的在于有效地调节身体内的盐分及水分,并且是调节食品营养偏向的手段之一。严寒的气候制约了密集的人口,为辅助行政力量的不足,宗教信仰在行政上产生较大的平衡作用②。宗教的影响又在衣着上的噶乌得到反映。在文学艺术上,一方面以宗教形式发展起锅庄舞、堆谐、弦子舞等舞蹈形式,另一方面这些舞蹈成为世俗集体活动的重要组成部分。热巴、藏戏、析谢同样为僧俗并用。藏文化的知识结构中除了各种各样教育传授上的宗教形式和依附的内容外,又明显地反映出知识积累偏向于生态认识,哲理思维偏向于对自然的综合性领悟而不重在度量的客观精确。伦理观表面上打着宗教烙印,但却一直紧扣着对现行一切适应生境现象合理性的阐释,使藏族在充分利用自然与生物资源的同时,又能精心维护所处自然生境的安全③。

　　湘西苗族先民们在明代以前主要是以刀耕火种兼及狩猎采集为生。明代在湘西土家族地区强化土司制度,推行屯田、上缴谷米等政策,这一政策也影响到苗族地区,开启了在湘西苗族地区开辟稻田的先河。在湘西地区种植水稻最关键的就是要克服自然生境中的"水温"与"日照"问题。湘西苗族主要聚居在腊尔山与吕洞山,这里山高谷深,森林茂密,是刀耕火种与狩猎采集的好地方,但不是农耕的好选择。在这里要种植水稻,要么要依山修筑层层梯田,要么在沟谷修筑水坝。这里由于森林密布,日照不充足;这里高山峡谷,水温很低;要种植水稻就必须克服这两大缺陷。于是,湘西苗族在文化的作用下,其应对如此的环境,采取了如下的措施。首先砍伐森林,使开辟的农田有充足的阳光照射,以满足水稻的光合作用的需求。其次在农田的底部铺设林木,并在铺好的林木之上填充砂石,尽量抑制地底低温泉水渗出,以解决或缓解稻田水温过低的问题。这就是湘西苗族"铺树造田"法。以

---

　　① 笔者 2008 年 8 月在玛多县进行田野调查时,感受到藏族披着式长袍对当地气候的极佳适应。即使在 8 月,一天的气候变化也很大,太阳当空时,气温达到三十多摄氏度,人们需要把长袍脱下扎在腰间,而一旦乌云密布,马上就会刮风下雨,甚至下雪,气温骤然陡降到零摄氏度以下,这时则需要把长袍紧裹在身。一天气温变化甚大,如果不是披着式长袍是很难应付的。

　　② 笔者 2008 年 8 月与 2011 年 8 月两次到玛多县河卡的寺院调查,发现河卡的寺院既是幼儿园、小学、中学,又是医院、养老院,更是藏族宗教信仰的圣地。

　　③ 杨庭硕、田红:《本土生态知识引论》,民族出版社,2010 年版,第 3 - 4 页.

这样的方法将大片深水沼泽地改造为良田。为了实现稻田的产量稳定,与此同时还实施了种养结合、育林蓄水、施自然肥等方法。这些现在已经成为我国重要的农业文化遗产。为了防止野兽尤其是野猪等大型动物前来糟蹋作物,居民开始从刀耕火种的半山腰地段往农田周围搬迁,形成定居在农田周围的村寨,以至于村寨聚落的公共空间,如道路、桥梁、水井、墓地等也开始被建设起来。苗族的住房也由原先易于搬迁的叉叉房演化过渡到稳固厚重的石板房、木屋房、泥木房。这一变迁见证了湘西苗族文化与自然生境的"偏离—回归"的耦合历程[①]。一旦这样的耦合关系确立,苗族的自然生境也就被模塑出来了,苗族文化就会对其中自然生境资源进行高效的利用与精心的维护。

五、社会生境与民族文化的建构

在民族文化建构的过程中,与自然生境比较起来,社会生境对其制约要直接得多,但还缺乏稳定性。社会生境对民族文化的影响无需通过预先加工就可以直接作用,这就是其直接性[②]。然而,社会环境的变化速度比自然生境快得多,数十年间一个民族的社会生境会大不一样,而自然生境却可延续数百甚至数千年之久。社会生境的作用还有很大的偶然性,一次战争发生与否,谁胜谁负,一个政策下达与否,执行力度大小,事事无法以规律预料,甚至难以选择,但均足以对某些文化造成难以预料的影响。自然生境的变化不大,而社会环境的变化则大得多。这些均显示了社会生境作用力的稳定较差。

对社会生境作用力中出现最早、影响最持久的是异民族的文化冲击。自从异民族并存出现后,世界上任何一个民族都在特定的生境中生存。异种文化都对本民族构成一个有别于自身的外部社会生境,直接影响该民族及其文化的建构。当然这是双向的作用,该民族同样会影响与之接触的一切异民族。至于外部民族生境如何制约或促进一个民族的发展,那就取决于该民族与有关各异民族的关系了。

在不同文化的相互作用与影响中,相关民族文化实现建构。统一的多民族国家的形成过程,体现为国家政权与周边各少数民族相互影响的过程。从国家方面看,既有政治的目的,又有经济的目的,还有文化的目的等。国家政权对特定民族

---

① 罗康隆:《论民族文化与生态系统的耦合运行》,《青海民族研究》,2010 年第 2 期。
② 杨庭硕、罗康隆、潘盛之:《民族 文化与生境》,贵州人民出版社,1992 年版,第 46 - 47 页。

施加影响,既可以通过经济的因素,也可以通过非经济的因素,更多的是这些因素的综合作用,这也可以视为是特定的社会生境。因为对于接受国家政权作用的特定民族来说,也会产生一种文化应对与调适的过程。这种应对与调适过程是在该民族自己有效生境中对外来影响发挥作用,在这一过程中,它可以动用文化中所有的能量进行积极的应对与调适,以使在固有的文化事实体系中进行文化事实的再构造。

当然,一个民族的存在会在若干层面不同的内容上,从不同的角度对周边民族产生影响,这样的"影响域"也可以视为一种社会生境。于此,我们以滇西南的傣族为例加以说明。首先,在民族分布方面,傣族居住于怒江、澜沧江河滩平坝,直接阻滞了周边各族进入同一自然生境的速度,增加了进入的难度,使得这些民族的文化发展取向逆平坝而行,往高山迈进。其次,在经济活动上,傣族的稻作经营,其产品盈余将流向周边各族,而山地农畜资源的缺乏又必然需要其他民族的产品。再次,在语言使用方面,由于傣族处于交通枢纽地带,经济实力雄厚,从而确立了其语言在滇西南族际中的重要地位,直接引起了周边各族语言的趋同性发展。最后,在社会组织方面,历史上傣族的土司领主制度及其行政控制能力直接作用于周边各族,当地不少民族的头人、山官、寨老都受权于傣族土司,又通过傣族土司受辖于中央,这一局面一直持续到新中国成立前。民主改革虽然废止了土司制度,但是傣族在当地的政治中枢地位却仍然持续着。其实,傣族在多方面影响着其他民族的同时,也受到了其他民族的多方面作用。在产品上,傣族不断使用景颇族提供的柴薪、布朗族的茶叶、汉族的工业品、阿昌族的铁器、苦聪人的猎物、佤族的山地粮食。政治上,傣族又得靠各族山官、头人、寨老去节制与景颇、哈尼、基诺等民族的关系。宗教上,布朗、阿昌、德昂等民族是傣族小乘佛教的传播对象,又是傣族寺院的资助对象;景颇族、佤族的自然崇拜又渗透进傣族的佛经义理,成为傣族僧俗文学的宣讲描写对象。

清代雍正年间,在开辟千里苗疆进程中,为确保军需物质从清水江进入苗疆,清政府在接近苗疆的清水江中游的锦屏地区的茅坪、王寨、卦治三个码头开设木行,一是"抽收捐饷",年交白银两千两,提供军饷[1];二是"例定夫役",护送军需物

---

① 贵州省编辑组编:《侗族社会历史调查》,贵州民族出版社,1988年版,第35、67 - 75页。

质，"雍正年间，军略张（广泗）大人开辟清江（今剑河）等处，兵差过境，愈难应付，酌于木客涯（押）运之附寨，三江轮流值年，量取渔利，永资公费，沿江别寨均不准当。咨部定案，有碑存据"①。所有兵差军械辎重往返概由三寨抽夫输送，夫役之重数倍于府属差役，三寨民人不堪重负，黎平府等"各宪""给示"三寨当江取利，以之补助夫役费用。于是贵州巡抚为例定三寨夫役再次明确三寨轮流值年设行当江，木材贸易开始兴起。

清朝，清水江流域木材贸易持续稳定进行，木业兴旺不衰，中原地区"三帮""五勷"②经营木材的商人，皆溯江而上至清水江流域侗族地区。每年来茅坪、王寨、卦治三江购木材者不下千人，贩运木业极盛。据光绪初年编修的《黎平府志》记载"黎郡产杉木，遍行湖广及三江等省，远商来此购买……每岁可卖二三百万金"。由此可见当时木材贸易的繁荣景象。

由于木材贸易不仅给江淮木商带来了巨大的利润，也给侗族苗族群众带来了极大的实惠，这刺激了该区域侗族、苗族群众对山地林木开发利用的积极性，驱使清水江沿岸的侗族、苗族林农对林木人工营造的行动，人们开始了对林地的更新，开启了人工营林业的先河。侗族、苗族林农历经数百年劳动经验的积累，发展出了独特的营林地方性知识体系，包括炼山整地、育苗植树、林粮间作、抚育管理、砍伐运输等。与此同时，随着人工营林业的发展，侗族、苗族文化网络开放对其文化进行构造，使侗族、苗族社会建构起了适应人工营林业发展需要的新型文化。国家依托了宗祠文化进行地方的"儒化"，使得清水江流域两岸至今祠堂林立，地方社会精英在"文字入疆"的引领下，以林地契约与地方教育的方式规制了地方社会，市场关系中伦理道德、语言文字、家族社区组织、土地资源配置方式、林地保护规约、民间信仰、交往行为、服饰时尚等等，都发生了系统的全面的文化事实体系更新，实现了文化的再构造与社会转型，这些都是人工营林业的发展所必须具备的文化支撑。

从上例可以看出，在清水江流域侗族、苗族社会适应人工营林的文化构造中，

---

① 参见贵州按察使司嘉庆二十二年复王克明上诉词批件。
② 安徽省的徽州、江西省的临江、陕西省的西安等地商帮，明清时期分别被称为徽帮、临帮、西帮，合称为"三帮"。"五勷"有三种说法：一说为湖南常德府、德山、河佛、洪江、托口（见道光七年山客李荣魁等递交贵州布政司的呈诉词）；一说为德山、开泰、天柱、黔阳、芷江（见立于光绪二十四年，存于锦屏县城飞山宫内的"永远遵守"碑文）；一说是天柱属的远口、坌处为一"勷"，白市、牛场为一"勷"，金子、大龙为一"勷"，冷水、碧涌为一"勷"，托口及辰沅为一勷，合为"五勷"。

国家的作用是外因也是导因,如果没有国家的作用,就难以触动清水江流域侗族、苗族社会的经济结构,侗族、苗族文化就会继续沿着固有的道路不断地深化与发展,而难以实现与人工营林业的适应。在这种文化的积极应对与文化的再构造过程中,国家政权的外来作用化为其外部的社会生境,在互动过程中对自己文化网络中各种因素进行了调整与重组,进而实现了文化的构造,使其更加能够适应变化了的社会生境。

我们再以彝族的莜麦耕种向苗族移植所引发的连锁的反应加以说明。明代以前黔中地区的苗族主要从事丛林上限与草坡交接附近的刀耕火种,作物是小米与稗子,为了弥补食物的不足,狩猎与采集还占有很大的经济分量。明代建立后,开通了横贯贵州的驿路,驿马供料十分紧张,因而在贵州的税赋制度规定上,采取了与全国有别的措施,向当地的彝族土司征取莜麦来解马料之急需。这样一来,莜麦成了贵州各族的等价替代物,彝族土司必然向自己控制的苗族、布依族收取莜麦,从而造成了推广莜麦种植的形势。苗族也随之引入了莜麦种植的有关文化因子,从明代起黔中地区的苗族开始普遍种植莜麦,到清代,莜麦成了黔中地区苗族的主食之一。

莜麦的种植改变了苗族原有的生产和节日规律。莜麦普遍种植前,冬天是“苗年”的年初,是冬猎生产的旺季,又是族内跳花活动的盛期,苗族男青年一般合伙外出冬猎或跳花。但莜麦种植后,冬季的生产项目改变了,男青年再也不能随意远去。于是,冬猎的生产比重下降。跳花节的多场次轮换场地的习俗也发生了改变,逐步转移到汉历春节后和大季种植前夕。随着历法的改变,“苗历”只记场期不记朔望的习俗也发生了变化,黔中地区部分苗族群众跳花节改到月望日前后举行,以便安排夜间对歌,于是“跳花节”转名为“跳月节”。莜麦的种植又促进了村寨居住习俗的变化。明代以前,苗族村寨流动性大,夏天上山进行刀耕火种,冬天则需要下到谷地狩猎,村寨位置冬夏易地。此后由于冬耕之需——莜麦要跨年种植,于是村寨相应地固定于夏天住地,长年留住山上,而冬天的住地则演化为固定的跳花地。此外,服饰中的披毡防雨习俗也在苗族中生根。

可见,社会生境对特定民族的影响不仅直接而且深远。但这样的影响不会打乱特定民族固有的文化结构,因为在任何一个民族文化事实体系中相应的文化因子都是要处在其他文化因子的关系网络中存在,于是这种影响的结果可以表现为本民族文化因子的重组与再造。经过本民族文化的改造,将其他文化因子整合进本民族固有的文化事实体系之中，这引发了在应对新的社会生境时其文化要在该民族的文化网络中实现再构造，其最终目的在于建构起更为有效的文化事实体系，以更加有效地应对自己所处的生境。

第三节　民族生境理论的运用与学术价值

生态人类学作为人类学的一个分支学科，聚焦于研究人类和生态的关系问题，从人类学的角度研究人类文化的形成、发展及其与所处生态环境之间的共存机制。在面对人类自身发展问题和生态恶化问题时，目前各个学科仍然未能达成共识。有些学科坚信随着科学的发展，人类面对的环境问题最终会得到自然化解；也有的学科坚信人类只要自我节制，环境问题本身就不会被激化，由发展而派生的其他问题随着时间的推移自然就会得到化解，犯不着过分忧虑。即使在同一个学科内部也可能有不同的声音，更多可能是不同的观点。比如环境社会学中的"生态现代化理论"流派，就认为科技可以解决环境问题[1]，但这一学科的分支学科"风险社会理论"[2]显然就不认同"生态现代化理论"学派的观点。诸如此类的命题，近20年来一直悬而未决，但却实实在在地左右着人类社会的可持续发展。学人们不得不正视这些现实问题。如何确保人类与环境的和谐共荣，实现人类的可持续发展？面对这样的难题，生态人类学有自己的学术担当与使命。

一、弥合人与自然的人为分裂

长期以来，生态人类学的研究虽然强调生态环境与文化的关系，但习惯于将生态环境与民族文化割裂开来进行讨论，形成了"自然—文化"二元对立的研究模式[3]。巴纳德（Barnard）和斯宾塞（Jonathan Spencer）[4]、布罗修斯（J. Peter Brosius）[5]、海

---

① 郇庆治，马丁·耶内克：《生态现代化理论：回顾与展望》，《马克思主义与现实》，2010年第1期。

② ［美］弗兰克·费舍尔著，孟庆艳编译：《乌尔里希·贝克和风险社会政治学评析》，《马克思主义与现实》，2005年第3期。

③ 罗意：《反思、参与和对话：当代环境人类学的发展》，《云南师范大学学报（哲学社会科学版）》，2018年第1期。

④ Dr Alan Barnard, Jonathan Spencer. The Encyclopedia of Social and Cultural Anthropology, Routledge, 1996, p.186.

⑤ J. Peter Brosius. Analyses and Interventions: Anthropological Engagements with Environmentalism. Current Anthropology, 1999, Vol.40, No.3.

德兰（Thomas N. Headland）[①]、维梅特（Eleanor Shoreman-Ouimet）与科普林娜（Helen Kopnina）[②]等当代生态人类学者对传统生态人类学的研究模式进行了反思，有些学者还提出设立"环境人类学"分支学科的建议。目前看来，无论是生态人类学还是环境人类学，由于受到研究思路的局限，无法摆脱"自然（环境）—文化（人）"二元对立的窠臼。研究者们要么站在环境的角度，反思人类文化对生态系统产生的破坏影响；要么站在人类发展的立场，阐释生态环境对人类文明的作用。因此，有必要在生态人类学领域引进"民族生境"的概念，将生态与文化视为一个整体去加以研究，才有助于跳出传统生态人类学的思维窠臼。

生态人类学的发展已经为我们积累了全球性丰富的资料，也汇总了古今中外人类对生态问题所表达出来的各式各样的理解和结论。而解决这一难题的关键在于，如何将这些资料整合起来，展开系统性的分析，从中找到节制人与环境关系的纽带，再澄清人类社会与这一纽带的相互依存制约的关系。这样的学术考量需要从人类自身去做出合理的阐释。

首先是研究的"外部"与"内部"视野问题。在面对"自然"与"文化"的关系时，自然科学是从"外部"视野出发加以认知与研究，即自然科学家使用的分析工具、提出的问题、分析的范畴等，都是通过一整套外在被研究者的话语来定义的；而人类学则坚持从"内部"视角出发，试图以被研究者或被研究人群自身的认知工具作为分析基础。人类学家的这些工具必然与被研究者所处的特定时空有关，且为其所形塑；而自然科学家的分析工具则立足于研究者所处的现实条件与意图。人类学家一直强调，从内部出发的"内部"基准的使用具有重要意义，其中最为雄辩的就是马林诺夫斯基的那句名言"从土著人的视角"出发[③]。

其实，我们不可忘记的是研究者（不管是自然科学家还是人类学家）与被研究者，他们都是生活在一个大致相同的世界之中，这个世界由相同的物理、生物、化学定律和社会组织支配着。研究者与被研究者为了在同一个物理、生物、化学和社会

[①]　［美］汤姆斯·N. 海德兰著，付广华译：《生态人类学中的修正主义》，《世界民族》，2009 年第 2 期。

[②]　Eleanor Shoreman-Ouimet, Helen Kopnina. Environmental Anthropology Today, Routledge, 2011, p.1.

[③]　［英］马林诺夫斯基著，张云江译：《西太平洋上的航海者》，中国社会科学出版社，2009 年版，第 425 页。

的世界中生存，都自然拥有类似的、由演化形塑而来的大脑。从这种意义上说，两种视角实际上都是内部视角，只不过并非内在于某一特定群体或个人，而是内在于整个人类物种。

人类学家的"内部"视角仅限于被研究对象，而非整个人类物种，更非人类所处的自然生态系统，及人类与生态系统的关系。只是因为历史遗留下来的"自然"与"文化"之隔使其对"文化"产生了对异域风情化的想象，仿佛被研究对象可以存在于"自然"之外一般。若从人类整体出发，或是"人类"的自然与文化关系出发，人类学家自以为是在为一个特定的人群争取内部视角时，却在实际上仍是别无选择地只能采取"外部"视角。而自然科学家以为自己采取的是所谓完全的外部视角，这其实也是不可能的。因为自然科学家也是要去理解真实的人类在栖居世界中的行为。而人类栖居的这个世界只存在于历史的过程中，这是人类物种独一无二的特点。人类历史的差异性不仅为人类创造了居住的环境，也创造了处于其环境中的人类本身。正如我们身上没有哪一部分是非文化、没有哪一部分是非自然的一样。即使人类大脑进化而来的普遍性为这个世界增加了强有力的束缚，但由于这些人身处不同的物质与制度环境之中，于是对于不同的人来说，仍然在很大程度上有不同的行为方式。

历史建构不断地作用于人类，但人类的行为都是由人从内部发起的。人们是从"内部"去生活的。这个所谓的"内部"就不受大脑神经机制或这个世界本质的影响。不论是大脑还是世界，某种程度上他们自己也在持续演化中[①]。人类基因与人类知识是由完全不同的过程控制，这两个过程在保持自身独立性的同时，又在不断地互动与相互影响[②]。可见，自然科学家在其研究中尽可能采取"外部"视野，也无可奈何地带有"内部"视角。

其次是人类学研究的"独特性"与"普遍性"问题。在早期文化进化主义时代，人类学还曾试图揭示人类社会发展的一般规律，但在其后的发展中，变成了一种对民族志个案进行阐述的实证主义研究。博厄斯流派的"文化相对主义"提出了"特殊历史论"，更是强调了文化研究的个性、特异性与特质性，到格尔茨的"文化解释"

---

① ［英］莫里斯·布洛克著，周雨霏译：《人类学与认知挑战》，商务印书馆，2018年版，第39-44页。
② ［英］莫里斯·布洛克著，周雨霏译：《人类学与认知挑战》，商务印书馆，2018年版，第50-51页。

"深描"之路径展开时,特别关注文化事实中的符号意义,由此诞生出来的象征人类学更是强调文化特异性的研究。

二、构建人与自然和谐共生的关系

文化与自然于人类而言都具有内在一体性,人类只是以文化来应对环境,而成为指导人类生存发展延续的信息体系,在特定的时间节点上(不论是过去、当下,还是未来)出于生存发展延续之需要,在应对其环境(自然环境与社会环境)时总会"凝结"起特定的事实。这样的事实不会是单一的要素,而会是一整套体系,是各要素之间相互支撑的体系,并形成一个整体发挥作用。这样的文化事实体系有一定的辨识度,是可以通过参与观察、主位与客位去"深描"。但其背后的"文化"(信息系统)则是不可观察、难以深描的,对文化事实背后的动因无法简单用"现象—本质"这一术语来解释,任何文化事实的形成都是之前无数因素的综合。寻求因果是人类根深蒂固的思维模式,人是通过自身的"价值系统"来认知文化的,但这个价值系统不但具有社会性,而且具有生物性(或者说具有神经学基础)。如果是这样的话,只有把文化和自然耦合起来去解读文化,或许才能接近理解文化的本质。而在受制于研究者所处时代对生命、遗传和脑科学的认知水平,尚未完全搞不清理性的经验基础,以及无法精确理解经验的生物积累性时代中,需要通过列维—斯特劳斯"有意识模式"与"无意识模式"、"统计模式"与"机械模式"来进行逻辑的关联性分析,才得以接近理解文化。列维—斯特劳斯"四大模式"的研究范式,对于理解文化这一复杂系统的各种关联,或许是一种有益的研究路径。从"有意识模式"中可以看到文化事实的形态与价值,从"无意识模式"中可以接近文化事实的逻辑与内生动力,从"统计模式"中可以把握文化事实之间的关联性,而"机械模式"可以接近文化事实"生物性"呈现。这"四个模式"组合的研究方法,或许可以接近"民族生境"的实质。

文化事实体系是可以有差异性的,这样的差异性容易被人类学家所观察到。人类学乃是从这样的"差异性"出发去展开研究。早期古典进化派学者都在寻求文化事实的差异性,并谱写出人类文明的"进化树"。这样的人类文明"进化树"的书写,开创了作为普遍性学科的人类学。但由于学者们的着力点都在寻求其差异性,因而那力图构建人类普遍共识的学科雄心被湮灭了,或是被丢到了脑后,而是沿着

"文化事实体系"差异性的方向越走越远。拉德克里夫·布朗就曾批判过人类学对差异性的关注过多,而在很多时候忽略了共性的探讨,他提出,在研究一堆现象时我们的目的是发现存在于那群现象中的普遍规律①。此后的人类学家尽管都在批判古典进化论的方法与结论,但他们仍然无法脱离古典进化论开启的"文化差异性"这一研究取向。不论是后来的法国社会年鉴学派、英国的功能主义、美国的历史特殊论,抑或是在古典进化论之上的双重进化论、文化模式论,甚至作为文化批评的后现代主义人类学,以及以"深描"作为武器的阐释人类学与符号象征体系,都继承了古典文化进化论的这一"遗产",沿着文化差异研究的思路在深化,从而提出研究文化的方法论。在大多数人类学家看来,民族志无法考虑任何普遍性的问题②。因为这样的研究取向无从揭示文化的本质,更无从解释文化与自然的关系问题。

正是从以上的认识出发,中国人类学者提出"民族生境"这一新理念。其研究的目标是服务于人类的可持续发展,研究的对象显然不是客观存在的生态系统,而是人类通过文化加以改造后的生态系统。研究的关键在于,如何澄清"人"在其间扮演的角色,人类的担当和责任何在? 人类能不能做出这样的担当? 只要做出富有哲理的认识,那么,"民族生境"的价值和使命也就落到了实处。

我们必须面对的现实是人类所处的自然环境都是文化的结果,也即是被文化"化"的自然环境。也正由于这一原因,地球上形成了多样的生态系统,也构成了人类文化多样性的客观存在。特定的民族适应特定的生态系统,人类在利用生态系统的过程中,文化对生态系统多样性并非一一对应。在这样的前提下,如何从生态系统的属性出发,看待人类社会的存在,认识人类社会对生态系统的影响,成了不容忽视的关键问题。人类不能改变生态系统的属性,却能利用生态系统的属性服务于人类自身需要,也能对生态系统作出必要的加工、改造,引导其发生变迁。

这正是人类制造生态问题的根源所在,也是人类可以维护生态系统的基点所在。因此,对生态系统的研究必须把人类文化加进去,把安身立命的生境也加进去,从整体上澄清人类行为的"对与错"、权利与责任。这一切乃意味着今天的"生

---

① A. R. Radcliffe-Brown. Method in Social Anthropology, University of Chicago Press, 1958, p.55.
② [英]莫里斯 布洛克著,周雨霏译:《人类学与认知挑战》,商务出版社,2018 年版,第 25—46 页。

态人类学"，需要补入"民族生境"的概念。但是，一个概念的提出和界定并不代表着研究工作的终结，相反，接下去还有更多的工作需要一代又一代的学人去努力，不断丰富和完善对这一概念的认识和理解，推动生态人类学更为科学地向前发展。

笔者认为，对"民族生境"的研究，要以人类社会赖以生存的生境为出发点，澄清人类在专属生态位的独特性。从某种意义上说，人类事实上是自己建构了自己的生境，当然同时也兼顾到了生态系统自身的规律，而且人类社会永远也不能绕开这些规律。这意味着人类所依托的生境与其他动物所处的生境不同，关键之处在于人类可以对自己所面对的生境加工改造，并满足其自身的需要。生态系统多样性和文化类型多样性并存，人类要利用生态系统生存、发展和延续下去，就是要达成文化与生态的和谐，达到文化与自然系统的耦合。与此同时，不管人类是有意还是无意，一旦所处的生态系统快速退化演变，那就必然给相关的民族和文化构成致命性的威胁。为此，人类就得有所担当，就得负起责任，就得投入智力和劳力，建构制度保障，对人类造成的生态问题加以补救和维护，以确保其能够稳态延续，以便超长期服务于人类自身的发展。一百多年前恩格斯所提出的大自然对人类的报复，正好可以成为深化对"民族生境"内涵认识的一种指导性理论。因为，大自然事实上是不会报复人类的，反倒是人类自己的行为，不管是有意还是无意，过度地偏离了生态系统的承受力，致使生态系统退变，这才是真正意义上的报复所在。因而，"民族生境"的提出，正好是对恩格斯以上警告的具体化和中国化。

小结

中华民族共有家园、生态文明建设与人类命运共同体的建构，实质上要求处理好文化与自然的关系问题。文化与自然良好关系能否建立和得到维护，关键在人类的文化选择。在文化选择过程中，人类的活动在尊重文化差异性的同时共享地球生态系统，这是自然生态系统所决定的。因此，"民族生境"作为一个生态人类学研究的全新领域，其理论的建设、思路的调整、方法的选择，乃至具体对象的选定和精准把握，都有一系列的难题等待着去攻克，新的认识和新的结论等待着被建构。为当代的生态文明建设提供切实可行的对策方略和路径选择，才能不负我们所处的这一伟大的时代。已经进入现代社会的"现代人"应该谦虚地向大自然学习，大自然不仅给予了人类生存的能量，而且其中的一草一木、一禽一兽、一山一石都是我们人类学习的对象，人类需要懂得如何和谐地与自然相处，懂得珍惜与保护人类赖以生存的地球家园，人类更需要学会相互尊重，尊重其他的文化，学习其他的文化，建构起全人类的命运共同体。全球的生态安全绝不仅仅关系到某一个民族的生存与发展，而是关系到全人类。就这一意义而言，及时地提出"民族生境"这一概念，并深入研究，尽早达成学界共识，对重建人与自然的和谐关系也就显得至关重要了。

第七章　中国生态人类学的发展与
新兴分支学科的兴起

　　20 世纪下半叶,生态人类学在西方人类学界受到重视,许多人类学概论中都有生态人类学的专章。在我国学术界,20 世 80 年代初开始出现生态人类学的研究,其代表人物就是云南大学的尹绍亭教授,之后有吉首大学的杨庭硕教授、罗康隆教授,新疆师范大学的崔延虎教授等。到 21 世纪,吉首大学成为我国生态人类学研究的"重镇",聚集了一批学者,在我国人类学界占有一席之地。

　　特别是进入新世纪后,我国生态人类学进入了一个快速发展的阶段,其中涉及生态人类学的国家社科基金立项的项目就有近 300 项①。围绕生态人类学的专著也陆续涌现,出版著作达 200 余部②,公开发表有关生态人类学的科研论文上万篇,其中硕士、博士学位论文有近 5 000 篇。生态人类学在不断完善其理论与方法的过程中,也在不断地拓展其研究领域,诸如地方性生态知识、生态文明建设、生态安全、生态移民、生态补偿、生态扶贫、农业文化遗产等,成为该学科关注的领域。

　　* 本章内容为吉首大学人类学团队综合研究成果,原文收录于《生境民族学研究》(第一辑),东南大学出版社,2020 年版,第 3 - 29 页。

　　① 其中重大项目有杨军昌、罗康隆的"西南少数民族传统生态文化的文献采辑、研究与利用"(项目批准号:16ZDA156)(项目批准号:16ZDA157),热依拉・达吾的"维吾尔族本土知识的保护与传承研究"(项目批准号:13&ZD145),胡守庚、张安录的"长江经济带耕地保护生态补偿机制构建与政策创新"(项目批准号:18ZDA053)(项目批准号:18ZDA054),杜元伟的"我国海洋牧场生态安全监管机制研究"(项目批准号:18ZDA055),郇庆治、田启波的"习近平生态文明思想研究"(项目批准号:18ZDA003)(项目批准号:18ZDA004)以及赵敏娟的"生态文明建设背景下自然资源治理体系构建:全价值评估与多中心途径"(项目批准号:15ZDA052)。

　　② 其中具有代表性的学术专著有苏日嘎拉图的《蒙古族传统生态知识及资源利用方式研究》,柏贵喜的《生态文明建设背景下武陵山区土家族传统生态知识》,陕锦风的《青藏高原的草原生态与游牧文化:一个藏族牧业乡的个案研究》,陈祥军的《阿尔泰山游牧者:生态环境与本土知识》,陈静梅的《西南连片特困地区生态移民的文化适应研究》,郑宝华的《西部民族地区生态移民聚居区农地制度改革难点及对策研究》,冯明放的《中西部连片特困地区生态移民后续产业发展对策研究》,金京淑的《中国农业生态补偿研究》,徐光丽、接玉梅、葛颜祥的《流域生态补偿机制研究》,靳乐山、胡振通的《中国草原生态补偿机制研究》,傅斌的《山区生态补偿标准研究》,王江丽的《全球绿色治理如何可能——论生态安全维护之道》,陈永胜的《西北民族地区生态安全与水资源制度创新研究》,欧阳志云、郑华的《生态安全战略》,罗永仕的《生态安全的现代性境遇》,张德广的《食品安全与生态安全》,李全敏的《秩序与调适:德昂族传统生态文明与区域可持续发展研究》等。

第一节　我国生态人类学最新研究动态

一、生态人类学的理论与方法

21世纪以来，生态人类学在我国人类学界中占有重要的位置。"十三五"期间，以吉首大学为研究"重镇"，一批人类学学者不断地完善其理论和方法。十八大以来，该领域的国家社科基金立项项目有2项；发表的科研论文近200篇，其中硕士、博士学位论文40余篇；出版专著10余部[①]。这些内容主要体现为"文化制衡论""终端验证法"以及"乡村日志与学者跟踪"相结合的田野资料收集方法，以及对"文化生态观""生境、生计与生命"等概念的阐述与反思。其代表性人物有吉首大学的杨庭硕[②]、罗康隆[③]，以及新疆师范大学的罗意[④]等。

在认识论上，生态人类学反对现代主义对自然与文化、身与心、行与思的分割，及其他类似的毫无作用的二分法，进而采取一种更为综合的探究方式。

在具体理论上，生态人类学摄取田野实践论等当代人类学思潮的养分，将结构分析、能动分析与历史分析相结合，使科学知识与地方性知识相并置、传统技艺与现代技术相对接，在探讨环境变迁的历史场域中综合考虑自然环境与社会环境（民族生境）构成的整体系统。

在方法论上，把自然生态演化与社会历史分析相结合，把传统的田野访谈、乡民日记与学者跟踪、参与观察、质性民族志、阐释性方法同现代信息技术、全球定位

[①]　其中有何俊：《当代中国生态人类学》，社会科学文献出版社，2018；罗康隆、吴寒蝉：《侗族生计的生态人类学研究》，中国社会科学出版社，2017；乌尼尔：《与草原共存：哈日干图草原的生态人类学研究》，知识产权出版社，2014；黄龙光：《上善若水：中国西南少数民族水文化生态人类学研究》，商务印书馆，2017；陈祥军：《回归荒野：准噶尔盆地野马的生态人类学研究》，知识产权出版社，2014等。

[②]　杨庭硕主持国家社科基金重点课题："中国少数民族文化生态研究"（项目批准号：11AZD071），在《中央民族大学学报（哲学社会科学版）》《中国农业大学学报（社会科学版）》《中国农史》《云南社会科学》《广西民族大学学报（哲学社会科学版）》等期刊发表相关论文百余篇。

[③]　罗康隆主持国家社科基金重大课题："西南少数民族传统生态文化的文献采辑、研究与利用"（项目批准号：16ZDA157），在《民族研究》《中央民族大学学报》《中南民族大学学报》《云南社会科学》《中国人口·资源与环境》等期刊发表相关论文百余篇。

[④]　罗意主持国家社科基金课题："新疆北部牧区城镇化进程中游牧民的再社会化问题研究"（项目批准号：17BMZ069），在《贵州社会科学》《云南师范大学学报》《云南社会科学》《西南民族大学学报》等期刊发表相关论文30余篇。

系统、卫星图像、遥感技术、数理统计与定量分析方法相融合，以多现场与多行动者的方法进行跨学科的综合研究。

在实践应用层面上，则与国际国内重大现实问题联结更为紧密，对与现实生态环境问题相关的具体政策和实践进行探讨和批评，为具体的政策过程、制度与组织设计、实施方法提供自己的建议，为构筑"人类命运共同体"而体现现实关怀与实践价值，实现生态人类学学科的学术理想。

二、地方性生态知识的研究

各民族传统生态知识体系的稳定传承关系到国家生态安全，因此成了生态人类学需要长期致力探讨的领域。十八大以来该领域的国家社科基金项目有 33 项，其中重大项目 5 项；发表的科研论文近 5 000 篇，其中硕士、博士学位论文就有 317余篇；出版专著 40 余部①。这些成果主要体现在如下三个方面。

一是本土生态知识价值的认证。本土生态知识作为"地方性知识"的有机组成部分，有其特定的价值。对其价值如何进行认定，成了学界关注的焦点，并形成了一批有价值的成果和著述。其代表性人物有吉首大学的杨庭硕、凯里学院的罗康智②，以及广西民族大学的付广华③等。

二是对本土生态知识的传承和保护。21 世纪以来，生态危机在全球范围内爆发，学界对生态危机的追责与诘难的讨论热闹非凡。本土生态知识对化解生态危机具有不可替代的作用，因而对各民族生态知识的传承与保护，显得极其重要。其代表性人物有吉首大学的罗康隆、新疆大学的热依拉·达吾提④，以及中南民族大

---

① 其中有石彦伟：《地方性知识与边缘经验》，作家出版社，2019；霍俊明：《先锋诗歌与地方性知识》，山东文艺出版社，2017；吴彤：《科学实践与地方性知识》，科学出版社，2017；范长风：《从地方性知识到生态文明》，中国发展出版社，2015；陈效林：《国际联盟中知识获取与本土知识保护的平衡研究》，经济科学出版社，2013；安富海：《地方性知识与民族地区地方课程开发研究：以甘南藏族为例》，中国社会科学出版社，2016；沈云都、杨琼珍《纳西族山林观念研究：地方性知识的建构与科技文明的袭入》，中国科学技术出版社，2019 等。

② 罗康智主持国家社科基金课题："明清时期土司制度与民族地区社会治理研究"（项目批准号：16BMZ021），在《中央民族大学学报（哲学社会科学版）》《吉首大学学报（社会科学版）》《云南社会科学》《贵州社会科学》等期刊发表相关论文 40 余篇。

③ 付广华主持国家社科基金课题："岭南民族传统生态知识与生态文明建设互动关系研究"（项目批准号：13BMZ053），在《广西民族研究》《国外社会科学》《中央民族大学学报（哲学社会科学版）》等期刊发表相关论文 60 余篇。

④ 热依拉·达吾提主持国家社科基金重大课题："维吾尔族本土知识的保护与传承研究"（项目批准号：13&ZD145），在《中央民族大学学报》《中南民族大学学报（人文社会科学版）》等期刊发表相关论文 70 余篇。

学的陈祥军①等。

三是本土生态知识和现代科学技术的接轨创新。我国半个世纪环境救治的成效是"局部好转,全局恶化",一个重要原因就是忽视了各民族世代累积起来的生态智慧与本土生态知识的价值。如何将各民族的生态知识与普同性的现代技术接轨,成为学术界关注的一个方向,也是一种趋势。其代表性人物有云南大学的尹绍亭②,吉首大学的吴合显③、新疆师范大学的崔延虎④、桂林理工大学的蒋蓉华⑤,以及中央财经大学的苏日嘎拉图⑥等。

三、生态文明的研究

党的十八大报告提出全面落实经济建设、政治建设、文化建设、社会建设、生态文明建设五位一体总体布局,不断开拓生产发展、生活富裕、生态良好的文明发展道路。党的十九大报告进一步提出建设生态文明是中华民族永续发展的千年大计。不同学科围绕"生态文明"主题做了大量卓有成效的研究,2019 年国家社科基金项目数据库显示共有 364 项立项课题,据不完全统计,共有 9 项成果获 2017—2019 年三届教育部高等学校科学研究优秀成果奖(人文社会科学)、2012 年至2019 年出版与人类学学科相关学术著作 14 部。南开大学、云南大学、宁夏大学、北京大学、北京林业大学、西南林业大学、中国社会科学院、吉首大学成为这一领域的翘楚,其研究聚焦在如下五个领域:

其一,民族地区生态文明与生态屏障。其代表人物有吉首大学的吴合显、北方

---

① 陈祥军主持国家社科基金课题:"帕米尔高原游牧民传统生态知识的传承、保护与应用研究"(项目批准号:19BMZ144),在《中南民族大学学报》《西南民族大学学报》《青海民族研究》《新疆大学学报》等期刊发表相关论文 50 余篇。

② 尹绍亭在《中南民族大学学报》《中国农史》《中央民族大学学报》《云南社会科学》等期刊发表相关论文 30 余篇。

③ 吴合显主持国家社科基金课题:"少数民族地区绿色发展与生态维护和谐推进研究"(项目批准号:16BMZ121),在《中国农史》《贵州民族研究》《云南师范大学学报》《云南社会科学》《原生态民族文化学刊》等期刊发表相关论文 20 余篇。

④ 崔延虎在《民族研究》《新疆师范大学学报》《原生态民族文化学刊》《新疆大学学报》等期刊发表相关论文 30 余篇。

⑤ 蒋蓉华主持国家社科基金课题:"民族文化产业视角下西部旅游地区地方性知识利用与保护研究"(项目批准号:08BMZ042),在《商业研究》《湖北社会科学》等期刊发表相关论文 30 余篇。

⑥ 苏日嘎拉图主持国家社科基金课题:"蒙古族传统生态知识及资源利用方式研究"(项目批准号:13BMZ040),在《世界民族》《内蒙古大学学报(人文社会科学版)》《干旱区资源与环境》等期刊发表相关论文 30 余篇。

民族大学的冯雪红、内蒙古民族大学的舒心心、宁夏社会科学院的李文庆等①。

其二,挖掘了少数民族环境理念、习惯与态度、伦理观念、信仰习俗、风险意识、传统生态知识在生态文明建设中的价值、功能与保护利用。其代表人物有吉首大学的杨庭硕、罗康隆,中南民族大学的柏贵喜、重庆大学的代启福、广西师范大学的张燕等②。

其三,特定自然生态系统生态文明建设中人文与自然的耦合机制与少数民族生态文化。其代表人物有吉首大学的罗康隆、杨庭硕,青海大学的辛总秀等③。

其四,对民族地区的生态文明战略、建设路径与可持续发展进行了深入研究。其代表人物有宁夏社会科学院的郭正礼、兰州大学的王海飞等④。

其五,生态文明评价体系、制度体系、生物多样性的立法保护、生态补偿、公众参与、政府动力。其代表人物有东北师范大学的刘晓莉、新疆农业大学的刘晶、宁夏大学的张云雁等⑤。

---

① 吴合显主持国家社科基金课题:《少数民族地区绿色发展与生态保护和谐推进研究》(项目批准号:16BMZ121),在《中国农史》《贵州民族研究》《云南社会科学》等期刊发表相关论文13篇;冯雪红主持国家社科基金课题:"新时代甘宁青地区生态文明建设与筑牢生态屏障实践路径研究"(项目批准号:19BMZ149),在《民族研究》《广西民族研究》《中南民族大学学报》《中国民族报》等刊物发表相关学术论文20余篇;舒心心主持国家社科基金课题:"内蒙古生态文明建设与筑牢北疆生态屏障实践路径研究"(项目批准号:19XMZ103),相关成果有其博士学位论文和发表在《中南民族大学学报》《北方民族大学学报》等期刊论文6篇;李文庆主持国家社科基金课题:"生态文明建设中筑牢民族地区生态屏障研究"(项目批准号:19BMZ148),相关论文、研究报告发表在《宁夏社会科学》《新西部》等刊物上。

② 杨庭硕、罗康隆分别主持国家社科重点、重大课题:"中国少数民族文化生态研究"(项目批准号:11AZD071)、"西南少数民族传统生态文化的文献采辑、研究与利用"(项目批准号:16ZDA157),在《思想战线》《中央民族大学学报》等发表学术论文共计100余篇,相关学术著作和论文获教育部人文社科成果奖三等奖等奖项;柏贵喜主持国家社科基金课题:"生态文明建设背景下武陵山区土家族传统生态知识的挖掘、利用与保护研究"(项目批准号:13BMZ056),相关成果为学术著作;代启福主持国家社科基金课题:"乌蒙山民族杂居区资源开发风险治理与生态文明建设研究"(项目批准号:14CMZ036),在《中央民族大学学报》《西南民族大学学报》发表相关论文10余篇;张燕主持国家社科基金课题:"生态文明视域下西南民族旅游地空间功能区划与监测预警机制研究"(14CMZ022),在《贺州学院学报》发表相关论文5篇。

③ 辛总秀主持两项国家社科基金课题:"三江源地区生态文明理念培育研究"(项目批准号:13XMZ052)、"三江源生态文明建设人文与自然耦合机制研究"(项目批准号:19XMZ109),相关成果为研究报告。

④ 郭正礼主持国家社科基金重点课题:"宁夏生态文明建设研究"(项目批准号:13AMZ004),结项成果为同名学术专著;王海飞主持国家社科基金课题:"河西走廊少数民族移民定居中的生态文明建设研究"(项目批准号:14MZ096),结项成果为同名研究报告,相关学术论文发表在《兰州大学学报》。

⑤ 刘晓莉主持国家社科基金课题:"牧区生态文明视野下我国草原生态补偿法律制度建设研究"(项目批准号:15BMZ076),结项成果为"中国草原生态补偿法律制度建设研究"学术专著和发表在《东北师范大学学报》等期刊的10余篇学术论文,结项等级为"优秀";刘晶主持两项国家社科基金课题:"少数民族传统生态文明理念下的新疆生态保护法治体系建构研究"(项目批准号:15XMZ091)、"新疆少数民族农牧区(接下页注)

四、生态安全的研究

生态安全作为国家安全的一个重要组成部分,是建设美丽中国、实现中华民族伟大复兴中国梦的重要内容。党的十八大以来该领域的国家社科基金项目有 31 项,其中重大项目 2 项;发表的科研论文有 8 000 余篇,其中硕士、博士学位论文近 2 000 篇;出版专著百余部①。这些成果主要体现在如下四个方面:

一是生态安全与可持续发展。维护和保障我国边境牧区生态安全是筑牢我国生态安全屏障的现实需要,坚持以生态优先、绿色发展为导向的高质量发展,能有效推进我国边境牧区生态治理体系和治理能力现代化。其代表性人物有中共四川省委党校的孙继琼②、上海师范大学的高峻③,以及西南林业大学的李建钦④等。

二是生态安全与传统文化。在我国生态文明建设过程中,挖掘各民族的文化资源和生态智慧,对于保护民族地区生物多样性、维持地区生态平衡与生态安全,实现人与自然和谐发展,具有重要的价值和意义。其代表性人物有吉首大学的罗康隆、邵侃⑤,以及湘潭大学的杨曾辉⑥等。

三是海洋生态安全与海洋强国。海洋生态安全关系重大,影响深远,促进海洋生态安全是加快建设海洋强国过程中亟待解决的重要问题。结合我国海洋生态安全形势提出了促进我国海洋生态安全的路径及对策研究。其代表性人物有中国海

(接上页注)环境保护现状调查与法治建设研究"(项目批准号:12CMZ053,结项成果为同名研究报告);张云雁主持国家社科基金课题:"西部民族地区生态文明建设评价体系研究"(项目批准号:13XMZ050)。

① 其中有欧阳志云、郑华《生态安全战略》,海南出版社,2014;王圣瑞《鄱阳湖生态安全》,科学出版社,2014;於方、曹国志、魏礼群《生态安全治理新格局》,国家行政学院出版社,2018;李周、孙若梅《中国生态安全评论》,金城出版社,2014;张智光《生态文明和生态安全》,中国环境出版社,2019;罗永仕《生态安全的现代性境遇》,人民出版社,2015;王莉《我国矿区生态安全法治建设》,中国政法大学出版社,2018;王伟:《转型期我国生态安全与治理》,经济科学出版社,2015 等。

② 孙继琼主持国家社科基金课题:"新时代筑牢西藏生态安全屏障的制度保证和实现路径研究"(项目批准号:19XMZ028),在《财经科学》《经济纵横》《西南民族大学学报》等期刊发表相关论文 20 余篇。

③ 高峻主持国家社科基金重大课题:"长江经济带发展中的生态安全与环境健康风险管理及防控体系研究"(项目批准号:17ZDA058),在《生态学报》《生物多样性》《旅游学刊》等期刊发表相关论文百余篇。

④ 李建钦主持国家社科基金课题:"西南少数民族山区林业生态安全与乡村振兴协同路径研究"(项目批准号:18XMZ062),在《云南社会科学》《林业经济》《中央民族大学学报》等期刊发表相关论文 40 余篇。

⑤ 邵侃主持国家社科基金课题:"西南民族地区农村综合防灾减灾能力建设研究"(项目批准号:12CMZ025),在《云南社会科学》《原生态民族文化学刊》《农业考古》等期刊发表相关论文 50 余篇。

⑥ 杨曾辉主持国家社科基金课题:"明清时期沅江流域生态环境变迁研究"(项目批准号:15CMZ007),在《广西民族大学学报》《中南民族大学学报》《中央民族大学学报》等期刊发表相关论文 30 余篇。

洋大学的杜元伟[①]、杨振姣[②]以及韩立民[③]等。

五、有关生态补偿的研究

生态补偿的基本涵义是指认定产权明晰的生态持有方和享受生态服务的买方，通过对等的协商达成出资补偿协议，以确保交易关系的公平和合理，并使这样的交易得以顺利延续。在"十三五"期间，该领域的国家社科基金项目有95项，其中重大项目7项；发表的科研论文上千篇，其中硕士、博士学位论文达到千余篇；出版专著高达百余部[④]。这些成果主要体现在如下两个方面：

一是生态补偿的市场化。生态补偿是调整损害与保护生态环境主体间利益关系的一种制度安排，也是保护生态环境的有效激励机制。立足于不同生态系统和生态服务类型属性，对生态补偿的市场机制进行研究，有助于该领域机制研究的深化。其代表性人物有华中农业大学的张安录[⑤]、中南财经政法大学的肖加元[⑥]、中国地质大学的王玲[⑦]、暨南大学的张捷[⑧]、昆明理工大学的潘华[⑨]，以及北京第二外

---

① 杜元伟主持国家社科基金重大课题："我国海洋牧场生态安全监管机制研究"（项目批准号：18ZDA055），在《中国海洋大学学报》《中国渔业经济》《海洋环境科学》等期刊发表相关论文80余篇。

② 杨振姣主持国家社科基金课题："'命运共同体'视角下的北极海洋生态安全治理机制研究"（项目批准号：17BZZ073），在《中国海洋经济》《中国海洋大学学报》《环境保护》等期刊发表相关论文60余篇。

③ 韩立民主持国家社科基金重大课题："我国海洋事业发展中的'蓝色粮仓'战略研究"（项目批准号：14ZDA040），在《农业经济问题》《中国渔业经济》《资源科学》《农村经济》等期刊发表相关论文50余篇。

④ 其中有樊辉、赵敏娟：《流域生态补偿》，社会科学文献出版社，2018；张颖、金笙：《公益林生态补偿》，中国林业出版社，2013；金京淑：《中国农业生态补偿研究》，人民出版社，2015；陈克亮、张继伟、姜玉环：《中国海洋生态补偿立法》，海洋出版社，2018；沈满洪、魏楚、谢慧明、王颖、马永喜等：《完善生态补偿机制研究》，中国环境科学出版社，2015；张婕、王济干、徐健：《流域生态补偿机制研究》，科学出版社，2017；刘桂环、陆军、王夏晖：《中国生态补偿政策概览》，中国环境出版社，2013；靳乐山、胡振通：《中国草原生态补偿机制研究》，经济科学出版社，2017等。

⑤ 张安录主持国家社科基金重大课题："长江经济带耕地保护生态补偿机制构建与政策创新"（项目批准号：18ZDA054），在《地理学报》《中国人口·资源与环境》《中国生态农业学报》《生态学报》等期刊发表相关论文百余篇。

⑥ 肖加元主持国家社科基金课题："跨区域水资源生态补偿中政府调控与市场机制协同研究"（项目批准号：14BJY001），在《中国人口·资源与环境》《贵州财经大学学报》《中南财经政法大学学报》等期刊发表相关论文20余篇。

⑦ 王玲主持国家社科基金课题："政府主导下的城市地下水生态补偿机制研究"（项目批准号：13BJY063），在《社会保障研究》《草地学报》《生态环境学报》等期刊发表相关论文60余篇。

⑧ 张捷主持国家社科基金重大课题："我国重点生态功能区市场化生态补偿机制研究"（项目批准号：15ZDA054），在《北方经济》《制度经济学研究》《地理研究》等期刊发表相关论文百余篇。

⑨ 潘华主持国家社科基金课题："吸引社会资本投入生态补偿的市场化机制研究"（项目批准号：14BJY029），在《生态经济》《统计与决策》《人民长江》等期刊发表相关论文百余篇。

国语学院的冯凌^①等。

二是生态补偿的公益化。所谓"反哺"式生态补偿模式，即指下游地区补偿上游地区、生态受益区补偿因生态建设蒙受损失区域的补偿制度。其代表性人物有大连民族大学的杨玉文^②、东北师范大学的刘晓莉^③等。

六、关于生态扶贫与连片贫困区的研究

关于生态扶贫的研究，主要集中在吉首大学生态人类学研究的学术团队。该团队在"十三五"期间发表了有关生态扶贫的学术论文 500 余篇。同时获得了国家社科基金和国家自科基金重大项目、重点项目、一般项目、青年项目和西部项目等各类项目 20 余项^④。出版了"生态扶贫研究丛书"等 40 余部学术专著^⑤，在学术界产生了深远影响。

该团队的研究成果聚焦在生态扶贫理论的创新与应用、连片特困地区生态保

---

① 冯凌主持国家社科基金课题："基于生态旅游的市场化生态补偿机制与制度建设研究"（项目批准号：13CJY015），在《水土保持通报》《生态经济》《干旱区资源与环境》《求实》等期刊发表相关论文 50 余篇。

② 杨玉文主持国家社科基金课题："我国重点生态功能区生态补偿的市场化激励机制研究"（项目批准号：18BMZ116），在《云南民族大学学报》《生态经济》《经济问题探索》等期刊发表相关论文百余篇。

③ 刘晓莉主持国家社科基金课题："牧区生态文明视野下我国草原生态补偿法律制度建设研究"（项目批准号：15BMZ076），在《贵州民族研究》《吉林大学社会科学学报》等期刊发表相关论文百余篇。

④ 包括罗康隆教授主持的国家社科基金重大项目："西南少数民族传统生态文化的文献采辑、研究与利用"（项目批准号：16ZDA156，16ZDA157）；李定珍教授主持的国家社科基金重点项目："连片特困区农村流通产业发展的减贫效应研究"（项目批准号：17AJY021）；游俊教授主持的国家自科基金应急管理项目："中国扶贫开发战略和政策的评估与优化——基于'人业地'协调发展的视角"（项目批准号：71541042）；李琼教授主持的国家社科基金项目："武陵山片区城乡居民基本养老保险筹资机制研究"（项目批准号：14BJY203）；丁建军教授主持的国家自然科学基金项目："武陵山片区城镇化的农户生计响应与减贫成效分异研究"（项目批准号：41761022）；田宇教授主持的国家自科基金项目："贫困地区情境下创业者网络能力对新创企业组织合法性的影响机制研究"（项目批准号：71662012）；张琰飞副教授主持的国家自然科学基金项目："武陵山片区企业参与乡村旅游精准扶贫的绩效提升机制研究"（项目批准号：71663018）；李峰副教授主持的国家自科基金项目："精准扶贫多主体协同治理与网络支持平台构建研究——以武陵山片区为例"（项目批准号：71663019）；黄炜教授主持的国家社科基金项目："武陵山片区乡村旅游精准扶贫效益测度及益贫机制研究"（项目批准号：17XGL003）；王永明老师主持的国家自科基金项目："空间性、尺度与贫困：武陵山片区农村贫困化形成与分异机理"（项目批准号：41761023）；王美霞老师主持的国家自科基金项目："武陵山片区贫困地方的生成机制研究：结构化与主体性的整合视角"（项目批准号：41761029）等 20 余项目。

⑤ 包括《生态扶贫系列丛书》（《生态扶贫导论》《生态人类学理论探索》《发展中的农村贫困问题》《连片特困区跨省协作的新探索——"龙凤协作示范区"的实践与启示》《武陵山片区生态文明建设研究》）、蓝皮书《中国连片特困区发展报告》[《武陵山片区多维减贫与自我发展能力构建（2013）》《集中连片特困区城镇化进程、路径与趋势（2014—2015）》《中国连片特困区发展报告（2016—2017）》《中国连片特困区发展报告（2018—2019）——产业扶贫的生计响应、益贫机制与可持续脱贫》]、《乡村旅游系列研究丛书》（《乡村旅游扶贫雪峰山模式》等）和《连片特困区统筹发展与多维减贫研究》等 40 余部学术专著。

护与建设、民族地区生态经济与产业扶贫三个研究领域。

其一,生态扶贫理论创新。杨庭硕等从生态人类学理论出发,立足田野,结合相关理论知识,对连片特困区致贫原因及类型进行了探究,系统研究生态扶贫理论的概念、命题、方法与实践路径等问题,并在具体扶贫实践基础上,从文化、生态、区域、制度与人口等视角出发,进行文化干预、运行效果、评估指标等实践操作体系的建构,展开系统的生态扶贫理论的创新研究与脱贫致富新路径的探寻。

其二,生态维护与生态建设。罗康隆等则从连片特困地区生态保护与建设出发,着力探索研究连片特困区自然资源、文化资源的多样性保护与利用,探究连片特困区生态系统的类型、布局、特征及影响,发掘、应用本土生态知识,开展生态环境保护与生态安全建设,优化资源环境相互协调的生态链,推进连片特困地区生态保护与发展,确保生态扶贫成效的稳定与可持续发展。

其三,连片特困地区生态产业。冷志明等学者以民族地区连片特困区内生态资源可持续利用与特色产业集群开发规律的研究和实践为任务,围绕生态经济发展路径、产业扶贫模式的建构,探寻消除贫困的对策、生态经济发展与产业扶贫协调发展路径与对策。

七、关于生态移民的研究

国内关于生态移民的研究始于三峡库区移民工程,任耀武等在《试论三峡库区生态移民》中首次提出"生态移民"概念。随着各地区生态移民工程的实施,特别是连片特困地区易地扶贫搬迁工作的开展,国内专家学者关于生态移民的研究逐渐增多。在"十三五"期间主要聚焦于以下四个领域:

其一,生态移民的生计资本、生计模式与生计风险。针对生态移民给搬迁农户所带来的生计影响,分析生态移民生计转型风险特征、制约生态移民后续生计发展的主要因素,以及提高移民生计资本累积能力以及发展可持续生计的对策建议。其代表人物有内蒙古财经大学的史俊宏、山西师范大学的邵秀军等[1]。

---

[1] 史俊宏主持国家社会科学基金青年项目:"边疆牧区生态移民生计转型及可持续发展研究"(项目编号:12CMZ027),在《干旱区资源与环境》《农业现代化研究》《生态经济》《农业经济》等期刊发表相关论文18篇;邵秀军主持国家社会科学基金一般项目:"基于民族视角的黄土高原生态移民户生计重建研究"(批准号:15BMZ094),在《中国人口·资源与环境》《管理评论》《西北人口》《干旱区资源与环境》《农业现代化研究》等期刊发表相关论文11篇。

其二,生态移民的文化适应与社会适应。移民在与迁入地自然和社会环境的互动过程中是否达到和谐平衡是被关注的一个焦点,学界主要从文化、经济生活和社会行为等方面,考察移民能否顺利融入迁入地社会。其代表人物有北方民族大学的束锡红、中央民族大学的祁进玉、宁夏大学的冯雪红等①。

其三,生态移民政策效益评估。随着各地生态移民工程的落实,生态移民政策实施的效果也成为学者关注的焦点,从不同视角对移民效益进行了经济、生态、社会的单因子或多因子考察,提出解决对策与建议。其代表人物有塔里木大学的张灵俐、西北农林科技大学的崔冀娜、中国人民大学的侯东民、宁夏大学的东梅等②。

其四,生态移民可持续发展及后续产业。生态移民作为国家为实现"生态"与"发展"双赢而实施的一项复杂的系统工程,其可持续发展及后续产业发展等成为学界关注点。其代表人物有中央民族大学的张丽君、贵州财经大学的王永平等③。

八、关于农业文化遗产研究

农业文化遗产作为一个跨学科研究范畴,已经受到生态人类学的重视。在"十三五"期间,该领域的国家社科基金项目共 5 项,其他各级各类课题大约 30 项。研

---

① 束锡红主持国家社科基金一般项目:"甘宁青少数民族生态移民社会关系重构与文化心理认同研究"(项目编号:17BMZ102),在《宁夏社会科学》《中南民族大学学报》《北方民族大学学报(哲学社会科学版)》等期刊发表相关论文 14 篇;祁进玉主持国家社科基金一般项目:"三江源自然保护区生态移民社会适应与社区文化重建研究""(批准号:12BMZ041),在《青海民族研究》《中央民族大学学报》《广西民族研究》等期刊发表相关论文 6 篇;冯雪红主持教育部新世纪优秀人才支持计划项目:"甘青牧区藏族生态移民产业变革与文化适应研究"(项目编号:NCET-12-0664)在《人类学学刊》《兰州大学学报》《广西民族研究》《吉首大学学报(社会科学版)》等期刊发表相关论文 17 篇。

② 张灵俐主持国家社会科学基金西部项目:"生态移民工程与新疆长治久安研究"(项目编号:10XMZ049),在《生态经济》《兰州学刊》《贵州民族研究》《湖南社会科学》等期刊发表相关论文 7 篇;崔冀娜主持国家社会科学基金青年项目:"公平视角下青海藏区农牧民增收问题研究"(项目编号:16CMZ038),在《预测》《干旱区资源与环境》《西南民族大学学报》等期刊发表相关论文 3 篇;侯东民主持教育部重点研究基地重大项目:"生态移民跟踪研究"(08JJD840188),在《现代经济探讨》《人口与发展》《环境保护》《中国人口科学》等期刊发表相关论文 9 篇;东梅主持国家自然科学基金项目:"北方农牧交错带生态移民扶贫绩效及评价指标体系综合研究"(70763008)、"生态移民满意度驱动机制及其安置方式选择策略研究"(项目编号:71263041)、"生态文明建设目标驱动迁入区生态移民意识培育、行为规范、制度建设机制研究——以宁夏为例"(项目编号:71663041),在《干旱区资源与环境》《农业技术经济》《中国农村经济》等期刊发表相关论文 13 篇。

③ 张丽君主持国家社会科学基金一般项目:"牧区生态移民安置的效益评估及其指标体系研究"(项目编号:11BMZ058),在《贵州社会科学》《民族研究》《中央民族大学学报(哲学社会科学版)》等期刊发表相关论文 5 篇;王永平主持国家社会科学基金项目:"生态移民与少数民族传统生产生活方式的转型研究——基于贵州世居少数民族生态移民的调研"(09XMZ043),在《山地学报》《农业现代化研究》《贵州农业科学》《生态经济》等期刊发表相关论文 14 篇.

究成果总数近千项,其中发表相关论文 700 余篇,出版著作 50 余部。主要聚焦在如下三个方面:

一是农业文化遗产类型、特征研究。该研究为农业文化遗产的研究提供学科规范,且对农业文化遗产的保护与开发提供理论支撑。主要代表人物有中国科学院地理科学与资源研究所的李文华、闵庆文等,南京农业大学的王思明等[①]。

二是挖掘中国重要农业文化遗产的多重价值、民族文化等。该类研究运用人类学田野调查方法,对农业文化遗产的多重价值、民族文化等内容进行深入调查和科学解读。主要代表人物有中国艺术研究院的苑利、江西农业大学的黄国勤、中国农业大学的孙庆忠、北京科普发展中心的袁正等[②],以及福建农林大学的朱朝枝、云南农业大学的莫力、农业农村部农村经济研究中心的张灿强、吉首大学的陈茜等[③]。

三是农业文化遗产与本土生态知识、生态环境维护等研究。从生态人类学理论出发解读农业文化遗产,强调其生态功能与发挥路径。主要代表人物有吉首大学的杨庭硕和罗康隆、中国科学院地理科学与资源研究所的刘某承、李禾尧[④],云

---

① 李文华为中国工程院院士,编著《中国重要农业文化遗产保护与发展战略研究》,相关论文在《中国生态文明》等期刊发表;闵庆文为中国农学会农业文化遗产分会主任委员,著《农业文化遗产知识读本与保护指导系列》,主编中国重要农业文化遗产系列读本丛书,主持联合国粮农组织全球环境基金项目:“稻鱼共生全球重要农业文化遗产动态保护与适应性管理”(项目编号:GCP/GLO/212/GEF)等,相关论文发表在《中国生态农业学报》《自然与文化遗产研究》《古今农业》等刊物;王思明为中国农学会农业文化遗产分会副主任委员,主编《中国农业文化遗产名录》,相关论文在《中国农业大学学报》等期刊发表。

② 苑利为中国农学会农业文化遗产分会副主任委员,主编《云上梯田》(寻找桃花源:中国重要农业遗产地之旅丛书),相关研究在《中国农史》《中国农业大学学报》等期刊发表;黄国勤等人编著《江西农业文化遗产研究》,相关论文在《古今农业》《遗产与保护研究》等期刊发表;孙庆忠为中国农学会农业文化遗产分会副主任委员,著《枣韵千年》,相关论文在《中国农业大学学报》等期刊发表;袁正等主编《云南双江勐库古茶园与茶文化系统》《澜沧江流域农业文化遗产考察报告》等。

③ 朱朝枝等编著《福建农业文化遗产活态保护路径探析》,相关论文在《安徽农学通报》等期刊发表;莫力主持国家社科基金项目:“西南边疆少数民族农业文化遗产价值挖掘与利用研究”(项目批准号:18XMZ040),相关论文在《宗教学研究》《原生态民族文化学刊》等期刊发表;张灿强主持国家社科基金青年项目:“贫困地区农业文化遗产活态保护与产业扶贫协同路径研究”(项目批准号:17CSH012),相关论文在《中国人口·资源与环境》《南京农业大学学报》等期刊发表;陈茜主持国家民委课题:“武陵山区少数民族农业文化遗产开发与区域减贫发展研究”等,相关论文在《贵州民族研究》等期刊发表。

④ 杨庭硕等著《本土生态知识引论》,相关论文在《中国农业大学学报》《贵州社会科学》等期刊发表;罗康隆主持多项中国重要农业文化遗产申报项目,已被农业农村部正式认定 4 项,相关论文在《中央民族大学学报》《吉首大学学报》《贵州民族研究》等期刊发表;刘某承等著《甘肃迭部扎尕那农林牧复合系统》,相关论文在《中国生态文明》《生态学报》等期刊发表;李禾尧等编著《农业文化遗产的动态保护和适应性管理:理论与实践(英文版)》等,相关论文在《中国农业大学学报》《遗产与保护研究》等期刊发表。

南大学的张海超、广西民族大学的杨艳等[①]。

九、关于非物质文化遗产的研究

2004年，我国加入联合国教科文组织《保护非物质文化遗产公约》之后，开启了我国学术界对非物质文化遗产研究的热潮。近年来，随着《中华人民共和国非物质文化遗产法》的颁布实施，不仅非物质文化遗产工作取得了显著成绩[②]，与非遗相关的理论研究也呈现出了一片繁荣的景象[③]。

纵观近年来的非物质文化遗产研究动态，该研究的领域主要聚焦在如下五个方面：

其一，非遗理论研究。其代表人物有宋俊华[④]、苑利[⑤]、向云驹[⑥]、乔晓光[⑦]等。他们多是从概念、内涵、要素、类型、特征、价值、作用、功能等角度对非遗的相关理论问题进行了研究。他们认为非遗是以人为物质载体的文化遗产，其概念衍变经历了从"民间创作"向"口头和非物质遗产"再向"非物质文化遗产"的演变，具有

---

① 张海超主持国家社科基金项目："西南少数民族的水稻生产实践与稻作农业文化遗产的传承研究"（项目批准号：17BMZ059），相关论文在《农业考古》《云南社会科学》等期刊发表；杨艳主持国家社科基金项目："新时代岭南少数民族农业文化遗产的保护利用与乡村振兴互动研究"（项目批准号：19BMZ089）。

② 2017年10月止，入选国家级非物质文化遗产代表性项目名录的非遗项目有1 372个（如果按照申报地区或单位统计，共计3 145个子项，涉及项目保护单位3 154个），国家级非物质文化遗产代表性项目代表性传承人3 068人，国家级文化生态保护区7个，国家级非物质文化遗产生产性保护示范基地100个。我国列入联合国教科文组织非物质文化遗产名录（名册）项目40项，总数位居世界第一。

③ 当前，从事非遗研究的高校和研究机构有近百所，比较有代表的有中国社会科学院、清华大学、北京大学、中国传媒大学、中山大学、四川大学、云南大学、天津大学、上海社会科学院、华中师范大学、浙江大学、华南理工大学等。据不完全统计，党的十八大以来（2012年以来），我国非遗相关的国家社科基金项目110项，相关论文近22 000篇，其中硕士论文1 800余篇，博士论文百余篇，学术专著16 000部。

④ 宋俊华教授系中山大学中国非物质文化遗产研究中心主任，主持国家社科基金重大项目："非遗代表性项目名录和代表性传承人制度改进设计研究"（项目编号：17ZDA168）、教育部人文社科重点研究基地重大项目："非遗保护的中国经验研究"（项目编：17JJD850005）、文化和旅游部委托课题："非物质文化遗产保护可持续发展的基本理论问题研究"，在《文化遗产》《广西社会科学》《戏曲艺术》《广西民族研究》等期刊发表非遗理论文章23篇，出版非遗专著多部。

⑤ 苑利系中国艺术研究院研究员、中国民间文艺家协会副主席、中国农业历史学会副理事长，在《中国社会科学报》《光明日报》《中国财经报》《人民政协报》《河南社会科学》《宁夏社会科学》《中原文化研究》《长江文化论丛》《原生态民族文化学刊》等期刊、报纸发表非遗相关论文33篇。

⑥ 向云驹系中国文艺评论家协会副主席，在《中央民族大学学报（哲学社会科学版）》《民间文化论坛》《文化遗产》等期刊发表非遗理论文章十余篇。曾在早期著作《人类口头和非物质遗产》中对非物质文化遗产的概念问题进行过阐释。

⑦ 乔晓光系中央美术学院非遗中心教授，在《民艺》《美术观察》《文化遗产》《光明日报》等期刊、报纸发表非遗理论文章若干篇。

"活态性""传承性""无形性""流变性"等特性。

其二，非遗保护利用。非遗的发展须以保护为基础，为此才能保证它长久留存，才能谈它的开发利用。当前非遗法律保护中存在主体不明确、追责机制不完善等问题，需要引起重视并加以解决。在开发利用方面，可探寻博物馆、主题公园、旅游节庆、舞台表演、建立保护区及手工艺品、旅游商品设计等非遗旅游开发模式。其代表人物有王文章①、贺学君②、毛巧晖③、曹保明④等。

其三，非遗主体研究。其代表人物有中国社会科学院的韩成艳⑤、温州大学的黄涛⑥、浙江大学的刘朝晖⑦。他们认为，非遗的主体涉及非物质文化遗产代表作的主体、非物质文化遗产项目的主体、认同非物质文化遗产项目的共同体，而非遗保护的实践主体涉及"三方五主体"⑧。

其四，非遗传承人的研究。其代表人物有中山大学的刘晓春⑨、中国文联的刘锡诚⑩、

---

① 王文章系原文化部副部长兼中国艺术研究院原院长、中国非物质文化遗产保护中心主任，出版专著多部，在《文学艺术》《人民论坛》《人民日报》等期刊报纸发表相关论文 12 篇。

② 贺学君系中国社会科学院研究员，在《社会科学研究》《民间文化论坛》《江西社会科学》《西北民族研究》《社会科学报》等期刊、报纸发表非遗保护利用论文多篇。

③ 毛巧晖在《文化遗产》《贵州社会科学》《西北民族研究》《民族文学研究》《民间文化论坛》《北京联合大学学报》《长江大学学报》《西北民族大学学报（哲学社会科学版）》等期刊发表非遗保护相关论文13 篇。

④ 曹保明在《中国文化报》《吉林日报》《通化师范学院学报》《团结报》等报刊发表非遗保护主题文章 10 余篇。

⑤ 韩成艳主持国家社会科学基金项目"非物质文化遗产的社区保护及县域实践研究"（项目批准号：13CMZ046），在《民俗研究》《西北民族研究》《宗教信仰与民族文化》等期刊发表相关论文 5 篇。

⑥ 黄涛主持国家社科基金项目"国家文化安全视野下传统节日的变迁、传承与保护研究"（项目批准号：10BSH031），在《中国人民大学学报》《光明日报》《文化遗产》《河南社会科学》《温州大学学报》《民间文化论坛》等期刊发表非物质文化遗产保护主体相关论文 7 篇。

⑦ 刘朝晖系浙江大学副教授，在《浙江师范大学学报》《中南民族大学学报》《文化艺术研究》等期刊发表非遗主体与保护主体主题相关论文多篇。

⑧ "三方五主体"："三方"即政府、专业团队、非遗主体三方，"五主体"即将非遗主体细分为个人、群体、社区后再加上前述的政府、专业团队。详见：韩成艳，《非物质文化遗产的主体与保护主体之解析》，《民俗研究》，2020 年第 3 期。

⑨ 刘晓春主持教育部重大项目"非物质文化遗产传承人研究"（项目编号：07JJD740066）、"非物质文化遗产的生产性保护与产业化问题研究"（项目编号：11JJD780004），在《广西民族大学学报（哲学社会科学版）》《思想战线》《民俗研究》等期刊发表非遗传承人相关论文 10 余篇。

⑩ 刘锡诚系中国文学艺术界联合会研究员，国家非物质文化遗产保护工作专家委员会委员，在《河南教育学院学报（哲学社会科学版）》《西北民族研究》《广西师范学院学报》等期刊发表非遗传承人相关论文 10 余篇。

天津大学的张宗建①、重庆三峡学院的陈兴贵②等。他们多是从非遗传承人的认定制度、管理制度、保护方式、权益等方面进行研究。他们认为，非遗是以口传心授的方式得以传承和延续的口承文化，其保护的关键是对传承人的保护。讨论中，不同学者结合非遗保护的实际情况，提出了若干创新非遗传承人机制的路径和对策。

其五，非遗与文化生态。当前部分民族地区之所以出现文化生态危机，根源在于现代化进程中少数民族群众对本民族传统文化的价值与定位缺乏认知，从而导致其文化自觉的缺失，因此需要通过对世界各地非物质文化遗产的保护来确保人类文明的多样性。代表人物有马悦③、吴凡文④、杨志芳⑤、杨程⑥、张凤琦⑦、黄永林⑧等。

十、关于民族走廊的研究

"民族走廊"是费孝通在 20 世纪 80 年代提出来的，并将其定义为"历史形成的民族地区"⑨，此后他对其不断完善与发展，提出中国三大民族走廊：藏彝走廊、南岭走廊、河西走廊。费孝通先生认为中华民族多元一体格局的形成与民族走廊相关，民族走廊中民族之间的互动与整合，构成了中华民族多元一体格局。民族走廊这个概念被提出后，得到学术界的积极响应，并不断扩展民族走廊的内涵，目前民族走廊研究包括对藏彝走廊、南岭走廊、河西走廊、苗疆走廊、武陵走廊、辽西走廊等走廊地带的研究。受民族走廊研究的启示，人类学界开启了流域、道路（路学）的研究。

---

① 张宗建主持国家课题"非遗艺术在高师院校美术教育传承发展的特点研究"（项目编号：18YB341），在《重庆文理学院学报（社会科学版）》《吉林省教育学院学报》《文化艺术研究》《吉首大学学报（社会科学版）》等期刊发表非遗传承人主题论文 10 余篇。

② 陈兴贵主持国家社会科学基金项目"西南少数民族国家级非物质文化遗产保护效果研究"（项目编号：11CMZ032），在《重庆文理学院学报（社会科学版）》《黑龙江民族丛刊》《云南民族大学学报（哲学社会科学版）》等期刊发表非遗传承人相关论文 9 篇。

③ 马悦：《试论民族地区文化生态重建及其非物质文化遗产保护》，《中国民族博览》，2017 年第 5 期。

④ 吴凡文、齐子杨：《文化生态视阈下的少数民族非物质文化遗产保护》，《前沿》，2015 年第 5 期。

⑤ 杨志芳：《从文化生态视角探讨非遗保护问题》，《学术交流》，2014 年第 4 期.

⑥ 杨程：《非物质文化遗产保护的生态学透视》，《西南民族大学学报》，2012 年第 10 期。《生态视角下非物质文化遗产的生存斗争与适应性变异》，《西南民族大学学报》，2015 年第 11 期。

⑦ 张凤琦：《文化生态视野的非物质文化遗产保护》，《重庆社会科学》，2008 年第 2 期。

⑧ 黄永林：《"文化生态"视野下的非物质文化遗产保护》，《文化遗产》，2013 年第 5 期。

⑨ 费孝通：《谈深入开展民族调查问题》，《中南民族学院学报（人文社会科学版）》，1982 年第 3 期。

　　该领域的研究成果丰富。"十三五"期间相关的国家社科基金项目就有 113 项之多,其中重大招标项目就有 6 项①,发表的论文上千篇,其中硕士、博士学位论文就有 200 余篇,主要著作 40 余部。该研究领域的成果聚焦在如下几个方面:

　　其一,民族走廊的民族交往、族群认同与民族社区共治。石硕、周大鸣等学者认为民族走廊中的民族在民族交往中有两个突出特点:一是主观上民族观念淡薄、民族界限模糊;二是文化普遍持包容态度,使各民族在文化上往往"你中有我、我中有你"。在民族走廊地带,尽管民族众多、文化多样性突出,但人们在相互交往时,却并不去刻意强调"异",而是主观上本能地和下意识地去"求同""求和",是走廊中族群互动的结果②。这对于如何看待和处理中国多民族国家的民族关系与民族交往有着重要启示意义。

　　其二,民族走廊文化资源要素。民族走廊具有多样化的自然生态环境,本地区民族在历史上活动频繁的地带,在与其他族群交往接触的过程中,文化相互融合,又形成了新的民族文化③,在文化传播过程中展现出不同民族文化差异性与共同性④。

　　其三,民族走廊的形成与演化。民族走廊是历史的产物,它是以民族识别调查为历史背景和中华民族多元一体为理论前提,具有重要的学术地位;民族走廊概念也是新时代的产物⑤。随着时代的发展,人类学研究领域还将会产生新的研究理论和研究视角。

　　其四,民族走廊的民族文化传承与传播。民族走廊不仅是一个学术概念,而且代表着政治、经济和文化的多元一体⑥。民族走廊自古以来就是沟通中原与西部

---

　　①　国家社科重大项目:陈井安"藏羌彝文化走廊建设研究"(项目编号:16ZDA155);倪根金"岭南动植物农产史料集成汇考与综合研究"(项目编号:16ZDA123);杨军昌,罗康隆"西南少数民族传统生态文化的文献采辑、研究与利用"(项目编号:16ZDA156、16ZDA157);麻国庆"中国岭南传统村落保护与利用研究"(项目编号:17ZDA165);叶拉太"甘青川滇藏族聚居区藏文地方志资料搜集整理暨《多康藏族史》编纂"(项目编号:17ZDA209);苗东霞"河西走廊民族语言的跨学科研究"(项目编号:18ZDA299)。

　　②　石硕:《藏彝走廊多民族交往的特点与启示》,《中华文化论坛》,2018 年第 10 期。周大鸣:《民族走廊与族群互动》,《中山大学学报(社会科学版)》,2018 年第 6 期。

　　③　罗春秋:《藏羌彝走廊民族文化资源的保护与传承模式研究》,《内蒙古民族大学学报》,2018 年第 6 期。

　　④　秦富强:《藏彝走廊地区氐羌系民族建筑中的共生文化基质研究》,重庆大学硕士论文,2018 年。

　　⑤　陈自升、张德华:《民族学概念:从"藏彝走廊"到"横断走廊"》,《中央民族大学学报》,2016 年第 3 期。

　　⑥　翁泽仁:《"古苗疆走廊"贵州苗族文化传播问题探析》,《文化与传播》,2018 年第 4 期。

乃至域外世界的交通枢纽和经贸通道,也是中央政府治理边疆的战略要地,在各民族文化"三交"过程中发挥过重大的历史作用①。

第二节　人类学分支学科发展的基本状况

在现有人文社会科学各学科中,人类学的一个突出特点是它的开放性。它是在几乎所有方面都对其他学科开放的学科。它的研究内容几乎涉及其他所有学科的知识,既包括社会科学的、人文科学的,也包括自然科学的。随着研究的深入,这种联系和开放性就越强,其分支学科就越多。

人类学的开放性与包容性的直接后果是会催生出适应时代需求与学科发展的新兴分支学。罗康隆认为人类学是研究人类不同群体的社会与文化,以及建构其社会与文化背景的生态环境(民族生境)的学科②。可见,人类学有一个庞大的研究领域,多学科的交叉研究成为人类学的学科特性,这一学科特性为人类学新兴分支学科的诞生提供了良好的学科环境。杨圣敏教授认为人类学研究的单位,可以是一个民族,也可以是以国别、地域、职业、年龄、信仰、性别、阶级和阶层等社会的或文化的界线划分的不同人群。更经常的情况是,人类学研究的对象同时包含几个不同类别,分属于不同阶层、单位的一个生活群体、一个小社会或一个地域③。因此,随着人类社会的发展和研究的深入,人类学分支学科还会不断增加。

在这样的学术背景下,人类学的新兴分支学科应运而生,陆续出现。在这些分支学科定义中,虽"民族"冠名多,但立足的学科"母体"非人类学,而是以人类学冠名在发展,使得以"某某人类学"之称比比皆是、方兴未艾④。而依托于人类学这一学科母体的分支学科,主要有生态人类学、经济人类学、旅游人类学、影视人类学、地理人类学、历史人类学、医疗人类学、体育人类学、教育人类学、法律人类学等分

① 王建新、关楠楠:《河西走廊多民族交融发展的历史作用与现实意义》,《西北民族研究》,2019年第2期。
② 罗康隆、何治民:《论民族生境与民族文化建构》,《民族学刊》,2019年第5期。
③ 杨圣敏:《民族学如何进步——对学科道路如何发展的几点看法》,《中央民族大学学报》,2016年第6期。
④ 郝时远:《中国民族学学科设置叙史与学科建设的思考——兼谈人类学的学科地位(上)》,《西北民族研究》,2017年第2期。

支学科,以及对非物质文化遗产、民族走廊等领域的研究。

一、经济人类学

在中国,经济人类学较早的著述有施正一教授[①]的《民族经济学导论》和《民族经济学教程》,云南大学陈庆德教授[②]的《民族经济学》和《经济人类学》,中央民族大学施琳[③]的《经济人类学》,这些成果也标志着以云南大学和中央民族大学为首的经济人类学研究团队的确立。

在"十三五"期间有田广、罗康隆[④]的《经济民族学》、陈庆德等的《经济人类学》出版,这些著作介绍了经济人类学的理论体系和分析范畴。陈庆德、杜星梅在《经济民族学》中认为,经济民族学立足民族学学科本位,聚焦经济的民族表征与民族的经济构建,试图构建一门具有领域开拓性与理论超越性的新学科。中国社会科学院、西南民族大学、中南民族大学、吉首大学等高校与科研院所开始将经济人类学作为其研究的方向。在"十三五"期间其研究聚焦在如下两个方面:

其一,少数民族地区经济发展现实问题。2013年提出的"一带一路"构想为少数民族地区边境贸易、文化交流提供了新的机遇。在经济新常态下,学科围绕少数民族地区经济如何实现"创新、协调、绿色、开放、共享"发展,探索少数民族精准扶贫、沿边开放、人口流动和城市化等新的现实问题。

其二,学科定位、逻辑起点与学科核心理论体系。立足于"经济人类学"的学科本位,从少数民族经济特殊性出发,对"经济人类学"的基础理论、研究范式进行系

---

① 施正一有关民族经济学的著作有《民族经济学导论》,民族出版社,1993;《民族经济学教程》,中央民族大学出版社,1997。

② 陈庆德教授在经济人类学方面的研究成果,发表在《哲学研究》《民族研究》《战略与管理》《近代史研究》《中国经济史研究》《社会学研究》等论著共计三百五十余万字;主要代表作《资源配置与制度变迁——人类学视野中的多民族经济共生形态》《人类学的理论预设与建构》《民族经济学》等。

③ 施琳教授有关经济人类学的项目和科研成果有:1994年"八五"重点项目"中国少数民族地区市场经济发展研究"子课题"论发展经济学的发展";2001—2003年:南开大学博士后研究项目"论区域经济发展中的'多型态'—西部民族区域经济可持续发展研究"。论著有《论发展经济学的发展——从西方发展经济学到中国民族经济学》,中央民族大学出版社,1994;《经济人类学》,中央民族大学出版社,2002;《发展经济学与亚洲的"发展戏剧"》,宁夏人民出版社,2002。

④ 罗康隆教授有关经济人类学研究的项目和科研成果有:国家社会科学基金项目"少数民族和民族地区自我发展的能力研究"(2000);湖南省社科基金项目"云贵高原东南缘各民族生计方式多样性与生态维护研究"(2005)。论著有《族际关系论》《西南与中原》《民族　文化与生境》《发展人类学引论》《民族文化差异与经济发展》《发展与代价:中国少数民族发展问题研究》《文化适应与文化制衡:基于人类生态文化的思考》《传统生计中的文化策略》《经济人类学》等12部。

统化、规范化整理，为学科长久发展奠定理论基础。

二、旅游人类学

20 世纪 80 年代中期，西方的旅游人类学思想开始被引入我国的旅游研究[①]。最早从事旅游人类学研究的代表人物是厦门大学的彭兆荣教授，云南大学的杨慧教授、张晓萍教授，中山大学的孙九霞教授，中央民族大学的宗晓莲博士，贵州民族大学的潘盛之教授等。云南大学、厦门大学、中山大学、桂林理工大学等，是我国旅游人类学研究的重要机构。该学科领域在"十三五"期间有国家社科基金项目 48 项[②]，相关的论文近 500 篇，其中硕士、博士论文 110 多篇，学术著作 30 余部[③]。该研究领域的成果聚焦在如下三个方面：

其一，旅游与文化涵化。从旅游人类学的角度，对"旅游场景"引发的少数民族文化的变迁动态开展研究，重点讨论了旅游场景中异文化的交流和文化展演中的文化变迁，论证了旅游场景实质是一种异文化相互接触、相互涵化的过程，其代表性人物有孙九霞、吴美玲、陈修岭、杨慧、高冲、吴忠军、周星等。

其二，旅游与个人经历转换。重点研究游客与东道主、游客与游客之间社会关系的建构，提出游客与东道主、游客与游客之间社会关系建构的"游客与东道主""游客与陌生人、旅途结识新友、旅途同伴"的概念模型，以彭丹、陈莹盈、倪卓为代表。

其三，旅游与文化自觉。旅游经济增长会产生文化和社会问题，应该在文化自觉的基础上，基于文化本身价值有选择地进行产业开发，促使当地人的文化自觉和对传统文化的创新，形成良性循环，最终促进文化效益、社会效益、经济效益的协调发展，以田敏、撒露莎、向玉成、粮艳玲等为代表。

三、影视人类学

影视人类学研究从民族志电影、人类学纪录片、影像民族志等视角研究。张江华、李德君等编著了我国第一部《影视人类学概论》。目前，在"十三五"期间国家社

---

① 张晓萍、李伟：《旅游人类学》，南开大学出版社，2008 年版。

② 该数据来源国家社科基金项目数据库"十三五"期间关于"民族问题研究"或"人类学"类课题统计。

③ 其中有张晓萍：《旅游人类学》、杨振之：《东道主与游客：青藏高原旅游人类学研究》、撒露莎：《跨文化交流与社会文化重构：丽江旅游的人类学阐释》、张锦鹏人类学与人类学专业研究生系列教材：《人类学分支学科概论》、王野：《基于旅游人类学视角的乡村旅游文化建设研究》等。

科基金项目有 74 项(含艺术学 31 项),其中重点重大招标项目有 8 项。此外,全国哲学社会科学工作办公室从 2009 年开始在文化和旅游部(原文化部)民族民间文艺发展中心设立特别委托项目"中国节日志",每年定期开展"中国节日影像志"子课题项目,累计已立项子课题 172 项,2012 年以来累计立项 162 项。出版相关影视人类学作品近 100 余部,发表文献 2 000 余篇,其中硕士、博士学位论文有 600 余篇。该研究领域的成果聚焦在以下三个方面:

其一,影视人类学的学理与方法。以中央民族大学朱靖江、中国人民大学富晓星为代表的学者对影视人类学的学科体系进行探索,其对于文化异质性的表述、以具体的人的生活经验为研究对象的本土化路径研究,展现其思想性、科学性和人民性,得到学界认同[①]。此外,罗红光、雷亮中、庞涛等学者也积极加入学科构建。

其二,用纪录片和电影保护传统文化。影视人类学就是用影像与影视这种载体来关注人类文明的发展与变迁、表现人类共同命运的学问,对抢救、保护濒临失传、不可再生的民族文化资源具有十分重要的作用。代表性人物有项仲平、胡晓阳、瞿巍、李伟华、邓启耀、赵湛鸣、张凤英等。

其三,新媒体、技术的发展对影视人类学的影响。人类学民族志影像的记录与表述,通过新媒体丰富影视人类学知识的生产与传播,显示出了其内在优势和巨大潜力。赵华森提出虚拟现实技术的进步为影视拍摄和传播拓展了新的发展空间。以陈旭光、殷强、李文英、孙玉成、龚念、李东勋等为代表[②]。

四、地理人类学

我国引入"地理人类学"学科概念和确立该学科研究规范的时间较晚[③],但经

---

①　朱靖江主持国家社科基金艺术学一般项目 1 项("中国民族志电影史",立项编号:18BC041),国家社科基金特别委托项目子课题 3 项;出版《在野与守望:影视人类学行思录》《民族志纪录片创作》《田野灵光:人类学影像民族志的历时性考察与理论研究》等 10 余部学术著作;在《世界民族》《西南民族大学学报》等期刊发表 30 余篇学术论文。富晓星主持国家社科基金项目重点项目"影视人类学的理论反思与应用实践研究"(项目编号:18ASH014),在《民族研究》《社会学研究》《社会科学》等学术期刊发表论文 20 余篇。

②　陈旭光主持国家社科基金艺术学重大项目"影视剧与游戏融合发展及审美趋势研究"(项目编号:18ZD13),在《文艺研究》《当代电影》《北京电影学院学报》等期刊发表论文 20 余篇;殷强主持国家社科基金重点项目"新技术影像与社会再生产研究"(项目编号:18AXW006),在《理论界》《国际新闻界》等期刊发表论文 10 余篇;李文英主持国家社会科学基金青年项目"新时期中国影视人类学发展进路研究(1978—2018)"(项目编号:19CMZ028),在《内蒙古社会科学》《电视研究》《现代传播》等学术期刊发表论文 10 余篇。

③　欧潮泉:《谈地理民族学》,《中南民族学院学报》,1983 年第 3 期。

过半个多世纪的研究，已有的研究成果已较为丰硕。在"十三五"期间涉及"地理人类学"研究主题的国家社科基金项目共 63 项，其中重大招标项目 1 项，重点项目 10 项，一般项目、青年项目、西部项目共 52 项；发表论文近 600 篇，其中硕士、博士学位论文近百篇；主要著作 14 部①。内容主要集中于以下四个方面：

第一，关于中华民族多元一体格局与地理环境基础之间的关联性研究。在费孝通先生早年论及中华民族的生存空间与多元一体概念后②，许彬、樊良树、赵健霞、司徒尚纪③等指出中华大地这种相对独立的地理特征，为中华民族由多元走向一体奠定了共同的心理认同和地域基础。

第二，关于民族性格与地理环境基础之间的关联性研究。认为自然地理环境在其民族性格和民族精神的形成中，虽不是唯一的因素，但却是一个极为重要的特殊因素。其代表人物有宋瑞芝、李学智④等。

第三，关于民族文化与地理环境基础的关系研究。该领域的研究主要梳理了民族传统文化的历史演变脉络，把民族、地理和自然条件当作一个整体来研究。其代表学者有李雪梅、陈欣、蓝勇、管彦波和刘正寅⑤等。

第四，关于民族文化对所处生态系统的适应研究。地理人类学较为关注民族对地理环境的适应、利用和改造的能力，这也是与生态人类学互相交叉、重叠的研

---

① 其中有吕俭平的《汉语方言分布格局与自然地理、人文地理的关系》(2019)，潘玉君、伊继东、孙俊等的《中国民族地理通论》(2019)，张瑛的《西南彝族服饰文化历史地理》(2019)，朱圣钟的《族群空间与地域环境——中国古代巴人的历史地理与生态人类学考察》(2019)、《区域经济与空间过程（土家族地区历史经济地理规律探索）》(2015)，郑维宽的《广西历史民族地理》(2018)，于熠著，范忠信、陈景良编的《西夏法制的多元文化属性：地理和民族特性影响初探》(2016)等。

② 费孝通主编：《中华民族多元一体格局》，中央民族大学出版社，1999 年版。

③ 许彬在《广西民族研究》《湖北社会科学》《湖南科技大学学报》发表相关论文 3 篇。樊良树在《中共中央党校学报》《西藏大学学报》《北京社会科学》《国家行政学院学报》等期刊发表相关论文 6 篇。赵健霞在《科技创新与应用》《地理学报》《地理科学进展》等期刊发表相关论文 5 篇。司徒尚纪在《云南社会科学》《地理科学》《人文地理》期刊发表相关论文 3 篇。

④ 宋瑞芝在《社会学研究》《湖北大学学报》发表相关论文 2 篇。李学智在《历史教学》《东方论坛》《天津师范大学学报》《世界历史》发表相关论文 4 篇。

⑤ 李雪梅在《北京舞蹈学院学报》发表相关论文 5 篇。陈欣在《贵州民族研究》《体育世界》《山东体育学院学报》发表相关论文 2 篇。蓝勇在《历史地理研究》《西南大学学报》《中国历史地理论丛》《社会科学研究》等期刊发表相关论文 14 篇。管彦波在《贵州社会科学》《中国边疆史地研究》《青海民族研究》《广西民族研究》《西北民族大学学报》等期刊发表相关论文 8 篇。刘正寅主持国家社科重大招标项目"中国古代民族志文献整理与研究"（项目编号：12&ZD136），并在《民族研究》《中国边疆史地研究》《西域研究》《学术前沿》《史学集刊》等刊物发表相关论文 9 篇。

究内容。其代表学者有尹绍亭、崔延虎、杨庭硕、罗康隆[①]等。

五、历史人类学

西方学术界 20 世纪 60 年代就开始有历史人类学的研究。2001 年,中山大学成立了历史人类学研究中心,与厦门大学共同研究华南社会,已经形成"华南学派"学术共同体。代表性人物有科大卫、萧凤霞、刘志伟、陈春声、谢晓辉、程美宝、张应强[②]。2013 年以来,吉首大学研究团队在杨庭硕的带领下,以"四结合"(人类学、历史学、考古学、生态学人类学相结合)原则开展历史人类学的研究,取得了可喜的成就[③]。在"十三五"期间涉及"历史人类学"的国家社科基金项目就有 30 余项,其中重大招标项目 4 项,发表的论文 600 余篇,其中硕士、博士学位论文就有 40 余篇,主要著作 30 余部[④]。该研究领域的成果表现在如下三个方面:

其一,历史人类学的研究方法。目前,在历史人类学的学术实践中存在着历史

[①] 尹绍亭在《中国社会科学报》《中南民族大学学报》《云南师范大学学报》《中央民族大学学报》《云南社会科学》发表相关论文 8 篇。崔延虎在《民族研究》《新疆师范大学学报》《原生态民族文化学刊》发表相关论文 3 篇。杨庭硕在《中国农业大学学报》《中国农史》《云南社会科学》《青海民族研究》《自然辩证法研究》《原生态民族文化学刊》等期刊发表相关论文 12 篇。罗康隆在《中央民族大学学报》《民族研究》《北方民族大学学报》《云南社会科学》《广西民族研究》《云南师范大学学报》《青海民族大学学报》等期刊发表相关论文 14 篇。

[②] 科大卫主持香港特别行政区大学教育资助委员会第五轮卓越学科领域计划项目"中国社会的历史人类学研究"(AOE H - 0108),在《民俗研究》《中国经济史研究》《历史研究》《中山大学学报》等期刊发表相关论文 9 篇;萧凤霞在《社会学研究》《中国经济史研究》等刊物发表论文 4 篇;谢晓辉主持中华人民共和国香港特别行政区大学教育资助委员会第五轮卓越学科领域计划项目"中国社会的历史人类学研究"(项目编号:6901924),相关论文发表在《广西民族大学学报》,主持国家社科基金课题"清代湘西地区改土归流与开辟苗疆的比较研究"(项目批准号:17BZS116),相关论文发表在《近代史研究》;程美宝主持的香港特别行政区研究资助局资助的研究计划"画出自然:18、19 世纪中叶广州绘制的动植物画"(项目编号:11672416),相关论文发表在《学术研究》《近代史研究》,主持广东革命历史博物馆委托项目"英国国家海事博物馆馆藏中国旗帜研究"(香港城市大学项目编号:9231278),相关论文发表在期刊《学术研究》;张应强主持国家社科基金重大项目"清水江文书整理与研究"(项目批准号:11&ZD096),相关研究论文和学术报告发表在《原生态民族文化学刊》《贵州大学学报》《安徽史学》。

[③] 出版了"土司文化研究丛书",包括《土司城的建筑典范:永顺老司城遗址建筑布局及功能研究》《从溪州铜柱到德政碑:永顺土司历史地位研究》《尘封的曲线:溪州地区社会经济研究》《土家文化的圣殿:永顺老司城历史文化研究》《土司研究新论:多重视野下的土司制度与民族文化》《土司制度与彭氏土司历史文献资料辑录(上下)》《土司城的文化透视:永顺老司城遗址核心价值研究》《金石铭文中的历史记忆:永顺土司金石铭文整理研究》《土司城的文化景观:永顺老司城遗址核心区域景观生态学研究》;"黔记研究丛书",包括《黔记·星野志考释》《黔记·学校志考释》《黔记·舆图志考释》等。

[④] 其中有杜靖《九族与乡土——一个汉人世界里的喷泉社会》(2012),刘志伟等《在历史中寻找中国:关于区域史研究认识论的对话》(2014),刘正爱《孰言吾非满族——一项历史人类学研究》(2015),王明珂《反思史学与史学反思:文本与表征分析》(2016),张小军《让历史有实践:历史人类学思想之旅》(2018)等。

学学科本位的历史人类学和人类学学科本位的历史人类学，基于两种学科传统形成的历史人类学研究归纳为在“历史中寻找文化”和“在文化中寻找历史”两种不同的研究路径。在这一领域的代表人物有常建华、张佩国、王明珂、陆启宏、李文钢等[①]。

其二，历史人类学的“田野”。历史人类学者走向田野，不只为了收集文献，更重要的目的是在田野的经验下去了解文献。田野的经验需要应用文献以外的办法去了解没有文献的人的历史，了解文献之外活的社会，其代表人物有科大卫、杜靖[②]等

其三，“清水江文书”。中山大学张应强主张以人及其实践与能动性为中心，将国家与地方、时间与空间等因素勾连起来，借助深入细致的历史田野方法，走向“历史现场”，探寻清水江文书文内文外丰富的叙述与表达，整体性地呈现贯通过去与现在的区域历史画卷，最终使清水江文书研究成为历史人类学和民间历史文献学的一个典范。

六、医疗人类学

进入 21 世纪后，我国的医疗人类学得到很大的发展。在“十三五”期间国家社科基金项目有 60 余项，发表的论文数百篇，其中硕博士学位论文有 30 余篇，主要著作 20 余部[③]。其研究内容主要集中在两大领域：

其一，少数民族健康理念、医疗多元化、民间信仰与医疗行为。马克坚、杨玉琪、杨剑[④]，肖坤冰[⑤]等在田野调查的基础上，立足于对少数民族医药的现状，讨论

---

① 常建华：《历史人类学应从日常生活史出发》(2013)，张佩国：《作为整体社会科学的历史人类学》(2013)，王明珂：《在文本与情境之间：历史人类学的研究方法反思》(2015)，陆启宏：《历史人类学的不同路径：人类学的历史化和历史学的人类学转向》(2016)，李文钢：《历史人类学研究中的历史与文化》(2018)等。

② 科大卫(David Faure)：《历史人类学者走向田野要做什么》(2016)，杜靖：《让历史人类学的田野有认识论》(2020)等。

③ 其中有张实：《医学人类学理论与实践》，知识产权出版社，2013；鲍勇：《医患关系现状与发展研究：基于信任及相关政策的思考》，上海交通大学出版社，2014；徐义强：《哈尼族疾病认知与治疗实践的医学人类学研究》，中国社会科学出版社，2016；梁其姿：《面对疾病——传统中国社会的医疗观念与组织》，中国人民大学出版社，2012；秦阿娜：《医学人类学视野下的少数民族医药传承与保护：以凉山彝族医药为例》，中央民族大学出版社，2014；段忠玉：《傣族传统口功的医学人类学研究》，云南大学出版社，2018；张瀝元：《医学人类学视角下藏族村落多元医疗体系研究》，兰州大学，2018；赵璇《医学人类学视域下的医患关系研究》，兰州大学，2016。

④ 马克坚、杨玉琪、杨剑等：《西南少数民族传统医药调查》，《广西民族大学学报》，2014 年第 6 期。

⑤ 肖坤冰、许小丽：《医学人类学与中国西南地区的人类学研究》，《广西民族大学学报》，2016 年第 3 期。

了民族医药的传承问题。张实和郑艳姬①认为"神药两解"作为一种多元的医疗资源,丰富了人们的就医行为。对民间信仰与仪式治疗的研究成果突出,其代表性人物有孟慧英②、色音③、财吉拉胡④、李世武⑤、刘小幸⑥、巴莫阿依⑦、李永祥⑧等。

其二,与艾滋病相关的风险观念、风险行为、人口流动、高危人群的社会组织、吸毒与戒毒等问题。这类研究主要在就医行为、自杀问题、疾病歧视以及临终关怀等方面。以景军⑨、沈海梅⑩、兰林友⑪、刘谦⑫、富晓星⑬、张有春⑭、潘天舒⑮、李海涛⑯、庞晓宇⑰、管志利⑱、郇建立⑲、李永娜⑳等为代表。这些研究因有着一定的特殊性和公共卫生的敏感性,很快通过各种媒体进入公众的视野,艾滋病、吸毒等公共卫生难题对人类提出了严峻的挑战,客观上带动了我国医疗人类学在应用领域的发展。

七、体育人类学

我国是一个多民族国家,每个民族由于地理环境、生活方式、宗教信仰等方面的

---

① 张实、郑艳姬:《治疗的整体性:多元医疗的再思考》,《中央民族大学学报》,2015 年第 5 期。

② 孟慧英、吴凤玲:《人类学视野中的萨满医疗研究》,社会科学文献出版社,2015 年版。

③ 色音:《萨满医术:北方民族精神医学》,《广西民族大学学报》,2014 年第 6 期。

④ 财吉拉胡:《内蒙古科尔沁地区萨满教巫病治疗的医学人类学分析》,《西南民族大学学报》,2019 年第 7 期。

⑤ 李世武:《巫术焦虑与艺术治疗研究》,中国社会科学出版社,2015 年版。

⑥ 刘小幸:《彝族社会历史中的母系成分及其意义》,《民族学刊》.2013 年第 1 期。

⑦ 巴莫阿依:《凉山彝族的疾病信仰与仪式医疗》,《宗教学研究》,2013 年第 2 期。

⑧ 李永祥:《风险和灾害的宗教解释与应对研究》,《中山大学学报》,2020 年第 1 期。

⑨ 景军、高良敏:《同性恋防艾组织城乡一体化的作用及其意义》,《青海民族研究》,2018 年第 1 期;景军、赵芮:《互助养老:来自"爱心时间银行"的启示》,《思想战线》,2015 年第 3 期。

⑩ 沈海梅:《从瘴疠、鸦片、海洛因到艾滋病:医学人类学视野下的中国西南边疆与边疆社会》,《西南民族大学学报》,2012 年第 1 期。

⑪ 兰林友:《毒品社会学的民族志研究:高危行为的知识生产》,《西南民族大学学报》,2017 年第 2 期。

⑫ 刘谦、生龙曲珍:《中国艾滋病疫情防治影响因素的社会文化分析》,《社会建设》,2017 年第 1 期。

⑬ 富晓星:互为中心:志愿者和服务对象的关系建构,青年研究,2015(5)。

⑭ 张有春:《艾滋病宣传教育中的恐吓策略及其危害》,《思想战线》,2017 年第 2 期。

⑮ 潘天舒:《重大公共卫生事件中应如何作为:来自医学人类学哈佛学派的启示》,《广西民族大学学报》,2020 年第 1 期。

⑯ 李海涛:《农村居民就医行为及其模型研究》,南京农业大学,2012 年。

⑰ 庞晓宇:《伦理视域下农村老年人自杀现象研究》,辽宁师范大学,2016 年。

⑱ 管志利:《一个乡村医疗场域的微观权力运作及其策略》,《重庆科技学院学报》,2012 年第 6 期。

⑲ 郇建立:《大众流行病学与公共健康教育》,《广西民族大学学报》,2017 年第 3 期。

⑳ 李永娜、范惠等:《临终关怀的整合模型:精神、心理与生理的关怀》,《苏州大学学报》,2017 年第 1 期。

差异，产生了形态各异的民族传统体育项目。真正开创我国体育人类学研究阵地的则是胡小明，他以人类学的方法，致力于体育人类学体系的构建，进行了大量田野调查工作，并培养了一批体育人类学领域的青年才俊。在"十三五"期间体育人类学的国家社科基金项目就有 114 项，其中重大项目 3 项①，发表的论文数千篇，其中硕士、博士学位论文就有 400 余篇，研究著作甚多。研究成果主要聚焦于如下几个方面：

其一，体育人类学学科基础理论。涉及民族传统体育的基本概念、学科性质、研究对象、研究任务等。以郝家春为代表的学者对民族传统体育学学科概念、发展历程以及调适发展进行研究。范可针对体育人类学的理论基础和学术积累论述了体育人类学何以可能，以及何以可为的问题②。

其二，民族传统体育的起源、形成因素、传承保护与发展路径。通过田野工作开展对少数民族传统体育多元文化、遗产保护等方面的研究。其代表性人物有王震、谭华等③。

其三，体育人类学的竞技研究。聚焦竞技从何而来，人类为什么需要竞技，并分析人类的种族、文化、性别、生存环境等差异对其竞技水平的影响等问题。其代表性人物有肖掩明、胡小明、卢元镇等④。

其四，体育与民族发展。体育涉及民族自身发展的基础问题，即如何健康生存和繁衍的问题。代表性人物有周爱光、倪依克、陈青、邓星华等⑤。

---

① 白晋湘主持的"中国古代体育项目志"（负责少数民族部分）；崔乐泉主持的"中国古代体育项目志"（少数民族部分）；陈小蓉主持的"中国体育非物质文化遗产资源数据库建设研究"等。

② 郝家春主持国家民委民族问题研究（2017 - GME - 011），在《西安体育学院学报》《民族教育研究》发表民族传统体育学相关论文数篇。范可主持国家社科基金一般项目"体育人类学学科体系与基础理论研究"（项目编号：19BTY006），在《广州体育学院学报》《体育科学》发表相关研究论文。

③ 王震主持国家社科基金项目："博物馆学视阈下武术非物质文化遗产保护与发展的研究"（项目编号：16BTY098），在《上海体育学院学报》《体育学刊》等期刊发表相关研究成果。谭华在《武汉体育学院学报》等期刊发表相关研究论文。

④ 肖掩明、胡小明和卢元镇等学者在《体育科学》《首都体育学院学报》《体育学刊》等体育类核心期刊上发表相关研究成果多篇。

⑤ 周爱光主持国家社科基金重点项目"我国体育社团社会资本研究"（项目编号：14ATY002），在《体育学刊》《北京体育大学学报》《武汉体育学院学报》等期刊发表研究成果；倪依克 2016 年主持一项国家社会科学基金项目"纳西族东巴体育文化研究"（项目编号：16BTY105），其相关成果在《体育科学》《广州体育学院学报》发表；陈青主持国家社会科学基金"甘肃特有民族体育文化延伸研究"（项目编号：14BTY017），在《成都体育学院学报》《武汉体育学院学报》等期刊发表相关研究论文 6 篇；邓星华主持国家社科基金一般项目"体育文化传播与国家形象的构建研究"（项目编号：13BTY005），其相关研究成果在《体育学刊》等期刊发表。

八、教育人类学

20世纪80年代中后期我国开始引介西方教育人类学的理论,在"十三五"期间,我国教育人类学得到进一步发展。有国家社科基金项目95项;研究成果方面,发表的论文500余篇,其中硕士、博士论文100余篇,出版专著35部[①]。研究成果主要聚焦于如下几个方面:

其一,教育人类学的本体论。认为教育人类学的发展趋势应注重"三个结合"(本土与国际的结合、理论与实践的结合、人本与文化的结合),用文化视角看待问题、整体书写民族志、反思与批判贯穿研究始终是教育人类学研究的重要特点。代表人物主要有滕星、钟海青、陈学金、海路[②]等。

其二,文化多样性与民族教育。认为我国是多民族国家,由于自然地理、历史、政治、文化传统等多方面的不同,多元文化教育是实现多元文化发展的重要手段,是促进民族地区发展、促进多元文化发展的有效途径。代表人物主要有裴娣娜、苏德、吴明海、康翠萍等。

其三,文化心理、乡土知识与学校课程。挖掘和开发乡土文化的价值与内涵,重塑乡土意识,确立乡土教育目标,开发乡土教材和开设乡土课程,帮助学生获得当地场域中的文化、历史等方面的体认,是延续乡土文化的重要载体,能培养学生的文化认同和文化自信,实现传承和创新乡土文化的目的,促进乡土教育的复兴与繁荣。代表人物有常永才[③]、李素梅、严孟帅等。

小结

在我国的小学、中学、本科教育体系中人类学知识缺位,在本科教育中只有为

[①]　主要著作有滕星教授主编的《教育人类学通论》,陈学金的《中国教育人类学简史——发展历史与未来展望》,吴晓蓉的《仪式中的教育:摩梭人成年礼的教育人类学研究》,丁月牙的《行动者的空间——甲左村变迁的教育人类学研究》和《双重弱势女性教育问题研究:西南三地的教育人类学调查》,余晓光的《现代教育技术的嵌入:人类学视域下梭戛长角苗文化多维传承研究》,白洁的《鄂伦春族传统游戏的教育人类学研究》,刘卓雯、滕星的《乡土书写与乡土意识:黑龙江乡土教材的教育人类学研究》,孙有中、王俊菊的《跨文化教育与人类命运共同体构建》,孙杰远的《个体、文化、教育与国家认同——少数民族学生国家认同和文化融合研究》,付海鸿的《中国高校多民族文学教育的考察研究》,井祥贵的《民族传统文化的学校教育传承研究——以丽江纳西族学校为个案》,周娆的《新疆学前民族儿童双语发展与阅读教育研究》,郭献进、紫金港的《民族教育理论与政策论述》,黄胜的《民族地区学校教育价值定位的反思与建构:以瑶山白裤瑶的学校教育价值取向变迁为例》,普丽春的《彝族海菜腔社会教育传承现状调查分析》等。

[②]　海路:《多元视域下的文化多样性与教育》,《广西民族大学学报》,2016年第3期。

[③]　常永才、贺腾飞:《文化多样性与创新教育初探》,《中国德育》,2015年第10期。

数甚少的几个学校开设人类学专业，致使人类学专业人才培养出现畸形现象，无法在整个社会落脚生根。一方面使得我国人类学专业人才很少，另一方面又使得培养的少量人才难以就业，以至于从事人类学研究的队伍十分弱小。由于研究队伍的不足，在面对一个庞大复杂的研究领域，人类学的研究成果在深度、广度、效度方面受到很大的限制。这样的恶性循环，从而极大地制约了人类学学科的发展。

"十三五"期间，生态人类学、经济人类学、医疗人类学、体育人类学、教育人类学、地理人类学、影视人类学、历史人类学、旅游人类学、法律人类学等分支学科，以及非物质文化遗产、民族走廊等领域的研究取得了可喜的成就。但人类学与人类学学科"母体"的问题仍然纠缠不清，很多成果虽然是以人类学为主，但仍冠以"民族学"之名，使得人类学分支学科的学科基本"骨架"难以支撑起来。

在国际人类学界普遍开展的反思中，学科之间互相借鉴与合作是一种必然的趋势，可以通过多种理论与方法互相合作来达成对社会问题的阐释和研究。但人类学学科的基本骨架仍然需要确立，需要以马克思主义理论为指导，总结中国民族实际，探讨中国人类学经验，形成中国人类学学术话语体系。

第三节　人类学新兴分支学科的发展趋势

人类学学科的发展，要适应社会发展所引起的变化，以及对这种变化前景的把握。这不仅需要对多学科知识的汲取和培植，更需要完善以人类学为学科母体的理论、方法与路径，去从事与民族相关的政治、经济、法律、社会、文化、体质、考古、语言、历史、生态、旅游、艺术、医学、宗教、饮食、体育、女性、影视、教育、企业等领域的研究，形成以人类学为母体的人类学新兴分支学科。就目前来看，人类学新兴分支学科的发展趋势，如下研究领域是需要深化和拓展的重点：

一、形成以人类学为母体的分支学科群

这是回答人类学与人类学学科"母体"的问题。人类学与民族学的"同卵双生"特性是催生出人类学新兴分支学科的天然土壤。这两个学科在近200年的形成和发展过程中一直相互交织，在研究对象、学科理论、研究方法等方面也具有同样的知识背景和时代特征，可谓同卵双生。而"名实"定位，一马当先。人类学学科建设

的重要支撑是学科定位和学科内涵,这是一个学科的基本"骨架"①。如何完成同卵双生的"分离手术",是突破人类学学科发展瓶颈的前提,以此形成以人类学为母体的分支学科群。

1. 人类学新兴分支学科共享"母体"的理论与方法

人类学知识结构包容诸多学科的知识,也为诸多学科提供人类学知识。这样的学术包容性与开放性,不仅增强了人类学母体的"土地肥力",而且为催生人类学母体的分支学科提供了多学科知识,使人类学分支学科根深叶茂,从而建构起中国人类学的学术话语体系。

2. 生态文化共同体与人类命运共同体

生态环境是人类社会生存发展的根基,生态人类学提出了"文化生态共同体"理念,这与各国要理解文化差异,正确把握不同文明的内在一致性,需要建立平等、合作、开放、共赢的"共同体"相一致。文明的发展因交流互鉴汇聚起构建人类命运共同体的文化合力,塑造了新文明。人类学学科如何在人类文明发展进步中铸就人类命运共同体的文化根基,建构起休戚与共的人类命运共同体,都是十分重大的研究课题。

3. 生态文明与"一带一路"建设

生态文明是人类社会发展进程中一种全新的文明形态。人类学立足于人类已有的文明成就,对"一带一路"生态区各民族文化进行精深研究和凝练,总结其经验与教训,探明其科学性和合理性,去重建人与自然的和谐共荣关系,通过对话形成"一带一路"国家与地区共同的理念、规范。

4. 民族地区生态建设与碳汇交易交换

稳定的碳汇交易主要体现为民族文化对环境适应的保持,"碳汇积累"与生态安全两者总会相得益彰。以"碳汇积累"为计量单位就可以实现文化生态共同体"碳汇积累"贡献力的客观比较,对不同文化生态共同体的生态公益贡献做出客观的评估,推动生态人类学理论与自然科学的有效结合,直接应用于当代社会的跨文化、跨生态系统的分析和讨论。

----

① 郝时远:《中国民族学学科设置叙史与学科建设的思考——兼谈人类学的学科地位(上)》,《西北民族研究》,2017年第1期。

5. 西部少数民族地区生态建设与康养

"康养"的概念作为人类提升生命质量目标而提出，生态人类学从"整体"与"相对"的视角探究"康养"作为人类生命质量提升路径暨目标的实现，进而为新时代中华民族健康事业与产业发展提供学理依据与事实依据。

6. 西部民族地区生态系统多样性与"两山理论"共赢

我国西部民族地区具有最为复杂多样的生态系统。结合这一特征，通过不同民族的生计、地方性生态知识、生态智慧等系统发掘，将为应对因生态问题引发的全球现代性危机提供助益，对"绿水青山，就是金山银山"提供学理支撑，回应新时代的新问题。

7. 进一步系统整理、挖掘各少数民族传统生态文化并服务民族地区现代化建设

人类学将人类文明大概分为采集狩猎文明、游耕文明、游牧文明、农业文明、工业文明等文明形态，如何进一步系统整理、挖掘各少数民族传统生态文化并服务民族地区现代化，仍然是生态人类学重点研究内容。

8. 民族地区生物多样性与文化多样性耦合机制

生物多样性与文化多样性的耦合关系是文化与生态环境协同进化的必然产物。生物物种多样性是民族文化多样性产生的基本源泉，民族文化多样性是生物物种多样性稳态延续的根本保证。人类社会要可持续发展，就必须确保文化多样性与生态系统多样性的制衡共存，确保人类文化行为与所处生态系统的耦合运行。

9. "五大建设"双向融入的路径与机制

生态文明建设与经济建设、政治建设、文化建设、社会建设之间具有深度融合的发展趋势。"产业生态化"和"生态产业化"的双向深度融合，强调将经济建设、政治建设、文化建设和社会建设融入生态文明建设，为生态文明建设向前发展提供动力。

10. 民族"文化生态共同体"与生态文明的内在关系

我国当前面对的严峻生态问题，其实质是人与自然未能回归"文化生态共同体"这一关键环节。而生态文明建设实质就是旨在使各民族与自然生态系统达成具体的"文化生态共同体"。

11. 发掘、利用本土生态知识、技术、技能和制度规范

通过该领域的研究旨在推动与现代科学技术的接轨,针对当前我国不同生态问题的实情,完善与健全政策保障,从地方性生态知识的维度调整生态维护与建设的思路与手段,将"美丽中国"的建设任务落到实处。

12. 我国经济人类学理论与方法

经济人类学不仅要研究各民族传统经济(采集、狩猎、畜牧、农耕、手工业等),更要深入各民族现代经济(特色经济、旅游业、特色产品、资源开发、生态保护等),尤其是西部大开发、"新基建"与对口支援、兴边富民行动、乡村振兴、"一带一路"建设与"内通外联"开放发展等问题的研究,以创新我国经济人类学的理论与方法,实现中国经济人类学的理论与实践贡献。

13. 民族地区传统生计方式与"三农"问题

当今"三农"问题已成为中国全面建成小康社会和乡村振兴战略实施中最艰巨的任务,在经济全球化、信息共享化的当今,在城市化、工业化作为推进区域经济发展的大背景下,人类学从多视角对各民族传统生计方式与三农关系问题进行研究,会产生巨大的学术贡献。

14. 从生态人类学及其新兴分支学科出发,如何破解"胡焕庸线"

胡焕庸线,即中国地理学家胡焕庸在 1935 年提出的划分我国人口密度的对比线。胡焕庸线与 400 毫米等降水量线颇为吻合,线的东南方以平原、水网、丘陵为主,自古以农耕为经济基础;线的西北方以喀斯特和丹霞地貌为主,是草原、沙漠和雪域高原的世界,是东部的生态屏障。这对中华民族的长治久安具有不可估量的战略意义。通过生态人类学及其新兴分支学科的合作研究,如何破解这条线的限度,实现其平衡发展,不仅具有重大的现实意义,而且具有重大的学术价值。

15. 生态人类学与田园综合体建设

"田园综合体"是乡村振兴的重要举措之一,是通过旅游助力农业发展、促进三产融合的一种可持续性模式。在这一建设中,生态人类学如何介入,尤其是如何在生态文化共同体的理念下,对田园综合体的建设进行指导、监督与评估,在乡村振兴实践和学术研究中具有特定现实意义与理论价值。

16. 民族文化旅游与民族地区的发展

从旅游人类学视角来研究民族地区旅游开发、区域发展与文化保护,是目前国

家乡村振兴战略的有机组成部分。以旅游人类学的理论与方法，开展对我国民族工艺品和文化商品化，以及民族地区旅游规划中的文化、经济、政治综合效应和客观功效的研究。

17. 人类学新兴分支学科合力研究乡村振兴

实施乡村振兴的总要求是"产业兴旺、生态宜居、乡风文明、治理有效、生活富裕"。这是从我国当前最核心、最根本、最急需解决的矛盾和问题出发，是从整体上解决乡村发展问题。人类学学科的开放性与包容性，有助于推动乡村振兴的研究，以取得实质性成就。这样不仅具有现实意见，而且会形成中国人类学的学术话语。

18. 西方生态人类学发展趋势

进入 21 世纪后，西方的生态人类学呈现出三个态势：一是，孕育了动态、变异性、非平衡互动、时空变化、历史、复杂性与不确定性等这些生态人类学的最新方法原则；二是，全球化与地方的研究；三是，生物学与文化的研究及其体现出来的人类学与自然科学之间关系的复苏。要全面系统认识与理解西方生态人类学的发展趋势，从而关照中国生态人类学的发展状况，建构起中国生态人类学的话语体系。

19. 医疗人类学与疾病防控

医疗人类学从民族文化的视角出发，将医疗体系视为民族文化系统的一个有机组成部分，将民间地方性医疗传统知识、技术与信仰、心理、习俗、伦理等置于民族文化的构架下进行分析，对于不同文化下的"疾病"与"治疗"进行分类，从而实现人类多种文化下"医疗"知识系统的共存与相互理解。

20. 编撰《中华各民族生态文化大辞典》

我国学术界从 20 世纪 80 年代以来，就开始了对我国 56 个民族的生态知识、生态智慧、生态文化展开研究，积累了丰富的个案材料，梳理出了比较丰富的历史文献资料，通过田野调查与文献资料的统合，为编写《中华各民族生态文化大辞典》奠定了资料基础。该词典的编辑出版对系统认识、把握和检索中华各民族的生态文化有着特殊的价值与意义，也是建构中国生态人类学学术话语体系的基础工作。

二、从生态人类学迈向生境人类学

地球上的任何一种生物物种，只要它能够繁衍后代、世代不绝，它在生态系统中必然占有特定的生态位。人类与其他物种相比，其存在方式更具凝聚力、更具目的性、更具可积累性、更具发展张力。这正是人类制造生态问题的根源所在，也是人类可以维护生态系统基点所在。因此，对生态系统的研究必须把人类文化放进去，把人类安身立命的生态位也放进去，从整体上澄清人类行为的对与错、权利与责任。这一切乃意味着"生态人类学"到了今天需要转型为"生境人类学"。

生境人类学就是要以人类社会赖以生存的生态位为出发点，澄清人类在专属生态位的独特性，这就是人类的"生境"。事实上人类在建构自己的生态位中，也兼顾到了生态系统自身的规律。关键之处在于，人类可以对自己面对的生境加工改造，并满足其自身的利益，一旦生态系统快速退化演变，威胁到相关的民族和文化，人类就得有所担当，就得负起责任，就得投入智力和劳力，建构制度保障，对人类造成的生态问题加以补救和维护，以确保其能够稳态延续，以便长期为人类自身的发展服务。

生境人类学是一个全新的研究领域，以至于理论的建设、思路的调整、方法的选定，乃至具体对象的选定和精准把握，都有一系列的难题等待着去攻克，有新的认识和新的结论等待着建构。

总之，生境人类学具有特殊的意义，在于在各民族传统文化中蕴含着对今日有启示意义的与大自然和谐相处的宝贵智慧，而这种智慧，至今尚未全部为人们发现、认识和弘扬。已经进入现代化的"现代人"应该向还生活在绿色净土中的"自然人"学习，懂得如何和谐地和自然相处，懂得保护人类赖以生存的地球家园。各民族地区的生态安全绝不仅仅关系到某一个民族的生存与发展，而是关系到全国、全球的生态平衡，关系到中华民族、全人类的生死存亡。

中国的生态人类学应该具有更开阔的视野及更高度的认识，那就是要看到保护民族地区生态环境不是局部性问题，而是具有全局性意义，必须放眼全国、放眼全球。